普通高等学校“十三五”规划教材
本教材承湖北文理学院协同育人专项经费资助

C 语言程序设计

（微课版）

熊启军　主编

中国铁道出版社有限公司
CHINA RAILWAY PUBLISHING HOUSE CO., LTD.

内 容 简 介

本书以“理论够用重在实践”为出发点，融入了流行的 CDIO 工程理念，采用案例式的教学模式组织教学，由浅入深地对 C 语言程序设计内容进行了讲述，努力实现“零基础”入门、模仿应用、引导思考、启迪创新，是一本兼具工具性、实用性和趣味性的 C 语言程序设计教材。

全书共分 15 章，内容包括：程序设计预备知识、C 语言快速入门、数据存储和计算、数据的输入/输出、程序结构和算法、选择结构、循环结构、数组、指针、函数、工程和程序调试、复杂数据类型、链表、文件、综合应用实例。

书中所有例子均在 Code::Blocks17.12 下调试通过。

本书适合作为高等学校 C 语言程序设计课程的教材，也可以作为计算机等级考试（二级）的辅导教材或参考用书。

图书在版编目（CIP）数据

C 语言程序设计：微课版 / 熊启军主编. —北京：中国铁道出版社有限公司，2019.9
普通高等学校“十三五”规划教材
ISBN 978-7-113-26017-0

Ⅰ. ①C… Ⅱ. ①熊… Ⅲ. ①C 语言－程序设计－高等学校－教材 Ⅳ. ①TP312.8

中国版本图书馆 CIP 数据核字(2019)第 134939 号

书　　名：C 语言程序设计（微课版）
作　　者：熊启军

策　　划：潘星泉　　　　**编辑部电话**：010-63589185 转 2076
责任编辑：潘星泉　彭立辉
封面设计：刘　颖
责任校对：张玉华
责任印制：郭向伟

出版发行：中国铁道出版社有限公司（100054，北京市西城区右安门西街 8 号）
网　　址：http://www.tdpress.com/51eds/
印　　刷：北京柏力行彩印有限公司
版　　次：2019 年 9 月第 1 版　2019 年 9 月第 1 次印刷
开　　本：787 mm×1 092 mm 1/16　**印张**：19.5　**字数**：425 千
书　　号：ISBN 978-7-113-26017-0
定　　价：49.80 元

前　言

C 语言是当今最为流行的程序设计语言之一，也是各高校广泛开设的计算机程序设计语言课程之一，还是全国计算机等级考试、职业资格认定、技能大赛等可选计算机语言。学习和掌握 C 语言是计算机类专业学生的必然选择和必备技能。

程序设计是一种理论和实践并重的技能，存在着数学思维向计算机思维的转变、向算法设计的转变、向编码的转变、向调试技能的转变，因此初学者普遍感觉入门难、实验难、实践应用更难。

为突破这些困难，本书秉持理论够用、重在应用的原则组织教学内容，用案例贯穿于全书。通过对案例的问题分析、算法设计、代码编写和注释、程序运行、目的、注意事项、技巧、思考和拓展等一系列递进式教学过程的实施，达到用理论指导实践、用案例验证理论引导应用、用思考启迪智慧的目的。

本书具有如下鲜明特色:

在指导思想上，以应用为背景，面向计算思维和编程技能的引导和训练。通过案例将知识点的应用和原理紧密结合，做到实际应用和原理并举。

在内容组织上，每章内容按照学习目标、知识点导图、难点提示、理论和案例、习题的方式进行归类组织，结构更为合理。

在例题讲述上，按照问题分析、算法思路、程序编码和注释、程序运行结果、程序解析等步骤进行详细讲述，严格遵循认知规律。

在习题选取上，以巩固基本知识点和强化程序设计能力为目的，进行多样化的题型设计（题型主要有选择题、填空题、编程题等），并收录了部分竞赛试题。

本书的最后一章以简易的学生成绩管理系统为例，按照软件工程的模式讲述了一个较大程序（项目）的设计和实现过程，可作为课程设计的范例。

本书配套制作精美的 PPT 课件、全部例题的源代码(网址 http://www.tdpress.com/51eds/)、微视频。

全书由熊启军设计、组织编写，并负责微课录制。

本书承湖北文理学院协同育人专项经费资助，得到了中国铁道出版社有限公司的大力支持，在此一并表示衷心感谢。

由于时间仓促，编者水平有限，书中难免存在疏漏与不妥之处，恳请读者批评指正。

编　者

2019 年 3 月

目　录

第 1 章　程序设计预备知识 1

1.1　计算机系统的组成 2

1.2　进制及转换 4

1.3　机器数的表示 7

1.4　二进制数的运算 9

习题 12

第 2 章　C 语言快速入门 14

2.1　程序与计算机语言 15

2.2　C 语言程序的基本构成 18

2.3　程序设计 21

习题 28

第 3 章　数据存储和计算 30

3.1　标识符 31

3.2　数据类型 31

3.3　常量与变量 32

3.4　数据的存储 36

3.5　运算符和表达式 38

3.6　数据的类型转换 48

习题 50

第 4 章　数据的输入/输出 53

4.1　scanf( )函数 53

4.2　printf( )函数 59

4.3　字符的输入/输出 62

习题 64

第 5 章　程序结构和算法 66

5.1　程序的控制结构 66

5.2　算法的描述方式 67

5.3　算法描述举例 67

习题 70

第 6 章 选择结构 71

6.1 if...else 语句 71
6.2 选择结构的嵌套 79
6.3 条件表达式 83
6.4 switch...case 语句 84
习题 89

第 7 章 循环结构 93

7.1 while 循环 93
7.2 do...while 循环 97
7.3 for 循环 101
7.4 goto 语句 106
7.5 多重循环 107
7.6 循环应用举例 109
习题 121

第 8 章 数组 127

8.1 一维数组的概念 128
8.2 一维数组应用举例 136
8.3 字符数组与字符串 142
8.4 二维数组的概念 146
8.5 二维数组应用举例 148
习题 152

第 9 章 指针 157

9.1 内存地址与指针 158
9.2 指针的定义与运算 159
9.3 指针与数组 161
9.4 指针数组 165
9.5 指向数组的指针 168
习题 169

第 10 章 函数 171

10.1 函数的声明和定义 172
10.2 函数的调用 175
10.3 函数的参数和返回值 176

10.4　常用库函数介绍 189
10.5　递归 194
10.6　变量的作用域和存储类型 201
10.7　指向函数的指针 207
习题 208

第 11 章　工程和程序调试 218

11.1　宏定义 219
11.2　条件编译 220
11.3　文件包含 222
11.4　多文件组织成工程 224
11.5　程序调试 228
习题 233

第 12 章　复杂数据类型 235

12.1　结构体 236
12.2　类型的重定义 240
12.3　结构体指针 241
12.4　结构体应用举例 241
12.5　共用体 244
12.6　位域 246
12.7　枚举类型 248
习题 249

第 13 章　链表 252

13.1　链表结点的类型定义 252
13.2　链表的基本操作 253
13.3　对几个赋值语句的理解 261
13.4　链表应用举例 262
习题 263

第 14 章　文件 265

14.1　文件概述 265
14.2　文件操作 267
14.3　文件操作举例 272
习题 275

第 15 章　综合应用实例 277
15.1　需求分析 278
15.2　总体设计 279
15.3　详细设计 280
15.4　编码和调试 281
15.5　测试 291
附录 295
附录 A　标准 ASCII 码表 295
附录 B　C 语言关键字 296
附录 C　C 语言运算符 297
附录 D　C 语言常用库函数 298
参考文献 302

第 1 章　程序设计预备知识

📖学习目标

（1）了解计算机系统的基本组成；

（2）掌握十进制数向二进制的转换；

（3）逐步掌握机器数的编码及转换；

（4）逐步掌握补码的加减法运算；

（5）逐步掌握逻辑运算、位运算。

📖知识点导图

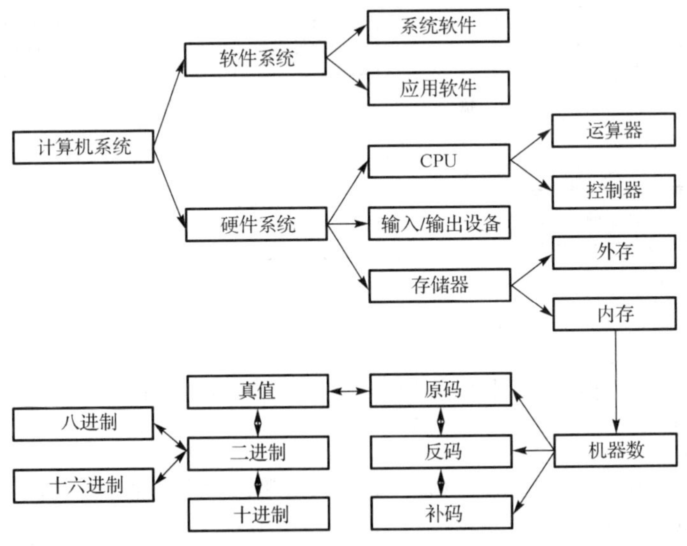

📖难点提示

（1）进制间的相互转换；

（2）机器数的编码及转换；

（3）位运算。

本章首先简要介绍了计算机系统的组成和工作原理，然后讲述了二进制、八进制、十六进制数的表示方法，以及它们与十进制之间的相互转换，最后是二进制相关运算。

1.1　计算机系统的组成

硬件系统

1.1.1　硬件系统

计算机系统由硬件系统和软件系统两大部分组成。

自第一台计算机诞生以来，计算机已发展成为一个庞大的家族，如按照运算速度可把计算机分为巨型机、大型机、小型机、工作站和微型计算机、掌上计算机、平板计算机等。尽管各种类型的计算机在性能、结构、应用等方面存在差别，但它们的基本组成结构却是相同的。

计算机硬件系统的结构一直沿用了美籍著名数学家约翰·冯·诺依曼（John von Neumann）提出的模型：由运算器、控制器、存储器、输入设备和输出设备五大功能部件组成。

计算机系统的基本硬件结构、工作原理如图 1.1 所示。

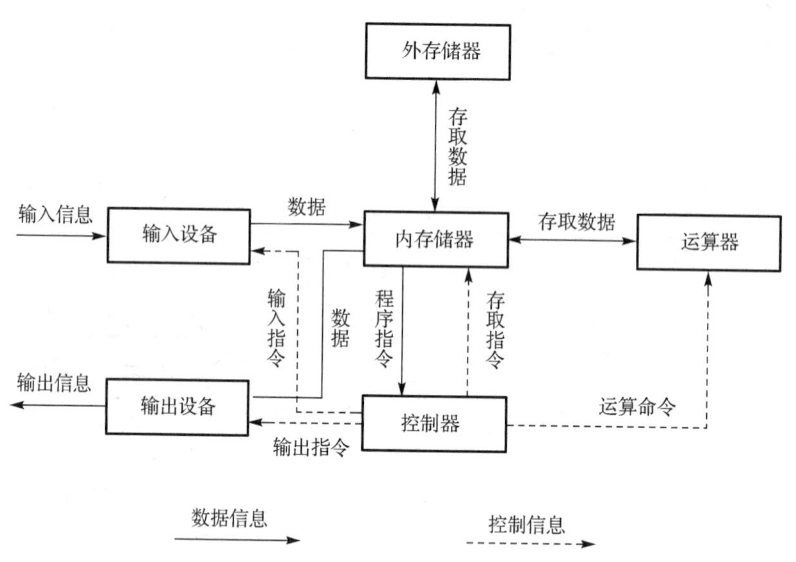

图 1.1　计算机系统基本硬件组成及工作原理

1. 运算器

运算器（Arithmetic Logic Unit，ALU）又称算术逻辑单元，是计算机用来进行数据运算的部件。数据运算包括算术运算和逻辑运算。

2. 控制器

控制器（Controller）是计算机的指挥中枢，所有部件都在控制器的控制之下有条不紊地进行工作。控制器通过地址访问存储器，逐条取出相关存储单元的指令，进行分析，产生相应的控制信号。对其他部件发号施令，控制其他部件完成指令要求的操作。上述过程周而复始，保证了计算机能自动、连续地工作。

一般把运算器和控制器集成在一块芯片上，称为中央处理器（Central Processing Unit，CPU）。它是计算机硬件系统的核心，计算机的性能主要取决于 CPU。

3. 存储器

存储器（Memory）是计算机中具有记忆能力的部件，用来存放程序和数据。

存储器分为两大类：内存储器和外存储器，简称内存、外存。

内存是程序和数据与 CPU 进行沟通的桥梁。其作用是暂时存放 CPU 中的运算数据，以及与硬盘等外部存储器交换数据。

内存按功用和特点分为三类：

（1）只读存储器

只读存储器（Read Only Memory，ROM），一般在制造 ROM 时信息（数据或程序）就被存入并永久保存。这些信息可重复读出，一般不能再次写入；机器断电后，这些数据也不会丢失。ROM 一般用于存放计算机的基本程序和数据，如 BIOS ROM。

（2）随机存储器

随机存储器（Random Access Memory，RAM），既可以从其中读取数据，也可以写入数据。当机器断电时，存于其中的数据就会丢失。

（3）高速缓冲存储器

高速缓冲存储器（Cache）位于 CPU 与内存之间，是一个读/写速度比内存更快的存储器。当 CPU 向内存中写入或读出数据时，这个数据也被存进高速缓冲存储器中；当 CPU 再次需要这些数据时，CPU 就从高速缓冲存储器读取数据，而不是访问较慢的内存；如果需要的数据在高速缓冲存储器中没有，CPU 会再去读取内存中的数据。高速缓冲存储器还可分为一级缓存（L1 Cache）、二级缓存（L2 Cache）等。

内存与外存之间也存在高速缓冲存储器。

外存储器又称辅存，主要用来存放一些暂时不用而又需要长期保存的程序和数据。外存既是输入设备又是输出设备。常见的外存有硬盘、光盘、U 盘等。

（4）输入设备

输入设备（Input Device）是用来输入程序和数据的部件。常见的输入设备有键盘、鼠标、扫描仪、手写板、数码照相机、摄像头等。

（5）输出设备

输出设备（Output Device）的作用正好与输入设备的相反，它是用来输出结果的部件。常见的输出设备有显示器、打印机、绘图仪、投影仪等。

计算机的工作原理简单概括为：各种类型的数据信息通过输入设备，进入计算机的内存储器，然后送到运算器进行运算处理，运算完毕后再把结果返回到存储器存储，最后通过输出设备永久保存或显示出来。整个过程由控制器进行控制。

1.1.2　软件系统

软件系统

软件包括计算机程序和相关技术文档等。软件根据其用途可分为系统软件和应用软件两大类。

1. 系统软件

系统软件是指管理、监控、维护计算机正常运行和供用户操作计算机而提供的软件。

这类软件一般与具体的应用无关，是在系统一级为用户和其他软件提供服务。系统软件主要包括两类：一类是面向计算机本身的软件，如操作系统、诊断程序等；另一类是面向用户的软件，特别是各种语言处理程序，如 C、C++、C#、Java 等。

2．应用软件

应用软件是指在特定领域供用户使用的软件，它必须在系统软件的支持下才能运行，如各种财务报表软件、自动化办公软件、游戏软件等。大多数 IT 人员就是在进行应用软件的设计、开发和维护。

1.1.3 硬件和软件的关系

软硬件的关系

硬件和软件是紧密关联的两大部分。它们的关系主要体现在以下几方面：

1．硬件和软件相互依存

只有硬件系统的计算机称为裸机。硬件是软件赖以工作的物质基础，软件的正常工作是硬件发挥作用的唯一途径，软件是用户与机器的接口。计算机系统必须配备完善的软件系统才能正常工作，才能发挥硬件的各项功能。

2．硬件和软件无严格界线

随着计算机技术的发展，在许多情况下，计算机的某些功能既可以由硬件实现，也可以由软件实现。因此，硬件与软件在一定意义上没有严格的界线。

3．硬件和软件协同发展

计算机软件随着硬件技术的迅速发展而发展，而软件的不断发展与完善又促进硬件的更新，两者密切地交织发展，缺一不可。

1.2 进制及转换

1.2.1 十进制数的表示

十进制数、二进制数的表示

人们在日常生活中使用的都是十进制数，采用的是十进制计数法。它由 10 个基本的数字组成，计数规则是“逢十进一”，也就是说，每位累计不能超过 9，计满 10 就应该向高位进 1。

一般来说，对于任意的一个十进制数 X，用位置计数法表示为：

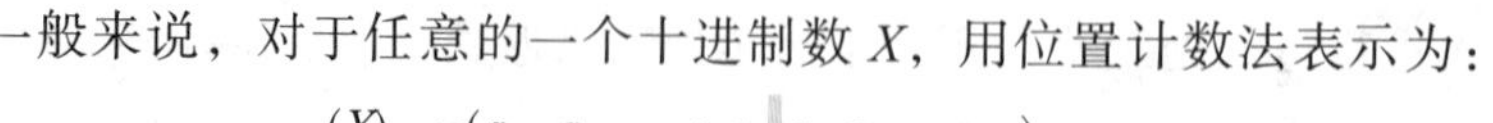

$$(X)_{10}=(a_{n-1}a_{n-2}\ldots a_1a_0.a_{-1}a_{-2}\ldots a_{-m})_{10}$$

该十进制数按权值展开就是：

$$(X)_{10}=a_{n-1}\times10^{n-1}+a_{n-2}\times10^{n-2}+\ldots+a_1\times10^1+a_0\times10^0+a_{-1}\times10^{-1}+a_{-2}\times10^{-2}+\ldots+a_{-m}\times10^{-m}$$

其中，a_i 代表 X 的第 i 位上的数字；n 为整数部分的位数；m 为小数部分的位数；10^i 称为第 i 位的权值。

例如，十进制数 1234.56，按权值展开就是：

$$(1234.56)_{10}=1\times10^3+2\times10^2+3\times10^1+4\times10^0+5\times10^{-1}+6\times10^{-2}$$

1.2.2　二进制数的表示

计算机更擅长处理二进制表示的数据，采用的是二进制计数法。即二进制的基数为 2，只有 0、1 两个基本数码，其计数规则是“逢二进一”。

对于任意的一个二进制数 Y，用位置计数法表示为：

$$(Y)_2 = (b_{n-1}b_{n-2}\dots b_1b_0.\ b_{-1}b_{-2}\dots b_{-m})_2$$

按权值展开就是：

$$(Y)_2 = (b_{n-1}\times2^{n-1}+b_{n-2}\times2^{n-2}+\dots+b_1\times2^1+b_0\times2^0+b_{-1}\times2^{-1}+b_{-2}\times2^{-2}+\dots+b_{-m}\times2^{-m})_{10}$$

其中，b_i 只能是 0 和 1 中的一个数字；n 为整数部分的位数；m 为小数部分的位数，各位上的权值是 2^i。例如：

$$(101101.101)_2 = (1\times2^5+0\times2^4+1\times2^3+1\times2^2+0\times2^1+1\times2^0+1\times2^{-1}+0\times2^{-2}+1\times2^{-3})_{10}$$

1.2.3　十进制与二进制的转换

十进制与二进制的转换

将一个二进制数转换成对应的十进制数是比较简单的。例如：

$$\begin{aligned}(101101.101)_2 &= 1\times2^5+0\times2^4+1\times2^3+1\times2^2+0\times2^1+1\times2^0+1\times2^{-1}+0\times2^{-2}+1\times2^{-3}\\ &=32+0+8+4+0+1+0.5+0+0.125\\ &=(45.625)_{10}\end{aligned}$$

将一个十进制数转换成对应的二进制数，相对要复杂一些——需将整数部分和小数部分分别进行转换。

1．整数部分的转换

基本方法：将整数部分不断除以 2，每次的商作为下一次的被除数，记下余数，直到商等于 0 为止。最后将余数倒过来即可。也就是说，最先得到的余数实际上是结果的最低位，最后得到的是结果的最高位。

例如：$(117)_{10}$ =?

被　除　数	除　　数	商	余　　数
117	2	58	1
58		29	0
29		14	1
14		7	0
7		3	1
3		1	1
1		0	1

所以，$(117)_{10} = (1110101)_2$。

2．小数部分的转换

基本方法：对小数部分不断地乘以 2，每次截取下整数部分，直到乘积的小数部分为 0 或达到一定的精度为止。

例如：$(0.8125)_{10}$ =?

小数部分	乘数	乘积	截取整数部分
0.8125	2	1.625	1
0.625		1.25	1
0.25		0.5	0
0.5		1.0	1

所以，$(0.8125)_{10}=(0.1101)_2$。

把整数部分、小数部分组合起来就是$(117.8125)_{10}=(1110101.1101)_2$。或者说，把一个十进制数转换成对应的二进制数，实际上就是将其分解成若干个 2^i 的和。

1.2.4　二进制与其他进制的转换

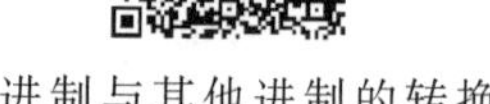
二进制与其他进制的转换

常用的进制还有八进制、十六进制。

1．二进制向八进制转换

八进制的基数是 8，即八进制数中只允许出现 0～7 这些数字，八进制的 0～7 与十进制的 0～7 等值、与二进制的 000～111 对应。十进制的 0～8 与等值的二进制、八进制对照表如表 1.1 所示。

表 1.1　十进制的 0～8 与等值的二进制、八进制对照表

十　进　制	二　进　制	八　进　制
0	000	0
1	001	1
2	010	2
3	011	3
4	100	4
5	101	5
6	110	6
7	111	7

如何将二进制数转换成对应的八进制数？

由于 $8=2^3$，所以，先把二进制数按 3 位为一组进行划分（即以小数点为界，整数部分是从右向左、小数部分是从左向右进行划分），再将不足 3 位的用 0 补全，最后把每组的数串转换成八进制的基本数字即可。

例如：$(1110101.1101)_2=?$

二进制	1	110	101	.	110	1
分组和补全	001	110	101	.	110	100
八进制	1	6	5	.	6	4

所以，$(1110101.1101)_2=(165.64)_8=(1\times8^2+6\times8^1+5\times8^0+6\times8^{-1}+4\times8^{-2})_{10}$

2．二进制数向十六进制转换

十六进制的基数是 16，十六进制数中只允许出现 0～9、A～F（或者 a～f）这些数字和字母。十六进制中的 0～9 与十进制的 0～9 是等值的，A～F（或者 a～f）分别对应十进制的 10、11、12、13、14、15；十六进制的 0～9、A～F（或者 a～f）分别与二进制的 0000～1111 对应，它们之间的关系如表 1.2 所示。

表 1.2　十进制的 0～15 与等值的二进制、十六进制对照表

十 进 制 值	二 进 制 值	十六进制值
0	0000	0
1	0001	1
2	0010	2
3	0011	3
4	0100	4
5	0101	5
6	0110	6
7	0111	7
8	1000	8
9	1001	9
10	1010	A 或 a
11	1011	B 或 b
12	1100	C 或 c
13	1101	D 或 d
14	1110	E 或 e
15	1111	F 或 f

由于 $16=2^4$，所以，二进制数转换成十六进制是先把二进制数按 4 位为一组进行划分、补全，再把每组的数串转成对应的十六进制的基本数字即可。

例如：$(1110101.11)_2$=?

二进制	111　0101　.　11
分组和补全	0111　0101　.　1100
十六进制	7　　5　.　C

所以，$(1110101.11)_2$= $(75.C)_{16}$。

1.3　机器数的表示

1.3.1　真值与机器数

真值与机器数

1．真值

前面讨论的数都是没有考虑符号的情况。

数学上表示正负数只需在数值的前面加上正负号，对二进制数也是如此。在一个二进制值的前面加上正负号之后，称作真值。例如，+110101、−1010110。这两个真值对应的十进制分别是 53、−86。

2．机器数

由于计算机的内存是有限的，所以计算机可存储的数据也是有范围的，也就是说数据太大、太小都不能准确地表达出来。

为了有效地表示数据和计算方便，计算机规定：每个数用若干个二进制位来描述，二进制的最高位表示它是正数还是负数，即符号位。

所谓机器数是指一个数在计算机中的二进制表示形式。机器数可以用不同的二进制码制来表示，常用的有原码、反码、补码。

假定用 16 个二进制位来表示真值的机器数。对于整数来说，若真值的数字部分和符号位一起不足 16 位，则需要补全成 16 位。具体转换方法如下：首先将真值的正负号改成 0 或 1（一般用 0 代表正数、1 代表负数），放在二进制值的最高位（即第 15 位，最低位称为第 0 位）；后面的二进制值不变；中间用 0 补全，即用 0 填充在符号位和非 0 值之间。

例如：

真值	+ 10011	− 01010（也即−1010）
16 位机器数	0000000000010011	1000000000001010

1.3.2 整数的原码

一个数的原码是直接将其真值的符号改写成 0 或 1，且补充成 16 位后的二进制码制（假定所有数均使用 16 个二进制位进行描述，下同）。例如：

真值	N_1=+10011	N_2=− 01010
原码	0000000000010011	1000000000001010
十进制值	19	−10

整数的原码、反码、补码

一般写成下面的形式：

$[N_1]_{原}$=0000000000010011

$[N_2]_{原}$=1000000000001010

1.3.3 整数的反码

一个正数的反码与其原码相同；一个负数的反码是保持原码的符号位不变、而其余位取反，即把非符号位的值由 0 变成 1、1 变成 0。例如：

真值	N_1=+ 10011	N_2=− 01010
原码	0000000000010011	1000000000001010
反码	0000000000010011	1111111111110101

一般写成下面的形式：

$[N_1]_{反}$=0000000000010011

$[N_2]_{反}$=1111111111110101

1.3.4 整数的补码

一个正数的补码与其原码相同；一个负数的补码是在其反码的最后一位上加 1。例如：

真值	N_1=+ 10011	N_2=– 01010
原码	0000000000010011	1000000000001010
反码	0000000000010011	1111111111110101
补码	0000000000010011	1 111111111110110

一般写成下面的形式：

$[N_1]_{补}$=0000000000010011

$[N_2]_{补}$=1111111111110110

一个正数的原码、反码、补码是相同的。0 的补码表示形式是唯一的。

1.3.5　字符的表示

计算机中处理的信息并不都是整数、实数，有时需要处理字符或字符串，例如，从键盘上输入的信息或打印输出的信息都是字符，因此，计算机必须能描述字符。字符包括以下几种类型：

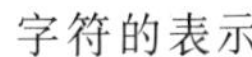
字符的表示

（1）字母：有 A、B、…、Z，a、b、…、z。

（2）数字：0、1、…、9。

（3）专用字符：+、–、*、/、SP（空格键）等。

（4）非打印字符：【Esc】键、【Shift】键、【Insert】键等功能键。

这些字符在计算机中都必须用二进制来描述。计算机中常采用的是美国信息交换标准代码（American Standard Code for Information Interchange，ASCII）。这种代码规定用 1 个字节（8 个二进制位）来表示一个字符，其中低 7 位为字符的编号、最高位统一规定为 0。这样，一共可以表示 128 个不同的字符。例如：

（1）字母字符 A 的 ASCII 码是 01000001，十六进制就是 41，对应的十进制就是 65。

（2）字母字符 a 的 ASCII 码是 01100001，十六进制就是 61，对应的十进制就是 97。

（3）数字字符 0 的 ASCII 码是 00110010，十六进制就是 32，对应的十进制就是 48。

附录 A 中给出了常用字符与其 ASCII 码的对照表。

1.4　二进制数的运算

加减运算

1.4.1　加减运算

在计算机中，所有的数据一般都是以二进制补码的形式存储的，也是用补码进行运算的。加减法的运算有如下规律：

$$[N_1+N_2]_{补}=[N_1]_{补}+[N_2]_{补}$$

$$[N_1-N_2]_{补}=[N_1]_{补}+[-N_2]_{补}$$

使用补码表示数据，无论是加法还是减法都使用加法来实现。运算时，符号位和数值位一样参与运算，如果符号位产生进位，则将进位“丢掉”；运算结果的最高位为 0，说明是正数的补码，若符号位为 1，说明是负数的补码。

例如：N_1=+10011，N_2=−01010，求$[N_1+N_2]_{补}$和$[N_1-N_2]_{补}$。

首先求得这两个真值对应的原码、反码、补码，然后将两个的补码按位对齐，再按位进行加法运算，最后得到结果的补码。若要得到该二进制数的十进制值，则需要把刚才的结果当作原码，再求反码、求补码，再转换成真值，最后得到对应的十进制值。

在 1.3.4 节中已得到了这两个操作数的补码，根据$[N_1+N_2]_{补}=[N_1]_{补}+[N_2]_{补}$，就是

```
    0000000000010011
+） 1111111111110110
--------------------
  ~~1~~0000000000001001
```

求得的和，符号位有进位，且超出了规定的位数，应该丢掉。所以：

$$[N_1+N_2]_{补}=0000000000001001$$

现在，这个结果的最高位是 0，说明是一个正数，所以它的原码、反码、补码是相同的，对应的十进制数是 9。

类似地：$[N_1-N_2]_{补}=[N_1]_{补}+[-N_2]_{补}=[+10011]_{补}+[+01010]_{补}$

则是

```
    0000000000010011
+） 0000000000001010
--------------------
    0000000000011101
```

所以，$[N_1-N_2]_{补}$=0000000000011101

从符号位可以看出：这个结果是一个正数，它的原码、反码、补码是相同的，对应的十进制数是 29。

若 N_1=−10011，N_2=+01010，求$[N_1+N_2]_{补}$。结果对应的十进制数是多少？

```
    1111111111101101
+） 0000000000001010
--------------------
    1111111111110111
```

$[N_1+N_2]_{补}$=1111111111110111

由于符号位是 1，所以是一个负数，需以它为原码，求出反码，再求补码、最后得到它的真值。求得的反码是 1000000000001000，补码是 1000000000001001，所以真值是−1001，对应的十进制数是−9。

在没有溢出的情况下，可以直接使用真值对应的十进制数进行检验，查看运算结果是否正确。

位与、位或运算

1.4.2 位运算

所谓位运算，是指将数据按照二进制值先补全、再对齐，然后把对应位置的二进制值进行相应的运算，最后将结果转换成对应的十进制值。

位运算只能对整数进行运算，包括位与、位或、位反、异或、移位运算。

1．位与运算

位与运算中的“与”相当于“并且”的意思。运算规则是：只有 1 和 1 进行位与运算结果才为 1，而 0 与 0、0 与 1、1 与 0 位与运算的结果都是 0。

C 语言中使用“&”表示位与运算。位与运算是双目运算，即需要有两个操作数才能进行运算。

由于所有的数据都是以补码的形式存储在计算机内存，所以以下数据都是用其补码描述和计算的，所有数据假定都用 16 个二进制位进行描述。例如：

$[N_1]_{补}$	0000　0000　0001　0011
$[N_2]_{补}$	1111　1111　1111　0110
$[N_1 \& N_2]_{补}$	0000　0000　0001　0010
结果（真值）	$(18)_{10}$

2．位或运算

位或运算中的“或”相当于“或者”的意思。运算规则是：只有 0 和 0 进行位或运算结果才为 0，而 0 位或 1、1 位或 0、1 位或 1 结果都是 1。

C 语言中使用“|”表示位或运算。位或运算是双目运算。例如：

$[N_1]_{补}$	0000　0000　0001　0011
$[N_2]_{补}$	1111　1111　1111　0110
$[N_1 \mid N_2]_{补}$	1111　1111　1111　0111
结果（真值）	$(-9)_{10}$

位反、异或、移位运算

3．位反运算

位反运算就是将各位置上的二进制值取它的反面，0 的反面是 1、1 的反面是 0。

C 语言中使用“～”表示位反运算。位反运算是单目运算，即一个操作数就可以进行的运算。例如：

$[N]_{补}$	0000　0000　0001　0011
$[\sim N]_{补}$	1111　1111　1110　1100
结果（真值）	$(-20)_{10}$

4．异或运算

异或运算就是指对应位置上的二进制值相同就是 0、相异就是 1。即 0 异或 0、1 异或 1 结果为 0，而 0 异或 1、1 异或 0 结果是 1。

C 语言中使用“^”表示异或运算。异或运算是双目运算。例如：

$[N_1]_{补}$	0000　0000　0001　0011
$[N_2]_{补}$	1111　1111　1111　0110
$[N_1 \wedge N_2]_{补}$	1111　1111　1110　0101
结果（真值）	$(-27)_{10}$

5．移位运算

移位运算就是把整数（二进制的补码）向左或向右移动几个二进制位，空出来的部分补 0 或者补 1。左移则高位被“丢弃”，“空出的”低位补 0；右移则“空出的”高位用原符号位补全，低位“被丢弃”。

C 语言中使用<<、>>分别表示左移和右移运算。例如：

$N_1=(3)_{10}$	3
$[N_1]_{补}$	0000 0000 0000 0011
N_1<<3	~~000~~0000 0000 00001 1*000*
结果（真值）	$(24)_{10}$
$N_2=(-3)_{10}$	−3
$[N_2]_{补}$	*111*1 1111 1111 1101
N_2<<3	~~111~~1111 1111 1110 1*000*
结果（真值）	$(-24)_{10}$
$N_3=(-3)_{10}$	−3
$[N_3]_{补}$	1111 1111 1111 1*101*
N_3>>3	1111 1111 1111 1111~~101~~
结果（真值）	$(-1)_{10}$

因此，左移相当于乘以 2，右移相当于除以 2。

习　　题

一、选择题

1. 计算机工作时，内存储器用来存储________。

   A. 程序和指令　　B. 数据和信号

   C. 程序和数据　　D. ASCII 码和数据

2. 在计算机内一切信息的存取、传输和处理都是以________形式进行的。

   A. 十进制　　B. 二进制　　C. 十六进制　　D. ASCII 码和数据

3. 十进制数 35 转换成二进制是________。

   A. 100011　　B. 10011　　C. 100110　　D. 100101

4. 十进制数 35.35 转换成二进制是________。

   A. 100011.100011　　B. 100011.010110

   C. 100110.010101　　D. 100101.010110

5. 十进制 268 转换成十六进制是________。

   A. 10B　　B. 10C　　C. 10D　　D. 10E

6. 与二进制数 1.1 等值的十六进制是________。

   A. $(1.2)_{16}$　　B. $(1.1)_{16}$　　C. $(1.4)_{16}$　　D. $(1.8)_{16}$

7. 真值为−100101 的二进制，用 8 位二进制表示的补码是________。

   A. 11011011　　B. 10011011　　C. 10110110　　D. 10110111

8. 若 x=+1101，y=−1011，则用 8 位二进制表示的 $[x+y]_{补}$=________。

   A. 00000010　　B. 10000010　　C. 00010010　　D. 10000011

9. 十进制数 250 与 5 进行位与运算，结果是________。

   A. 0　　B. 1　　C. $(FF)_{16}$　　D. $(F0)_{16}$

10. 十进制数 250 与-5 进行位与运算，结果是________。

A. 0　　B. 6　　C. 250　　D. –5

11. 十进制数 250 与 5 进行位或运算，结果是________。

A. 0　　B. 1　　C. $(FF)_{16}$　　D. $(F0)_{16}$

12. 十进制数 250 与-5 进行位或运算，结果是________。

A. 0　　B. 6　　C. 250　　D. –5

13. $(AF)_{16}$与$(78)_{16}$进行异或运算，结果用 8 位二进制表示是________。

A. 11010111　　B. 11100111　　C. 10100000　　D. 10010100

14. 运算 13<<2，结果是________。

A. 26　　B. 15　　C. 52　　D. 都不正确

15. 运算–13>>2，结果是________。

A. –26　　B. –11　　C. –52　　D. –4

二、填空题

1. 运算器通常又称 ALU，是计算机进行数据运算的部件。数据运算包括________运算和________运算。

2. 计算机的中央处理器又称________，主要由________和________构成。

3. 存储器可分为________和________。前者主要指________；后者又称海量存储器，它既是输入设备也是输出设备。

4. 计算机系统由________和________组成，操作系统是________。

5. 十进制的基数为________，二进制的基数为________。

6. 机器数的 3 种表示形式是________、________、________。

7. 用 16 位二进制表示整数 0 的补码，是________。

8. 十进制数 25、–25 的真值依次是：________、________；用 16 位二进制表示它们的原码、反码、补码依次是：________、________、________；________、________、________。

9. 二进制的位运算主要有________。

10. ASCII 的英文全称是________，它用一个字节来表示一个字符，但只使用了其低 7 位，最高位规定为 0，所以又称标准 ASCII 码。

第 2 章　C 语言快速入门

📖学习目标

（1）了解程序和算法的概念；
（2）了解计算机语言的发展和排行榜；
（3）了解 C 语言的特点和应用范围；
（4）掌握 C 语言程序的基本构成；
（5）逐步掌握程序设计的基本步骤；
（6）逐步熟练掌握一种 C 语言编程软件的上机操作方法。

📖知识点导图

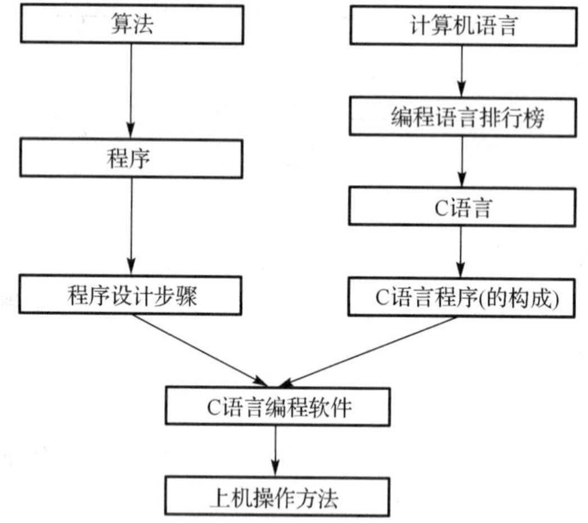

📖难点提示

（1）C 语言程序的基本构成；
（2）C 语言编程软件的使用。

本章先简要介绍了程序和算法的概念、计算机语言的发展、计算机编程语言排行榜；接下来通过一个简单的 C 语言程序，带领用户快速进入 C 语言世界，从而了解 C 语言程序的基本构成；然后介绍了程序设计的基本步骤；最后通过实例讲述了如何使用 Code::Blocks 这种 IDE 软件进行 C 语言程序的编辑、编译和运行。

2.1　程序与计算机语言

程序和算法

2.1.1　程序和算法

我们可以使用智能手机进行美颜拍照，可以网上购物，可以通过人脸识别技术鉴别公民身份……所有这些都需要依赖计算机程序。

什么是计算机程序呢？简单地说就是为完成指定的任务、按照计算机语言的语法规则编写的有限指令序列。计算机程序简称程序。

程序是算法和数据结构的结合体。所谓算法，简单地说就是解题的步骤或方法。

例如，求圆的面积，其算法可以这样描述：

第一步：指定圆周率 π 等于 3.14。

第二步：指定圆的半径 r。

第三步：根据圆的面积公式 $s=\pi r^2$ 进行计算。

第四步：输出求得的面积 s。

通过这个例子可以看到：算法与人类手工解题的思维、步骤大体是一致的。

这只是算法不是程序。通过后面的学习，你将逐步明白：程序必然依赖于算法，即程序是依据算法而实现的。

2.1.2　计算机语言的发展

程序是用计算机语言编写的，计算机语言是随着计算机的发明、科技的飞速发展、应用领域的不断扩张而诞生、发展、丰富和完善的。

目前，计算机语言（尤其是高级语言）有成百上千种，常用的有几十种，且仍在不断创造新的计算机语言。计算机语言经历了图 2.1 所示的几个阶段。

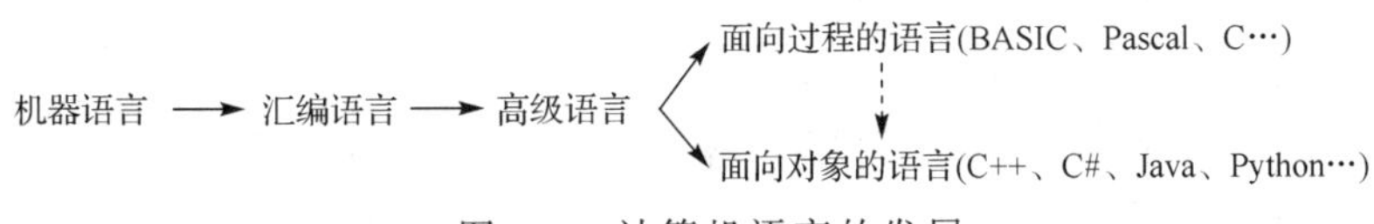

图 2.1　计算机语言的发展

计算机诞生之初，使用的编程语言是机器语言，由于其纯粹由 0、1 这两种二进制编码构成指令，因而对普通技术人员来说晦涩难懂、难于编写；汇编语言则是用一些简短的英文单词（又称助记符）代替了机器语言的二进制指令，使得程序的编写、阅读前进了一大步，但学习和应用起来仍较烦琐；高级语言则非常接近于人类的自然语言，容易理解和学习，因而发展迅猛、大受欢迎。

用汇编语言、高级语言编写的程序都不能直接运行，必须先翻译成二进制指令构成的程序。对于汇编语言程序来说，这种翻译称为汇编；对于高级语言来说，翻译分为编译和解释两种，因此，高级语言按照翻译方式的不同可分为编译型语言和解释型语言。

高级语言按照性质可分为面向过程的语言和面向对象的语言。面向对象语言是在面向过程语言的基础上发展起来的，且面向对象更符合人类的思维习惯，因而更受欢迎，成为了现代编程语言的主流。

2.1.3 计算机编程语言排行榜

TIOBE 网站（http://www.tiobe.com/tiobe-index）会定期公布计算机编程语言排行榜。表 2.1 所示为 2019 年 1 月排名靠前的 20 种编程语言，及其与上一年同期排名的对比情况。

表 2.1　计算机编程语言排行榜

2019 年 1 月	2018 年 1 月	升降变化	程序语言	占比	占比变化
1	1		Java	16.904%	+2.69%
2	2		C	13.337%	+2.30%
3	4	↑	Python	8.294%	+3.62%
4	3	↓	C++	8.158%	+2.55%
5	7	↑	Visual Basic .NET	6.459%	+3.20%
6	6		JavaScript	3.302%	-0.16%
7	5	↓	C#	3.284%	-0.47%
8	9	↑	PHP	2.680%	+0.15%
9	-	⇈	SQL	2.277%	+2.28%
10	16	⇈	Objective-C	1.781%	-0.08%
11	18	⇈	MATLAB	1.502%	-0.15%
12	8	⇊	R	1.331%	-1.22%
13	10	↓	Perl	1.225%	-1.19%
14	15	↑	Assembly language	1.196%	-0.86%
15	12	↓	Swift	1.187%	-1.19%
16	19	↑	Go	1.115%	-0.45%
17	13	⇊	Delphi/Object Pascal	1.100%	-1.28%
18	11	⇊	Ruby	1.097%	-1.31%
19	20	↑	PL/SQL	1.074%	-0.35%
20	14	⇊	Visual Basic	1.029%	-1.28%

从表 2.1 可以看出：C 语言处于第 2 名的位置。

图 2.2 反映了 21 世纪以来，TIOBE 社区最常使用的 10 种编程语言的流行指数。

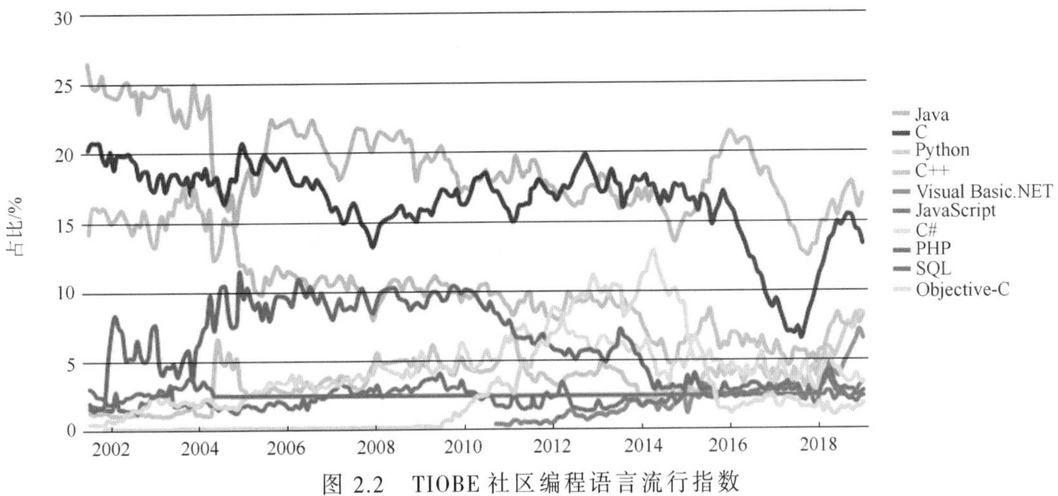

图 2.2　TIOBE 社区编程语言流行指数

2.1.4　C 语言的诞生及发展

C 语言于 1972 年 11 月问世，1978 年美国电话电报公司（AT&T）贝尔实验室正式发布 C 语言，美国国家标准局（American National Standards Institute，ANSI）在 1983 年开始制定 C 语言标准，于 1989 年 12 月完成，并在 1990 年春天发布，称为 ANSI C，有时也称为 C89 或 C90。

在 ANSI C 标准确立之后，C 语言的规范在很长一段时间内都没有大的变动。1995 年，C 程序设计语言工作组对 C 语言进行了一些修改，成为后来的 1999 年发布的 ISO/IEC 9899:1999 标准，通常被称为 C99。C 语言版本更迭史如图 2.3 所示。

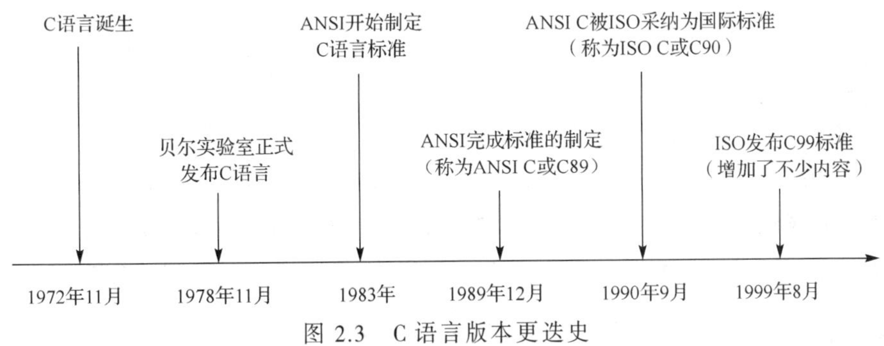

图 2.3　C 语言版本更迭史

丹尼斯·里奇（Dennis Ritchie）被称为 C 语言之父、UNIX 操作系统之父。1978 年，他与布莱恩·科尔尼干（Brian Kernighan）一起出版了名著 *The C Programming Language*，1988 年修订了此书，此书现在已被翻译成多种语言，是 C 语言最权威的教材之一。

2.1.5　C 语言的特点和应用范围

C 语言是一种数据类型和运算符丰富、语法灵活多样、允许直接操作硬件、适用范围广、生成的代码执行效率高、可移植性强的结构化、过程性、编译型程序设计语言。

C 语言广泛应用于系统软件、嵌入式系统的开发。例如，UNIX、Windows、Linux 等操作系统的很多功能就是用 C 语言编写的，嵌入式系统中的单片机常选用 C 语言作为编程语言。

由于 C 语言简洁高效、容易上手，因此，它是计算机类专业必须掌握的编程语言，也理所当然地成为各级各类人员学习计算机编程的首选。

2.2 C 语言程序的基本构成

2.2.1 第一个 C 语言程序

下面是使用 C 语言编写的一个入门级程序，其功能是在命令行提示符窗口输出一个字符串。程序 demo2_1.c 的内容（源代码）如下：

C 语言程序的基本构成

```
//demo2_1.c
#include<stdio.h>
#include<stdlib.h>
/*
   在命令提示符窗口输出一行字符串
*/
int main()
{
   printf("Hi,Welcome to C World!\n");
   return 0;
}
```

2.2.2 程序代码解析

尽管程序 demo2_1.c 的代码只有短短的几行，但它包含的信息是丰富的。

1. C 语言源文件的扩展名

用 C 语言编写的源程序实际上是一个文本文件，为了体现其语言特征，规定它的默认扩展名是 c。由于常使用 C++语言的集成开发工具进行 C 语言程序的编写，而 C++兼容 C、C++源文件的扩展名是 cpp，所以，C 语言源文件的扩展名写成 cpp 也是可以的。

> **【注意】**
> 尽量不要使用汉字、数字作为主文件名，文件名的命名应该见名知意。

2. C 语言的注释

所谓注释是指对程序整体、程序的一条或几条语句在功能上所做的解释、说明、概括等。

在 C 语言中，注释通常分为行注释和块注释，以双斜杠（//）开头，紧随其后且与其处于同一行的内容称为行注释；以/*开头、以*/结尾，括在它们之间的多行内容称为块注释。

注释不是程序的必要组成部分，添加或删除注释不会对程序的执行产生任何影响。然而，程序中加入适量的注释，可以使得程序意思清晰、有利于阅读和理解程序（称为可读性好）。因此，在编写程序时，提倡加入简短的注释。

程序 demo2_1.c 中特别标记为斜体的部分分别是行注释、块注释。

> **【注意】**
>
> 行注释、块注释不要嵌套使用。所谓注释嵌套是指一种注释中还包含有另一种注释方式。

3. C 语言的关键字

关键字又称保留字、标准标识符，一般由英文单词或英文单词的部分字母组成；由 C 语言的编译系统提供；具有特定的含义，只能用在特定的位置。

程序 demo2_1.c 中使用了 2 个关键字：int、return。

include 是一个预编译指令，不是关键字，它必须与#连用，可将其称为伪关键字。

4. C 语言的函数

程序 demo2_1.c 中使用了 2 个函数：main()、printf()。

（1）main()函数：只能通过它来标识程序的主函数。每一个程序必须有且只能有一个主函数，主函数必须命名为 main()，程序的执行总是从主函数开始的；main()的前面一般是 int（整数类型），程序的最后一行是 return 0，0 是一个整数，它与 main()前的 int 相呼应。

（2）printf( )函数：这个标准函数的功能是按照指定的格式将数据输出到显示器（以供查看程序执行的结果）。

5. C 语言的特殊符号

程序中使用了这样几种符号：#（井号）、尖括号、空格、圆括号、大括号、分号、双引号。

（1）#：通常与包含头文件、预定义或预编译指令连用，不能单独使用。

（2）尖括号：必须成对出现，用于将包含的头文件括起来。

（3）空格：起分隔作用，一般可以是一个或多个空格。

（4）圆括号：必须成对出现，这里是用在了函数名的后面，表明了函数运算的对象（即参数），且无论有无参数，这一对圆括号都不能省略。

（5）大括号：必须成对出现，这里用在了 main( )的后面，表示函数主体的开始和结束。

（6）分号：是一条语句的结束标记，是语句与语句之间的分隔符。

（7）双引号：括在其中的内容，一般称为字符串常量。

C 语言程序严格区分字母的大小写，或者说对大小写字母敏感。也就是说：在程序代码的任何位置，字母使用大写或者小写，其含义是决然不同的。例如，main 与 Main 是不同的，若将 main 错写成 Main，该程序就不存在 main()主函数。

> **【注意】**
>
> 除字符串常量（括在一对双引号中的内容通常就是字符串常量）、注释的具体内容之外，程序中的其他内容必须使用英文半角模式下的符号。例如，“;”与“；”、“(”

与“(”、“{”与“{”，前者是英文半角模式的、后者是中文模式的，二者是完全不同的符号。因此，在编辑程序的代码时建议初学者不要在中英文输入法之间来回切换，因为一些符号不易分辨、极易混淆，从而引发错误。

2.2.3　C 语言程序的基本框架

从第一个 C 语言程序的代码可以看出：C 语言程序主要由“包含头文件”和“main( )函数”构成。

1．头文件

一般来说，以“.h”为扩展名的文件都是头文件，C 语言编译系统提供的标准头文件位于软件安装位置下的 include 子文件夹内。

所有 C 语言程序都必须包含#include<stdio.h>，且一般放在程序的最前面。其中，include 是“包含”的意思；stdio.h 是一个标准头文件，其主要提供输入/输出函数的相关定义。在 stdio.h 中，std 代表英文单词 standard，i 代表 input，o 代表 output，h 代表 header。

2．函数

函数是程序的基本组成单位。

main( )是程序的主函数。一个用 C 语言编写的源程序文件，只有正确拥有了 main( )函数才能称为程序。

对初学者来说，在编写每一个程序时，强烈建议先写出图 2.4(a)所示的 7 行代码，然后在中间添加程序的主体功能部分。程序的前两行是两个包含头文件，必须分行书写，且行尾不能添加任何标点符号；main( )后也不能添加任何标点符号。

另外，main( )也可以写成 main(int argc,char *args[ ])的形式。

有的 C 语言集成开发工具允许将 main( )前的 int 省略；有的也允许将 main( )前的 int 改写成 void，相应地必须把最后一行的 return 0;改成 return;，或干脆去掉该行。具体如图 2.4 所示。

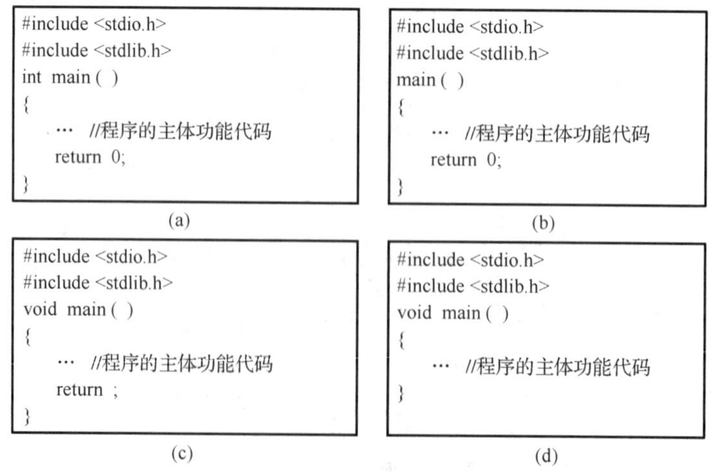

图 2.4　C 语言程序的基本构成

在书写 C 语言程序时，强烈建议使用图 2.4(a)样式的程序结构，因为它是标准格式。

程序设计步骤

2.3　程 序 设 计

2.3.1 程序设计步骤

一般来说，拿到一个具体问题之后，必须认真阅读其内容、理解其意图，再思考、书写解题的方法和步骤。这个过程称为算法设计。也就是说，编写程序前需要先进行算法设计。

利用某种编辑器、依据算法、按照 C 语言的语法规则进行编辑工作（即录入代码）、存储之后得到 C 语言源程序（称为 C 语言源文件或源程序，*.c 或*.cpp 文件），这个过程称为编辑。然而，这样的源程序是不能直接执行的，因为计算机只能直接执行用机器语言编写的程序（即用二进制指令编写的程序）；源程序必须经过翻译，转换成计算机能识别的二进制指令，从而得到目标程序（*.obj 目标文件，目标文件的扩展名通常是 obj，有些编译器规定其扩展名为 o），这个过程称为翻译（或称为编译）；目标程序再与必要的库文件连接在一起，最终生成可执行的程序（*.exe 可执行文件）。这样，*.exe 文件就可以直接运行。

设计算法、编辑、编译、连接、运行是程序设计的基本步骤（流程），如图 2.5 所示。

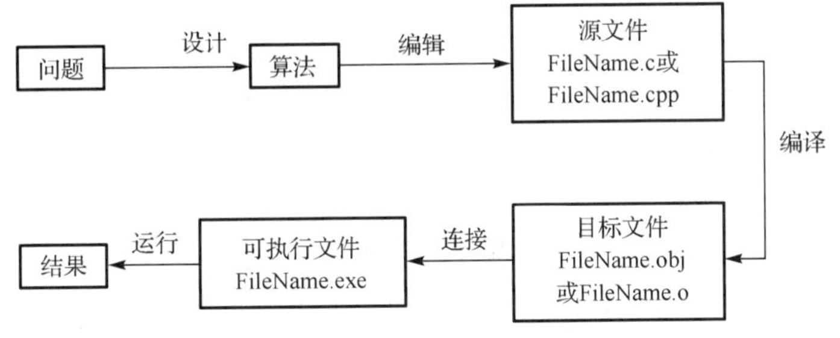

图 2.5　编写 C 语言程序的步骤

在上述步骤之中，如果编译、连接或运行出错，则必须返回到编辑状态、修改代码，再重新进行编译、连接、运行。检验错误、修正错误的过程称为程序调试。图 2.6 所示为进行程序调试的完整流程。

2.3.2　C 语言编程工具

C 语言编程工具、Code::Blocks 简介

把程序的编辑、编译、连接、运行、调试集成于一体的编程工具，称为集成开发环境（Integrated Development Environment，IDE）。

通常，IDE 软件拥有可视化的图形界面，因而操作简便且高效。

在 Windows 操作系统下，能用来进行 C 语言程序开发的 IDE 比较多，例如，Code::Blocks、C-Free、Dev-C++、Microsoft Visual Studio 2010（简称 VS 2010）、Microsoft Visual C++ 6.0（简称 VC 6.0）等。它们各自使用的编译器不尽相同，但都以 C89 为基础。

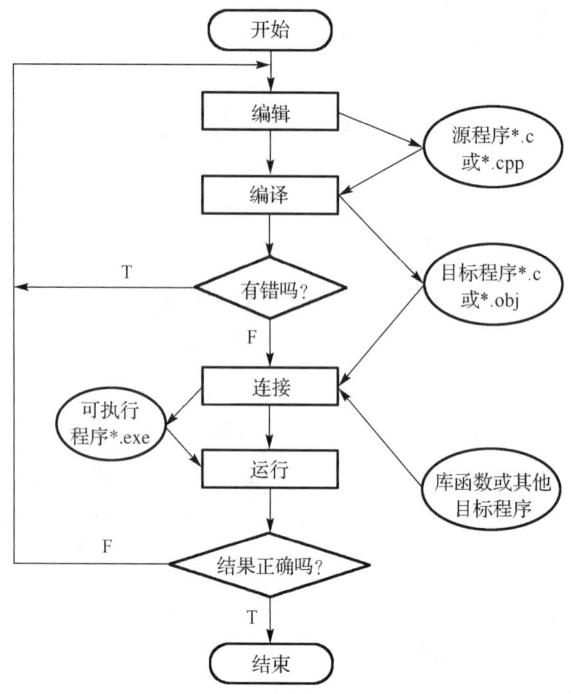

图 2.6　调试 C 语言程序的流程

2.3.3　Code::Blocks 简介

本书使用 Code::Blocks 这种 IDE 软件作为 C 语言的编程工具,它是一款开源免费的 IDE 软件。

1．Code::Blocks 的下载

通过 http://www.CodeBlocks.org 打开 Code::Blocks 的官方网站，在其主页上单击 Downloads 选项，在随后显示的网页上单击 Download the binary release 选项进入下载页，如图 2.7 所示。

Windows XP / Vista / 7 / 8.x / 10:

File	Date	Download from
codeblocks-17.12-setup.exe	30 Dec 2017	Sourceforge.net
codeblocks-17.12-setup-nonadmin.exe	30 Dec 2017	Sourceforge.net
codeblocks-17.12-nosetup.zip	30 Dec 2017	Sourceforge.net
codeblocks-17.12mingw-setup.exe	30 Dec 2017	Sourceforge.net
codeblocks-17.12mingw-nosetup.zip	30 Dec 2017	Sourceforge.net
codeblocks-17.12mingw_fortran-setup.exe	30 Dec 2017	Sourceforge.net

图 2.7　Code::Blocks 的下载

图 2.7 显示的是基于 Windows 操作系统的 Code::Blocks 下载页，可以从超链接的 Sourceforge.net 或 FossHUB 站点进行下载。需要注意的是务必选择带编译器的安装文件，如图 2.7 标记所示。

2．Code::Blocks 的安装

下载得到的文件是 Code::Blocks-17.12mingw-setup.exe，双击该文件即可进行安装。

3．Code::Blocks 的使用

下面以第一个 C 语言程序 demo2_1.c 的创建过程为例，简要介绍 Code::Blocks 的操作方法：

（1）启动 Code::Blocks 软件

选择"开始"→"程序"→Code::Blocks\Code::Blocks 命令，或者双击桌面上的 CodeBlocks 快捷按钮即可启动该软件。启动后软件的主界面如图 2.8 所示。

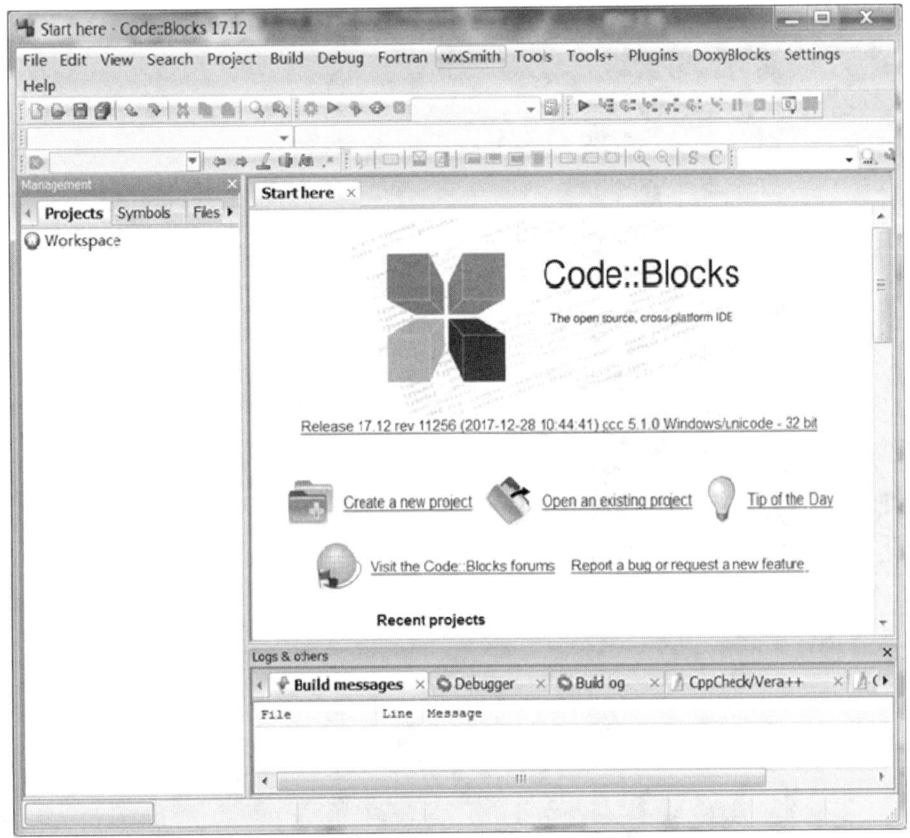

图 2.8　软件 Code::Blocks 的主界面

主界面上的 Start here 页可以直接关闭。

（2）新建和编辑 C 语言源代码文件

选择 File→New→File 命令，或者单击工具栏上的按钮、再选择 File 命令，打开 New from template 对话框，选择其中的 C/C++ source 选项，如图 2.9 所示。

单击图 2.9 中的 Go 按钮，打开图 2.10 所示对话框，选中其中的复选框，然后单击 Next 按钮；在打开的图 2.11 所示的对话框中选择"C"选项（因为是进行 C 语言程序的编写）。

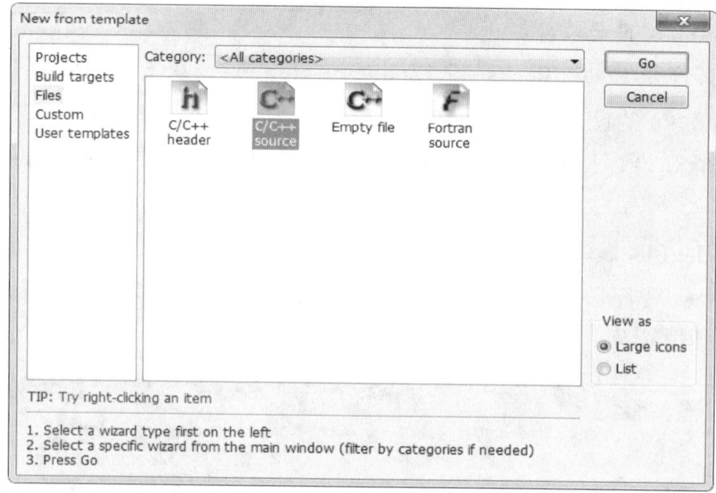

图 2.9　New from template 对话框

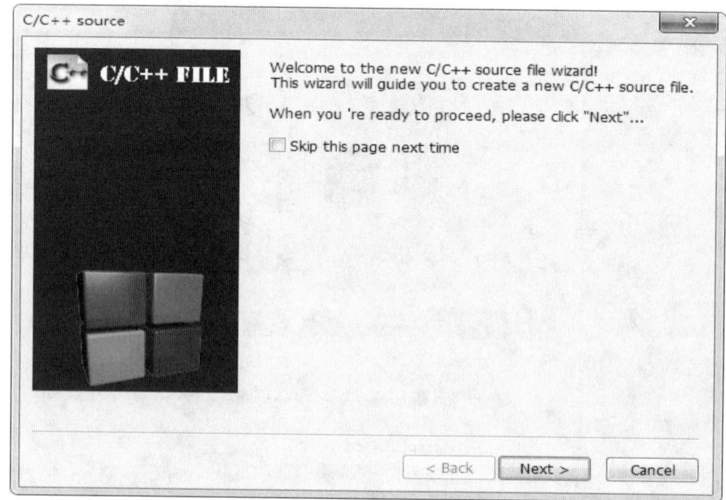

图 2.10　C/C++ source 对话框

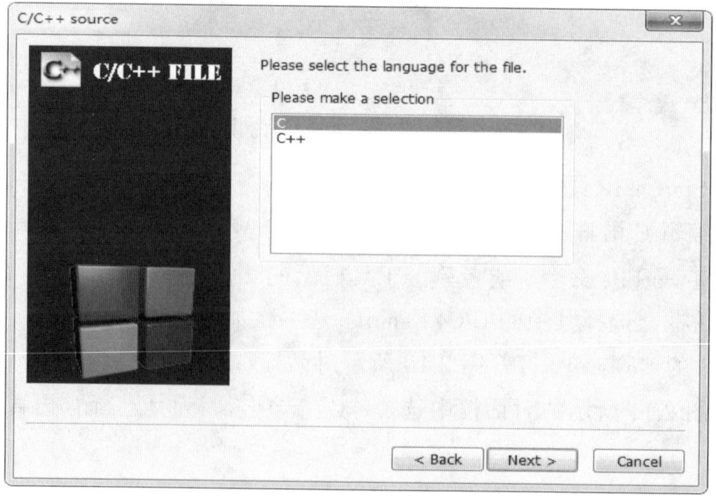

图 2.11　选择“C”选项

单击 Next 按钮，出现需要设置新建文件的完整文件夹和文件名的对话框，如图 2.12 所示。

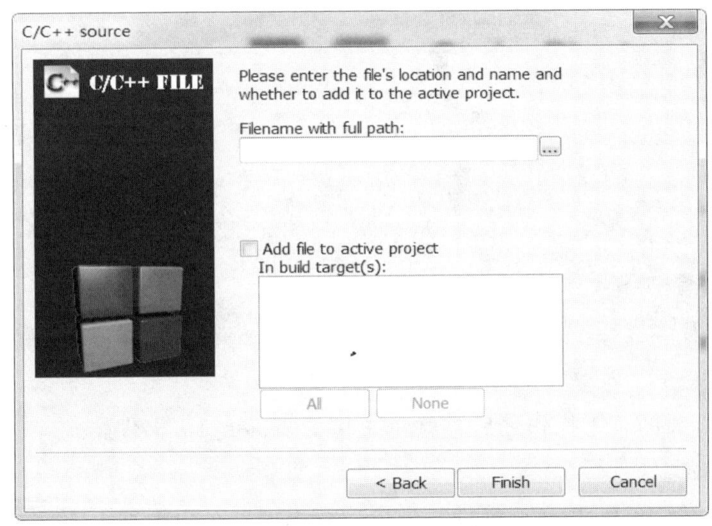

图 2.12　设置文件类和文件名

单击“...”按钮，打开 Select filename 对话框，如图 2.13 所示。

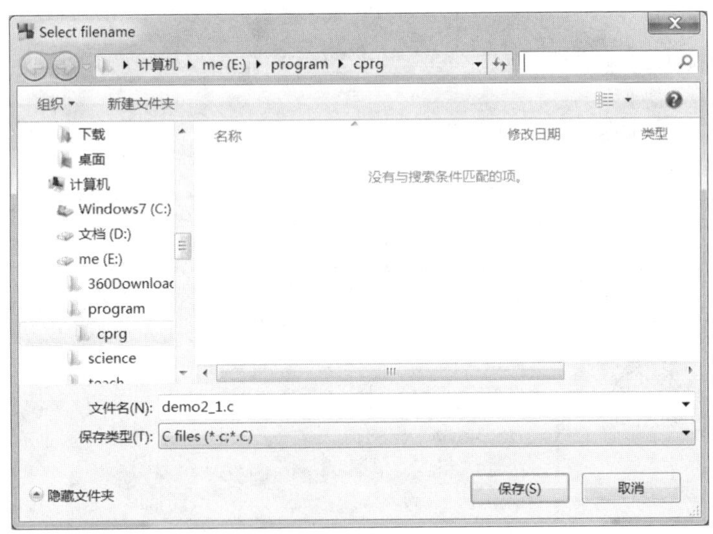

图 2.13　Select filename 对话框

在图 2.13 中完成新建文件存储位置的选择和文件名的命名。在这里，文件夹选择 E:\program\cprg，文件命名为 demo2_1.c，单击“保存”按钮，则返回到图 2.12 所示对话框，会看到文本框中已填入了完整的文件名。当然，也可以在图 2.12“...”按钮前的文本框中直接录入正确的、完整的文件名。

最后，单击图 2.12 中的 Finish 按钮，则建立起了一个空白的 C 语言源文件。窗口中间最大的白色区域就是代码编辑区，接下来在代码编辑区录入第一个程序的代码（注释可省略）并保存，如图 2.14 所示。

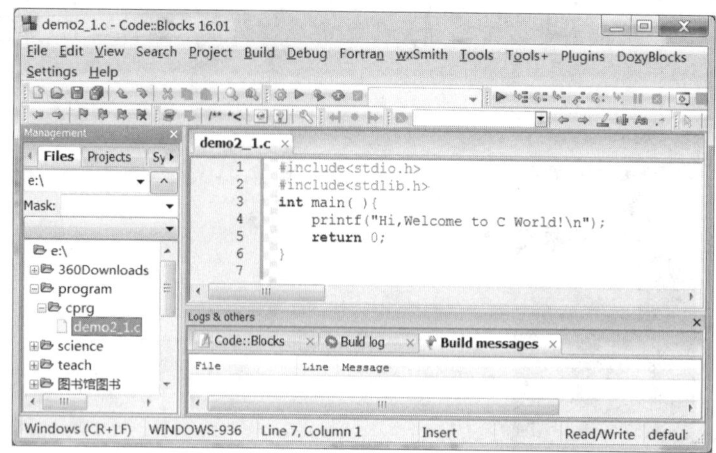

图 2.14 编辑和保存 demo2_1.c 文件

这样，经过上面的若干操作之后，就建立起了 demo2_1.c 文件。

（3）对源代码文件进行构建

若是第一次运行 Code::Blocks 软件，需要检查编译器是否配置正确，可选择 Settings→Compiler 命令，在随后出现的对话框中查看是否已自动检测且设置好了默认的编译器，如图 2.15 所示。

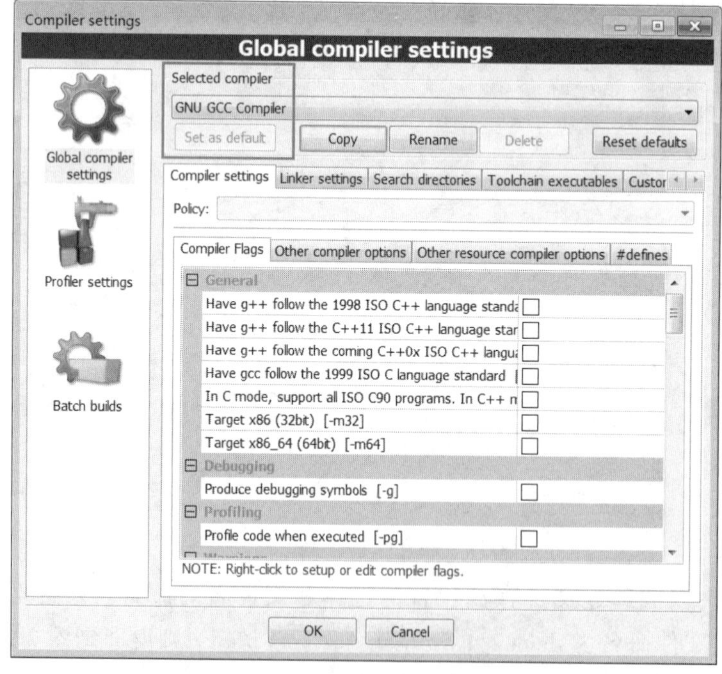

图 2.15 Compiler settings 对话框

在 Code::Blocks 软件中，程序的构建包含了编译和连接两个操作。

对源代码文件进行构建的具体操作方法：选择 Build→Build 命令或者按下【Ctrl+F9】组合键，或者单击工具栏中的 ⚙ 按钮，操作后的构建信息显示在软件底部的 Logs&others 窗口的 Build messages 页中，如图 2.16 所示。

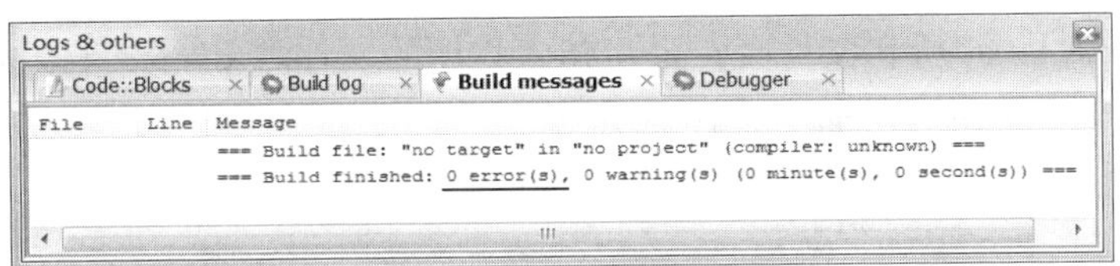

图 2.16　demo2_1.c 编译后的信息

若其中的 Build messages 页显示 0 error(s)，则表示构建没有错误，接下来可以进行程序的运行。否则，需返回代码编辑区、对程序进行修改，再重新进行构建，直到没有构建错误为止。

构建（Build）操作顺利完成后，会生成目标文件和可执行文件。对源文件 demo2_1.c 来说，编译后生成的目标文件就是 demo2_1.o、连接后生成的可执行文件就是 demo2_1.exe。

对于图 2.16 中的 Logs & others 窗口，可通过 Code::Blocks 主菜单中的 View→Logs 命令来打开或关闭，Logs & others 窗口包含有十几个笔记本页，在进行 C 语言程序的编写时有一些可以关闭，可以仅保留 Builder log、Build messages、Debugger 等常用的几个。各笔记本页的增减可通过如下方式进行设置：在图 2.16 中任一选项页上右击，在弹出的快捷菜单中选择 Toggle 命令，出现各选项页对应的菜单项，勾选相关菜单项即可，如图 2.17 所示。

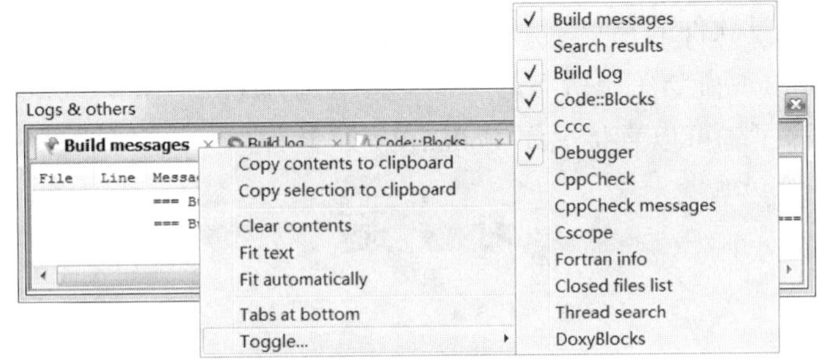

图 2.17　选项页对应菜单项

（4）运行

选择 Build→Run 命令，或者按下【Ctrl+F10】组合键，或者单击工具栏中的按钮，运行（Run）程序。实际上，也可以将程序的构建（编译）和运行合二为一，直接选择 Build →Build and run 命令或者按【F9】键，或者单击工具栏中按钮来完成。程序运行结果如图 2.18 所示。

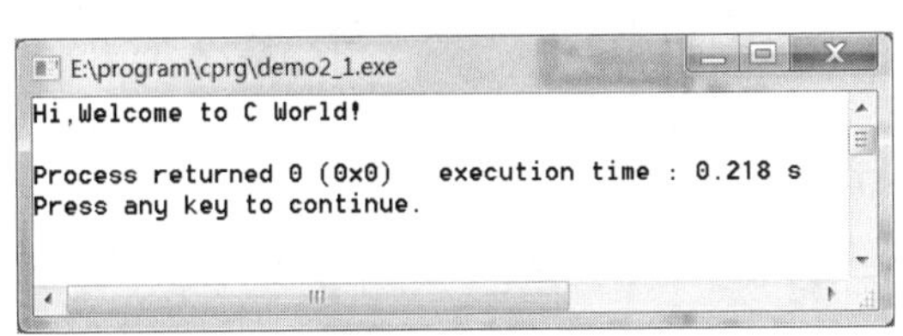

图 2.18　程序 demo2_1 运行结果

也可以在命令提示符窗口中运行该程序。具体方法：通过桌面上的“计算机”打开 demo2_1.exe 文件所在文件夹，在地址栏上复制该文件夹的名称；选择“开始”→“程序”→“附件”→“命令提示符”，打开命令提示符窗口；使用 cd 命令和快捷菜单中的“粘贴”

命令转换到 demo2_1.exe 所在文件夹；最后输入程序的文件名 demo2_1，按【Enter】键后就可以运行该程序。操作方法如图 2.19 所示。

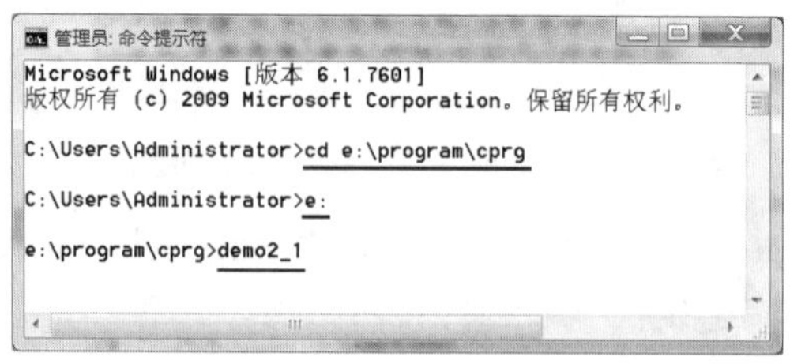

图 2.19　在命令提示符窗口运行程序 demo2_1

还可以在硬盘上找到 demo2_1.exe 存放的位置，通过双击来运行该程序。这种方式运行程序，会“一闪而过”，根本看不清输出的结果。原因在于程序的运行速度太快，运行完毕随即关闭了运行窗口。若想看清运行结果，可以让程序在输出结果后暂停，解决方法是在 return 0;之前加上一条语句 system("pause");（程序代码发生了修改，需要重新编译、连接程序之后才能运行该程序）。

在完成程序 demo2_1 的运行后，若需要编写另一个程序，绝对不能在 demo2_1.c 的后面继续进行编辑。因为这样将会在一个程序中出现多个 main( )函数，这显然是错误的。正确的操作方法是：通过软件的菜单重新进行文件新建、编辑、构建、运行。最好的方法是选择 File→Close all files 命令关闭所有的文件，再从选择 File→New→File 命令开始。

若不需要写程序了，可以直接关闭 Code::Blocks 软件。

习　题

一、选择题

1. 能将高级语言编写的源程序转换成目标程序的是________。

   A. 编辑程序　　B. 编译程序　　C. 汇编程序　　D. 连接程序

2. C 语言属于________。

   A. 机器语言　　B. 低级语言　　C. 高级语言　　D. 面向对象语言

3. 一个 C 语言程序总是从________开始执行的。

   A. 程序中第一个函数　　B. main( )函数

   C. 包含文件（头文件）的第一个函数　　D. 程序中的第一条语句

4. 以下叙述正确的是________。

   A. 程序中每一行只能写一条语句　　B. 程序的注释会参与编译

   C. 每个程序中只能有唯一的 main( )函数　　D. C 语言程序的基本组成单位是语句

5. C 语言的注释________。

   A. 以“/*”开头且以“*/”结尾的一行或多行内容

   B. 以“//”开头的一行或多行内容

   C. 以“#”开头的一行内容

   D. A、B 都正确

6. C 语言源程序文件的扩展名是________。

A. c　　B. obj　　C. c++　　D. 任意的

7. C 语言源程序经编译、连接后生成可执行文件，其扩展名是________。

A. obj　　B. o　　C. exe　　D. com

8. 以下叙述正确的是________。

A. C 语言源程序可以直接运行

B. C 语言程序中的所有内容最终都将被转换成二进制的机器指令

C. C 语言源程序需经过编译、连接生成可执行程序之后才能运行

D. 一个 C 语言源程序只要编译和连接没有错误，运行必能得到满意的结果

9. 以下叙述中不正确的是________。

A. 在计算机编程语言排行榜上 C 语言一直名列前茅

B. C 语言较适合于应用软件的开发，不适合于系统软件的开发

C. 支持 C 语言编程的 IDE 工具比较多，常用的有 VC、C-Free、DEV-C++、Code::Blocks、VS.NET 等

D. C 语言的版本比较多，但都以 ANSI C 为基础

10. 对 C 语言的特点描述不正确的是________。

A. C 语言语法灵活、简洁高效

B. C 语言应用范围广但移植性较差

C. C 语言可直接访问计算机的硬件

D. C 语言是结构化的过程性程序设计语言

二、简答题

1. 查阅资料了解计算机语言详细的发展历史，查询当前的编程语言排行榜（网址是 http://www.tiobe.com/tiobe-index/）。

2. 在 C 语言编程软件中以 demo2_1.c 为例，练习 C 语言程序设计上机操作步骤（严格按照上机操作步骤练习第一个例子）；了解各阶段生成文件的存放位置、扩展名、意义。

3. 以 demo2_1.c 为例，经编译、连接生成可执行文件后，分别在 IDE 中、在 DOS 命令提示符下、通过双击运行程序，观察它们的差别，熟悉程序的多种运行方式。

4. 将 demo2_1.c 中的 printf("Hi,Welcome to C World!\n")改成 printf("Hi,Welcome to C World! ")，或者改写成 printf("Hi,\nWelcome to\nC\nWorld!\n")，再次编译、连接、运行程序，仔细观察输出结果有何差别，理解"\n"的作用。

5. 使用 printf()函数编写程序，输出如下图形。

```
    *
   ***
  *****
 *******
*********
```

第 3 章　数据存储和计算

📖学习目标

（1）理解标识符的作用、命名规则；
（2）逐步理解数据的类型；
（3）掌握常量的定义方式；
（4）掌握变量的声明、定义、赋值；
（5）逐步掌握表达式的书写、计算。

📖知识点导图

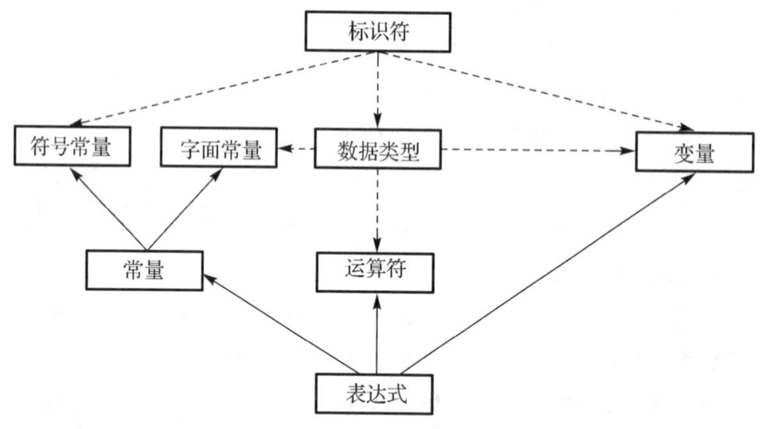

📖难点提示

（1）数据在内存中的存储；
（2）自增自减运算。

本章主要讲述程序设计中最常使用的专业术语、各种简单类型数据的存储和计算。

能输入到计算机中，并能被计算机识别、存储、表示、处理的所有信息统称数据。所有的数据都具有确定的类型，数据的输入、存储、表示是进行计算的基础。

3.1 标　识　符

标识符

标识符是程序设计语言中最重要的专业术语之一。标识符是一种代号，且是程序设计中不可缺少的代号（如同人的姓名），它可用来代表常量、变量、类型、函数等。

标识符分为标准标识符和用户自定义标识符。

标准标识符又称保留字、关键字，它由 C 语言的编译系统提供。标准标识符具有特殊的含义，只能用在特殊的位置，不能滥用。ANSI C（标准 C 语言）提供了 32 个关键字，按照它们在书本中出现的次序列举如下：

int、return、float、double、long、short、char、const、sizeof、unsigned、signed、if、else、switch、case、default、while、do、for、continue、break、goto、auto、void、static、register、extern、struct、typedef、union、enum、volatile

用户自定义标识符是在编写程序的过程中根据实际需要而设置的。

标识符的命名规则是必须以字母或下画线开头，后面紧跟若干个字母、数字或下画线。也就是说，标识符只能由若干个 A～Z、a～z、_（即下画线）、0～9 组成，且数字 0～9 不能出现在标识符的最前面。

> **【注意】**
> 在 C 语言中，标识符严格区分字母的大小写，且必须是英文半角模式下的符号。

例如：

Alpha、x1、x_1、a_stu_1_delta、name、xingMing、xm 都是合法的用户自定义标识符。

3a、a,3、ab～c、tom@edu.cn、dollar-1、a$3、面积、π 则是非法的标识符。

程序员习惯使用简短的一个或多个英文单词（或汉语拼音）作为标识符，且通常从第二个单词开始，各单词的首字母大写，以达到增强可读性、“见名知意”的效果。

> **【注意】**
> 标识符中最好不要出现字母 l、数字 1，字母 o、数字 0，因为它们的形状近似、极易混淆。

3.2 数 据 类 型

数据类型

所谓数据类型是指数据的类别，每个数据都具有确定的类型。

目前，使用最多的是简单数据类型（又称基本数据类型、标准数据类型），主要有字符型、整型、浮点型（或称实型，又分单精度浮点型和双精度浮点型两种），整型和浮点型与数学上“数的分类”有些类似，但它们之间不存在包含关系。这几种标准数据类型分别使用标准标识符 char、int、float、double 来描述。

下面是 C 语言中数据类型更详细的分类，如图 3.1 所示。

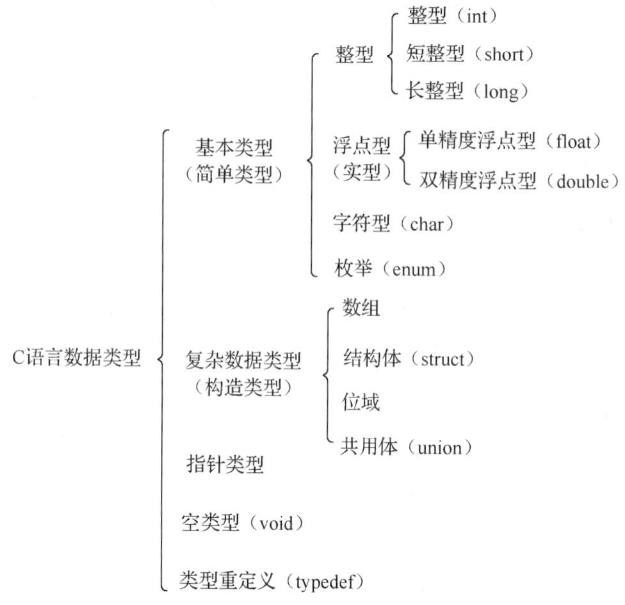

图 3.1　C 语言数据类型的分类

其中，整型、字符型若按有无符号位来划分，整型还可分为带符号整型、无符号整型；字符型还可分为带符号的字符型、无符号字符型。整型、字符型默认都是带符号的，即内存单元中最高位是否代表符号位。

3.3　常量与变量

常量

3.3.1　常量

所谓常量是指在一个程序中它的值是固定不变的，例如，在数学考试中，通常会规定圆周率取一个固定的值（如取值是 3.14），这样，有利于计算圆的面积、周长、圆弧的弧长等；在化学考试中，化学元素的原子量也定义成一个常量；对一个班级的学生信息进行统计时，学生人数也定义成一个常量。

若按常量的数据类型来分，常量可分为字符常量、整型常量、实型常量、字符串常量等。

若按常量的表现形式来分，可分为直接常量和符号常量。若直接给出常量的值，则称为直接常量，也称字面常量；若用一个标识符代表一个常量，则称为符号常量。

例如，'A'、65、3.14、"Score"分别是字符常量、整型常量、实型常量、字符串常量。这几个量是纯粹的值，所以也是直接常量（或称为字面常量）。直接常量既有确定的值，也有确定的数据类型。

字符型的直接常量必须用单引号括起来、单引号中最多只能有一个字符。例如，'A'表示字符常量 A，'a'表示字符常量 a，'3'表示字符常量 3，''表示空字符，' '表示空格字符；而'a3'则是错误的，因为其中括着两个字符。

常量 65，默认是 int 型的。若要将其标识为长整型（long）的直接常量，则需要在这个常量值之后加上一个大写字母 L 或小写 l，如 65L。

浮点型直接常量默认是双精度的，为了标识一个浮点数是单精度浮点型的直接常量，应该在直接常量之后加上一个字母 F 或 f，如 3.14f。

对于浮点型常量，还可以使用科学计数法进行表示，例如，-3.14×10^{-4}是数学上对实数的科学计数法表示，在 C 语言程序中需要写成-3.14e-4。用科学计数法表示浮点数时，要求在字母 e（或 E）之前是一个整型或浮点型常量（表示尾数），e 之后必须是一个整型常量（表示指数，也称阶码）。所以，-31.4e-5、-0.314e-3、-.314e-3（即省略小数点前的 0）也是正确的。

字符串常量必须用双引号括起来，这一对双引号中间是 0 个或多个字符，是字符串常量的值。这一对双引号只起分隔、限定作用。

符号常量则是用一个标识符代表一个常量，通常采取宏定义的方式进行描述。例如：

```
#define  PI  3.14
#define  TOTAL  38
```

其中，# 是一个特殊符号，define 是预编译指令（这里，define 必须与#连用）；PI、TOTAL 称为宏名、符号常量，它们属于用户自定义标识符。这样，标识符 PI 代表 3.14，标识符 TOTAL 代表 38。但宏名没有数据类型这一说法，通常，宏名使用大写字母标识，以便醒目地与其他量区分开。

另外，特别需要注意：

```
#define  GStr   9.8
```

与

```
#define  GStr  9.8;
```

与

```
#define  GStr  "9.8"
```

3 个 GStr 代表的意思是不同的。第一个代表的是 9.8，第二个代表的是 9.8;，第三个代表的是"9.8"。当然，在一个程序内不能使用#define 对同一个标识符赋予不同的常量值，否则，属于重复定义、存在歧义，是错误的。

3.3.2 变量

变量

所谓变量是指在程序中其值可以随时改变的量。在程序中使用最频繁的就是变量。

变量在使用之前必须先声明其类型、指定其名称（即标识符），即变量应该指定合适的数据类型和名称；变量应该使用“见名知意”的标识符来命名。变量必须拥有了确定的值之后才能参与运算；同一作用域内不能声明同名的变量。

通常，把仅指定变量的类型和名称称为声明变量；把同时指定变量的类型、名称和初始值称为定义变量。

例如：

```
int  x, y, z=8;
```

由于 3 个变量是同一类型，所以，可以放在一起进行声明和定义，中间用逗号分隔，句尾是分号。

或者写为：

```
int  x,y;                          //x 与 y 之间使用逗号分隔
int  z=8;                          //这两条语句句尾都必须是分号
```

这里是 x、y 一起声明，且 x 与 y 之间用分号分隔；z 单独定义。这是两条语句，语句之间使用分号分隔。

也可写在一行上。例如：

```
int  x;  int  y, z=8;              //这是两条语句，语句之间使用分号分隔
```

或者 3 个变量各自单独声明、定义。例如：

```
int  x;
int  y;
int  z=8;                          //这是三条语句，语句之间使用分号分隔
```

上面 3 个变量的声明、定义分三行书写，也可写在一行上。例如：

```
int  x;  int  y;  int  z=8;        //这是三条语句，语句之间使用分号分隔
```

以上对 3 个变量进行声明、定义，虽然方式不同，但表达的意思是一样的，都是声明了两个整型变量 x 和 y，定义了一个整型变量 z，且其值是整数 8。

【注意】

上述各种声明、定义方式中的标点符号。

还有一种变量称为只读型变量，需要用到关键字 const。格式如下：

```
const  数据类型  标识符=值;
```

定义这种类型的变量时，必须同时指定其值，且该变量的值只能使用、不能更改。例如：

```
const  double  PI=3.14;
```

表示 PI 为只读型变量。它是双精度浮点型的、值为 3.14，可当作常量来使用。

又如：

```
const  int  AGE=18;
```

其中 AGE 是整型的只读型变量，可当作整型常量使用。而

```
const  int  AGE=18;
AGE=16;                            //这是错误的，不允许对 AGE 再赋值
const  int  WEIGHT;                //错误，必须在声明的同时赋值
```

前者是先进行了定义、接下来进行了更改，后者是没有在声明 WEIGHT 的同时指定其确定的值，都是错误的。

变量举例

【例 3-1】 编程计算半径为 1 的圆的面积。

解答该问题的程序代码如下：

```
//demo3_1.c
#include <stdio.h>
#include <stdio.h>
#include PI 3.14
int main()
{
    int r=1;
    double s;
    s=PI*r*r;
```

```
10      printf("PI=%f \n",PI);
11      printf("s=%f\n",s);
12      return 0;
13  }
```

程序运行结果如图 3.2 所示。

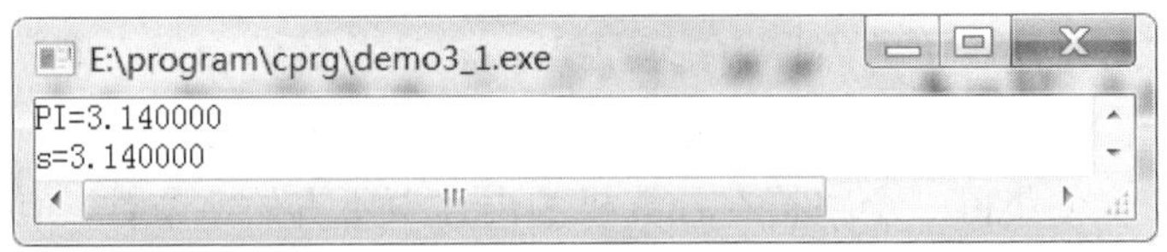

图 3.2　例 3-1 程序运行效果

【程序解析】

本程序共 13 行，每行前的数字是 CodeBlocks 软件附加的行号（行号可通过选择 Settings →Editor 命令打开 Configure Editor 对话框，在 Editor settings 选项卡中选中 Show line numbers 复选框来呈现）。

第 1 行是注释，标明了该程序的文件名。

第 2、3 行是包含头文件。包含头文件不能算作 C 语言的语句，行尾不能加分号。

第 4 行是宏定义，也不能算作 C 语言的语句，其作用是定义了一个符号常量。凡是出现标识符 PI 的地方都会用 3.14 来替换。

第 5 行 main()是程序的主函数，函数名 main 后的一对圆括号是必不可少的。一个程序必须有且只能有一个 main()函数。

第 6 行是左大括号，表示一个语句块的开始，这里表示函数 main( )函数体的开始。

第 7 行定义了一个整型变量 r，其初值是整数 1，表示圆的半径。

第 8 行声明了一个变量 s，指明了其类型、名称，但没赋值，即无初值，其代表需求解的面积。

第 9 行是一条赋值语句。在程序编译时，本行最后的宏名 PI 会被替换成 3.14；程序执行时，先计算算术表达式的值，再将结果赋值给变量 s。

第 10 行是一条输出语句，在程序编译时，本行最后的宏名 PI 会被替换成 3.14；程序执行时，先输出字符串常量 PI=，再输出 3.140000（3.14 这个实数输出时默认保留六位小数），再输出一个换行符。其中，\n 是一个特殊字符，起换行的作用，即把光标定位到下一行的行首。

第 11 行是一条输出语句，意思是先输出字符串常量 s=，再输出变量 s 的值，再输出一个换行符。

第 12 行 return 是返回的意思。这里，返回任意整数值都可以，它只是与 main( )前的 int 相呼应，而 0 是一个整数。

第 13 行是右大括号，表示语句块的结束。其与第 6 行的左括号相呼应，这里表示 main( )函数到此结束。

在本程序中，用一对大括号括起来的内容是 main( )函数的主体部分，称为函数体，其由一条条语句组成，各语句之间使用分号进行分隔。

3.4 数据的存储

3.4.1 数据的取值范围

数据的取值范围

每种类型的数据在计算机的内存中都会占驻一定字节数的存储空间，这个字节数可以使用运算符 sizeof 来获得，且其值只与编译器相关、与数据的大小无关。例如：

（1）sizeof(char)：可获得一个字符在计算机的内存中所占的字节数，但这个值始终是 1。

（2）sizeof(int)：可获得一个整型数据在计算机内存中所占的字节数。

（3）sizeof(float)：可获得一个单精度浮点型数据在计算机的内存中所占的字节数。

（4）sizeof(double)：可获得一个双精度浮点型数据在计算机的内存中所占的字节数。

或者使用 sizeof(常量名或变量名或常量值)的形式。例如：

```
int  i;
sizeof(i)、sizeof(500)、sizeof(-32767)    //其值都与 sizeof(int)相同
```

根据每种类型所占的字节数以及数据的存储规则，可以计算出该类型数据的取值范围。

在 C 语言中，字符总是使用 1 个字节来存储，其 8 个二进制位从全 0 变成全 1（共可表示 2^8 个不同的字符），就是其可表示字符的范围，这个范围是 $-2^7 \sim 2^7-1$，即 −128～127。

> **【思考】**
> 为什么字符的取值范围是−128～127，−128、127 是如何计算出来的？

假定一个 int 型数据在内存中占 4 个字节，这 32 bit 从全 0 变成全 1，就是 int 型数据的取值范围，这个范围是 $-2^{31} \sim 2^{31}-1$，即−2 147 483 648～2 147 483 647。

也就是说，计算机可表示的数据是有范围的，太大、太小都不能准确地描述出来。若超出了计算机可描述的范围则称为溢出。

除字符外，其他类型的数据所占字节数都与使用的 C 语言编译系统有关。但它们的取值范围有如下规律：char <int< long < float < double。

3.4.2 数据在内存中的存储

数据在内存中的存储

所有的数据，在计算机中都是以二进制补码形式存储的。这样，同一个二进制值，当认为它是不同类型的数据时，其结果很可能是不一样的。因为不同类型的数据在内存中所占的字节数不同，存储格式也可能不同。

对于数值型数据，正数的原码、反码、补码是相同的；负数的补码是在其反码的末位加一。

计算机内存的大小是有限的，内存管理是由操作系统负责的。将 8 个比特（bit）作为一个单元，每个单元有一个编号，叫作内存地址。内存地址按字节从低到高进行编号。几个连续的字节组成一个小区块，以供存储相应的数据值，并且总是以该小区块的第一个字节的地址作为该数据的存储地址（称为首地址）。存放数据时总是从低地址（即首地址）处开始放置，然后才是高地址处；且数据的低字节放在低地址处，数据的高字节放在高地址处。

十进制整数 12345 转化成二进制就是 0011000000111001（一个十进制整数的二进制值可用手工方式计算得到，也可以使用 Windows 系统附件中的计算器，通过选择“查看”→“程序员”命令得到）。假定一个整数占 4 个字节，将其二进制值补全成 4 个字节就是 00000000000000000011000000111001。其在内存中的存储如图 3.3 所示。

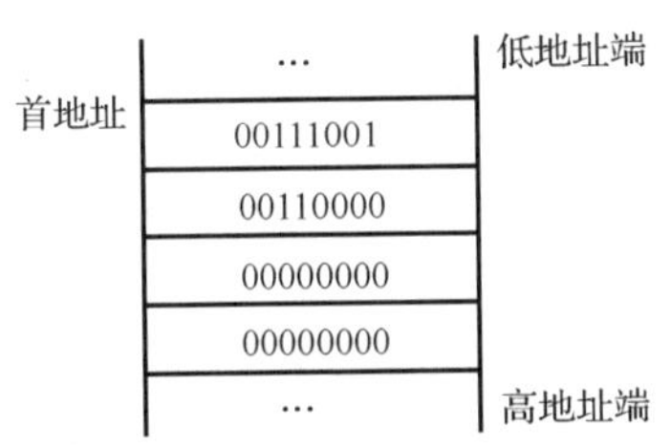

图 3.3　整数 12345 在内存中的存储示意图

若存储的是整数，那么这个整数就应该由相邻的 4 个字节构成，结果是 12345。

若存储的是字符，那么这个字符就应该由 1 个字节构成（且是低地址端的 1 个字节），是 00111001，结果是 ASCII 码为 57 的字符'9'。

若是单精度浮点数，那么这个实数就应该由相邻的 4 个字节构成；若是双精度浮点数，那么这个实数就应该由相邻的 8 个字节构成（高地址处的 4 个字节未画出来）。这个实数究竟是多少呢？这就比较复杂了：因为计算机规定了浮点数的尾数、指数分别用多少个二进制位来存储，以及其他存储规则。这里，对这个问题不进行讨论，更多信息请查阅网络资源去了解。

【例 3-2】数据在内存中的存储。

```
// demo3_2.c
#include<stdio.h>
#include<stdlib.h>
int  main()
{
   unsigned  char  c=250; //c 的二进制值是 1111 1010，无符号字符，最高位
                          //不代表符号位
   char  cx=c;            //cx 的二进制值也是 1111 1010，但最高位是 1，
                          //认为是负的
   printf("c=%u, cx=%d\n",c,cx);
   int  x=-1;             //-1 的补码是 8×sizeof(int)个 1
   printf("unsigned int maximum is:%u\n",x);
                          //得到的是最大无符号整数，32 个 1
   int  y=1;
   printf("signed int maximum is:%d\n",(y<<sizeof(int) *8-1)-1);
                          //得到的是最大带符号整数
   int  i=12345;
   printf("size of int :%d,%d\n",sizeof(int),sizeof(i));
   printf("%d\n",i);
   printf("%c\n",i);      //将 i 按字符输出，则只取最低字节的值
   printf("%f\n",i);      //格式控制符与 i 的类型不一致，结果如何？
   return  0;
}
```

程序运行结果如图 3.4 所示。

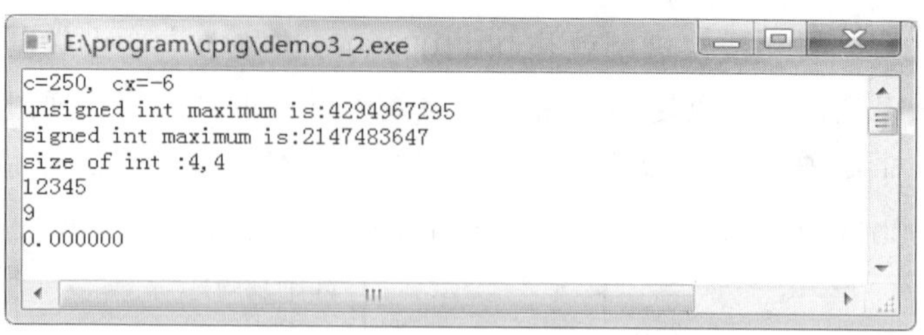

图 3.4　例 3-2 程序运行结果

【程序解析】

-1 的补码是 32 个 1，即 x=-1 在内存中存储时所有二进制位都是 1。使用输出控制符“%u”，表示按无符号整数输出该二进制值，所以，得到的就是最大无符号整数。

表达式(y<<sizeof(int) *8-1)-1 的意思是把整数 1 向左移动 31 位，得到的是 10……0(共有 31 个 0)，再减 1 就是 01……1。这个二进制数除了最高位的符号位为 0，其余位均为 1，它就是最大带符号整数，即内存中可描述、存储的最大正整数。

> **【目的】**
> 演示有无符号字符、整数在计算机中的表示。

3.5　运算符和表达式

所谓表达式，是指由常量、变量、函数、运算符以及圆括号等按照运算规则组合成的一个有意义的式子。

C 语言系统提供了大量的运算符，如赋值运算符、算术运算符、关系运算符、逻辑运算符等；提供了大量的库函数，如数学函数、输入/输出函数、字符处理函数等。

> **【注意】**
> C 语言的运算符、函数、表达式的书写以及运算规则与数学上的相似，但不能一成不变地照搬数学上的书写习惯。即在编辑程序代码时，表达式的书写需要做一些改变，必须符合程序设计语言的语法规则；否则就是非法的。

3.5.1　赋值运算

赋值运算

赋值运算是程序设计中使用最多的一种运算，用“=”表示，“=”称为赋值号。意思是将赋值号右边的常量、变量、表达式等，经计算后把得到的值赋给左边的变量。特别强调：赋值号左边必须是一个变量的标识符，即变量名。

例如：

```
x=8;            //将常量 8 赋给变量 x
x=y;            //将变量 y 的值赋给变量 x
x=x+y*z;        //将算术表达式 x+y*z 的值赋给变量 x
x+3=y/z;        //错误，因为赋值号左边必须且只能是一个变量名，而这里是一个表达式
```

赋值号左边的变量是有类型的，赋值号右边的表达式也是有类型的，赋值号两边的类型完全相同是最理想的；否则，存在类型的转换或值的截取，且这种转换或截取可能比较复杂。

【例 3-3】实现交换两个变量的值。

```
// demo3_3.c
#include<stdio.h>
#include<stdlib.h>
int  main()
{
    int  a=1, b=2, t;
    printf("t=%d\n",t);    //在此之前 t 没赋值，它的值是任意的、不确定的、非法的
    printf("before:\ta=%d,b=%d\n",a,b);
    t=a;    a=b;    b=t;    //这三条赋值语句的功能是实现交换 a、b 的值
    printf("after:\ta=%d,b=%d\n",a,b);
    return  0;
}
```

程序运行结果如图 3.5 所示。

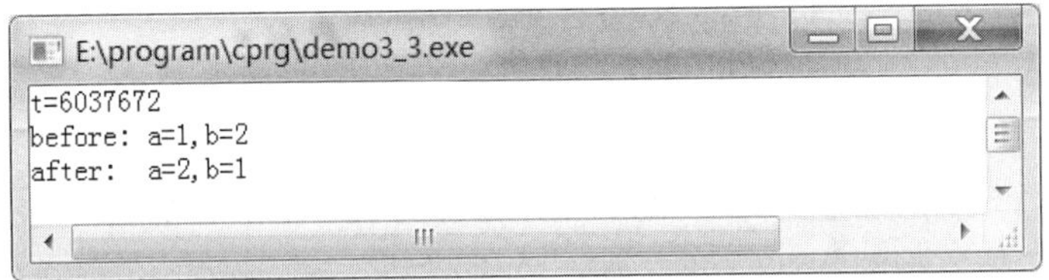

图 3.5　例 3-3 程序运行结果

【程序解析】

t=a; 表示将 a 的值赋给变量 t。把 a 中的内容放到 t 中，a 就相当于“空出来了”。

a=b; 表示将 b 的值赋给变量 a。把 b 中的内容放到 a 中， a 中原来的值就被覆盖了，b 就相当于“空出来了”。

b=t; 表示将 t 的值赋给变量 b。相当于把 t 中的内容放到 b 中，b 中原来的值就被覆盖了。

本质上，变量 t 起到了中转站的作用。需要注意：实现交换操作的三条赋值语句是不能任意交换次序的。

> **【目的】**
> 演示如何实现两个变量值的交换。

3.5.2　算术运算

算术运算

算术运算符主要包括+、-、*、/、%，即加、减、乘、除、模运算，都是双目运算符（或称二元运算符，所谓双目运算符是指需要两个操作数才能进行的运算）。取相反数（-）是单目运算符。

这些运算符的意义、运算规则与数学上的一致。

常量、变量、算术运算符、圆括号组合在一起，构成算术表达式。例如：

（1）1+3*2 运算的结果是 7，类型是整型。几个整型常量、变量进行算术运算，结果必定是整型的。

（2）1+3.0*2 运算的结果是 7.0，运算过程是：1+3.0*2.0、1+6.0、1.0+6.0、7.0，类型是双精度浮点型。

在算术运算中，只要有一个操作数是浮点型的，整个表达式的运算结果就是浮点型的；只有操作数都是整型，运算结果才是整型的。

（3）'d'-'a'运算的结果是 3，类型是整型。字符本质上是用其 ASCII 码进行存储的，ACSII 码实质上是给字符规定的一个序号。例如：'d'的 ASCII 码是十进制的 100，'a'的 ASCII 码是 97。

（4）'a'+3 运算的结果是 100，类型是整型。字符'a'的 ASCII 码是十进制的 97，'a'+3 的结果也可以说是字符'd'。因为字符的 ASCII 码就是一个编号，也就是一个整数，因此字符与整数之间存在紧密的联系。

（5）3*3*3 运算的结果是 27，即 3^3。结果的类型是整型。

（6）5/3 运算的结果是 1，运算结果是整型的。

（7）5.0/3 运算的结果是 1.666667，类型是浮点型。浮点数的小数部分默认保留 6 位有效数字。

（8）5%3 运算的结果是 2，类型是整型。%称为模运算，即整除取余数。模运算要求两个操作数必须都是整型的，且结果与被除数的符号一致。例如，-5%3 的结果是-2，5%-3 的结果是 2。

（9）123/10%10 结果是整数 2。功能是分离出 123 这个整数十位上的数字。采用的方式是通过除法将十位上的数字转换到个位，再使用模运算进行分离。

（10）2*((3+8)-3/2)结果是 20，类型是整型，运算过程是 2*(11-1)。

> **【注意】**
> 进行加、减、乘、除运算时，只要有一个操作数的类型是浮点型的，最后的运算结果就是浮点型的；模运算要求两个操作数必须都是整型的，且结果与被除数的符号一致。

【例 3-4】计算半径为 1 的球体的体积。

【基本思路】

先规定圆周率，再指定半径，然后根据公式进行计算，最后输出计算结果。这就是自然语言描述的解题步骤，即算法。

```
// demo3_4.c
#include<stdio.h>
#include<stdlib.h>
#define  PI  3.14
int  main()
{
    int  r=1;                       //声明整型变量并赋值
    double  v;                      //声明双精度浮点型变量
    v=4.0/3*PI*r*r*r;               //先计算后赋值，绝不能写成 4/3
    printf("V=%f\n",v);             //输出
```

```
    return  0;
}
```

程序运行结果如图 3.6 所示。

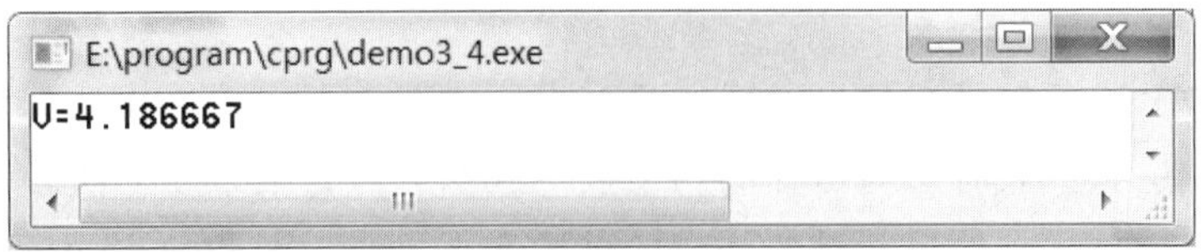

图 3.6　例 3-4 程序运行结果

【目的】

演示算术表达式的书写、计算；牢记两个整数算术运算的结果必定是整数。

3.5.3　关系运算

关系运算

关系运算就是比较大小，包括>、>=、<、<=、 ==、 !=，分别表示大于、大于等于、小于、小于等于、等于、不等于。

关系运算的结果表示关系式成立或不成立，或者说是真或者假。在 C 语言中，真用 1 表示，假用 0 表示（或者说非 0 即为真）。所以，关系运算的结果是 1 或 0，且是整型的。例如：

（1）2>1，表达式成立，即真，结果用 1 表示。

（2）5<3，表达式不成立，即假，结果用 0 表示。

（3）5>=3 表达式成立，即真，结果用 1 表示。

（4）3/2==1，表达式成立，即真，结果用 1 表示。

（5）3/2 != 1.5，表达式成立，即真，结果用 1 表示。因为 3/2 的结果是整数 1。

（6）(2+3>4)>=(x=5)，表达式不成立，即假，结果用 0 表示。因为运算过程是(5>4)>=(5)，即 1>=5，结果是假。

（7）x=3-5/2>5%3，按照运算规则，先计算 3-5/2>5%3，即 3-2>2，也就是 1>2，结果等于 0；最后进行赋值运算，则 x=0。

（8）'A'>'0'+2，表达式成立，即真，结果用 1 表示。'A'的 ASCII 码是 65，'0'的 ASCII 码是 48，'0'+2 是'2'的 ASCII 码、值为 50。因为 65>50，所以结果为 1。

【注意】

（1）判断两个数是否相等必须使用“==”。用“=”就是赋值了。

（2）由两个符号组合成的一个关系运算符，书写时两个符号必须连在一起，不能分隔开。例如：>=，不能写成> =（>和=的中间多了空格），也不能颠倒次序写成=>。<=、==的书写也是如此。

（3）遵守运算规则：括号的优先级最高、算术运算的优先级高于关系运算、赋值运算的优先级很低。

3.5.4 逻辑运算

逻辑运算

逻辑运算是指与、或、非运算，即&&、||、!，相当于中文的“并且、或者、取反”。

（1）与（&&）运算：只有参与运算的两个表达式都为真，结果才为真。

（2）或（||）运算：只有参与运算的两个表达式都为假，结果才为假。

（3）非（!）运算：真的反面是假，假的反面是真（或者说非 0 就是真，即 1）。它是一个单目运算符。

例如：

3&&2，该表达式的结果为 1，即真。因为 3、2 都非 0，所以结果是真。

0 || 1，该表达式的结果为 1，即真。

数学表达式 5≥2 且 5≤12，写成 C 语言表达式就是 5>=2 && 5<=12，或者写成 5>=2&&12>=5，或者写成(5>=2)&&(12>=5)，运算过程是 1 &&1，结果为 1。但这个逻辑表达式绝对不能写成 2<=5<=12 的形式，即使运算结果是一样的，但语义完全改变了。即不能采用数学上的写法。

数学表达式 2≤5 或 5≤1，写成 C 语言表达式就是 2<=5 || 5<=1，运算过程是 1 ||0，结果为 1。

数学表达式 5≥2 的反面，写成 C 语言表达式就是!(5>=2)，运算过程是 !1，结果为 0。

从前面的一些例子可以看出：程序设计中的表达式与数学上的表达式紧密相关，但不能照搬。因为在编辑程序时，只能使用英文半角模式下、键盘上拥有且手工可输入的符号进行表达式书写。

3.5.5 位运算

位运算

位运算是直接对整数在内存中的二进制位进行操作，位运算包括位与(&)、位或(|)、按位取反(~)、异或(^)、左移(<<)、右移(>>)运算。

其中，位与、位或、按位取反、异或的运算规则是：先将参与运算的两个操作数转换成对应二进制的补码形式，且把最低位对齐，再将对应位置的二进制值进行与、或、反、异或运算，最后将所得的二进制结果转换回十进制的值。左移、右移的运算规则是：先将被移动的操作数转换成对应二进制的补码形式，左移则会把高二进制位移掉、低位用 0 补充；右移则会把低位的二进制位移掉、高位用原高位的二进制值补充，最后将新的二进制值转换回十进制的值。

若有 int a=5,b=6,c=-4，分别执行下述运算：

（1）a&1，就是对应的二进制 101 与 001 进行位与运算，得到二进制 001，即十进制的 1。

（2）b&1，就是对应的二进制 110 与 001 进行位与运算，得到二进制 000，即十进制的 0。

（3）a&b，就是对应的二进制 101 与 110 进行位与运算，得到二进制 100，即十进制的 4。

（4）a|b，就是对应的二进制 101 与 110 进行位或运算，得到二进制 111，即十进制的 7。

（5）a|c，就是二进制的 101 与-4 的补码进行位或运算，得到的结果再转换成原码、真

值。详细计算过程如下（假定整型数据占 4 字节）：

0000 0000 0000 0000 0000 0000 0000 0101 与 1111 1111 1111 1111 1111 1111 1111 1100 进行位或运算，得到的二进制是 1111 1111 1111 1111 1111 1111 1111 1101；由于其最高位是 1，则认为是负数，需要转换成原码；转换后得到的值是：10000000000000000000000000000011，这个值是十进制的-3，则 a|c 等于-3。

（6）～a，就是把 0000 0000 0000 0000 0000 0000 0000 0101 的各个二进制位上的值取其反面，得到的结果是 1111 1111 1111 1111 1111 1111 1111 1010，再将该值转换成十进制值。由于这个二进制值的最高位是 1，表明是一个负数的补码，所以还需要经历反码、补码的转换。这个转换过程经历的是 1000 0000 0000 0000 0000 0000 00000101、1000 0000 0000 0000 0000 0000 00000110，最终结果是-6。

（7）a^b，就是对应的二进制 101 ^ 110，等于 011，即十进制的 3。异或就是对应二进制位上的值相异就是 1，相同就是 0。

（8）a<<2，就是将 a 的二进制值向左移动 2 个二进制位，移走的最高两位丢掉，空出的最低两位补 0，得到 10100，即是 20。相当于将 a 乘以 2^2。

（9）a>>2，右移与左移相反，它就是将 a 的二进制值向右移动 2 个二进制位，空出的最高两位用原来的符号位补充，移走的最低两位丢掉，得到的二进制是 1，即是 1。相当于将 a 除以 2^2。

【例 3-5】取出 x=6 的各二进制位上的值。

```
// demo3_5.c
#include<stdio.h>
#include<stdlib.h>
int  main()
{
    int  x=6;
    int  b0,b1,b2;
    b0=x&1;             printf("b0=%d \n",b0);
    b1=(x>>1)&1;        printf("b1=%d \n",b1);
    b2=(x>>2)&1;        printf("b2=%d \n",b2);
    return  0;
}
```

程序运行结果如图 3.7 所示。

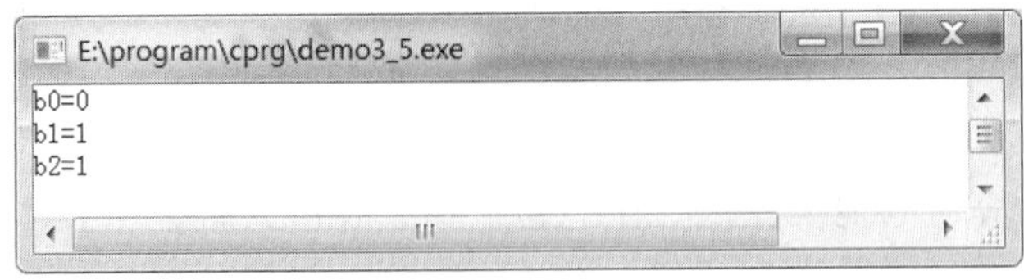

图 3.7　例 3-5 程序运行结果

【程序解析】

使用移位运算将对应的二进制位移到第 0 位上，再与 1 进行位与运算，结果是高位都会变成了 0，只有最低位保留了原值。这样，就将相应的二进制位析出了，相当于屏蔽了其他二进制位。

【目的】

演示位运算的应用（屏蔽或析出指定二进制位）。

3.5.6　复合赋值运算

复合赋值运算

所谓复合赋值运算是指算术运算符或者位运算符与赋值运算符组合在一起形成的一种新的运算符号。复合赋值运算有+=、-=、*=、/=、%=、&=、|=、^=、<<=、>>=。

对于复合赋值运算，始终要记住：先算赋值号右边的表达式，再将结果与左边的变量进行复合计算，最后将计算结果赋给左边的变量，覆盖其原来的值。

若有定义 int a=2,b=4，分别执行下述操作：

（1）a*=b+3;

这条语句等价于 a=a* (b+3)；执行的是 a=2*(4+3)。最后，a 的值是 14。

（2）b%=2;

这条语句等价于 b=b%2；执行的是 b=4%2。最后，b 的值是 0。

（3）a^=b;

这条语句等价于 a=a^b；执行的是 2^4。最后，a 的值是 6。

（4）a<<=b;

这条语句等价于 a=a<<b，即将 a<<b 后的结果赋值给 a，相当于 a=2*2^4。最后，a 的值是 32。

（5）a+=a-=a*b;

从右向左进行计算，先算最右边的：a*b 的值是 8，整个表达式变成了 a+=a-=8；再算最右边的：a-=8；即 a=a-8；得到 a=-6；表达式现在变成了 a+=-6；即是 a=a+(-6)所以 a=-12。

3.5.7　自增自减运算

自增自减、逗号运算

自增(++)、自减(--)运算是单目运算，运算对象只能是一个变量。即只有一个变量参与的自身加 1、减 1 的运算。

这两种运算符，构成了下述 4 种形式：

（1）++a;和 a++：前者称为先增，后者称为后增。即++在变量前还是在变量后，它们单独作为一条语句使用时，结果没有差别，都是 a=a+1;。

（2）--a;和 a--：与上面的类似。

当自增、自减运算与其他运算混合在一起组织成表达式时，才会体现出差异性。但只需记住：先增先减总是该变量自身的值先变化，再将变化后的值参与其他运算；后增后减总是先用原来的值参与运算，然后该变量自身的值才发生变化。

例如：int a=2,b=4;分别单独执行下述操作。

（1）b=a++：相当于先 b=a 再 a++。结果是 b 的值等于 2，a 的值等于 3。

（2）b=++a：相当于先 a++ 再 b=a。结果是 a 的值等于 3，再将 3 赋值给 b。

（3）a++*++b;等于 10，即是 2*5。最后，a 的值是 3，b 的值是 5。

在程序中尽量不要出现类似于 b=(a++)+(++a)+(a++)的表达式。因为不同的编译器运算次序有差别，导致结果不一致。

3.5.8　逗号运算

逗号表达式是指多个表达式之间使用逗号进行分隔而形成的一个式子。

例如，int a=2,b=4,c，分别执行下述操作。

（1）c=a,b，则 c 的值等于 a，即 2。而整个式子变成了 2,4;，值是 4。

（2）c=(a,b);，则 c 的值等于 4，因为 (a,b)这个表达式的结果等于 b 的值。

> **【注意】**
> 逗号表达式的值总是等于最后一个式子的值。

3.5.9　函数运算

函数运算

这里所说的函数与数学上函数的概念是一致的，描述方式也相近。例如：

（1）数学上的 x^y，表示求 x 的 y 次方；C 语言中使用 pow(x,y)来描述。

（2）数学上的 lnx，表示求 x 的自然对数；C 语言中使用 log(x) 来描述。

（3）数学上的 $\log_3 5$，表示求以 3 为底 5 的对数；C 语言中使用 log(5)/log(3)来描述。即需要使用数学知识进行转换。

（4）数学上的 sinx，表示求 x 弧度的正弦值；C 语言中使用 sin(x) 来描述。

这些例子都利用了 C 语言的库函数。C 语言编译系统提供了大量的库函数。要使用库函数，不仅需要知道该函数的函数名、参数的类型和个数（即操作对象或操作数）、结果的类型（这三者构成函数的首部，也叫函数的原型），还需要知道该函数处于哪个头文件之中（常用库函数可查阅附录 D）。当然，所有函数运算都需要遵守数学规则。

【例 3-6】数学函数应用举例。

```
// demo3_6.c
#include<stdio.h>
#include<stdlib.h>
#include<math.h>             //大部分数学函数所属的头文件是 math.h
#define  PI  3.14
int  main()
{
    double  da,db,dc;
    int  id;
    double  de;
    double  dx,dy,dz;
    da=sqrt(4.1);            //求实数 4.1 的平方根
    db=sin(PI/6.0);          //求π/6 的正弦值，单位必须是弧度
    dc=pow(8.0,1.0/3);       //求 8 的立方根，不能写成 1/3
    printf("da=%f, db=%f, dc=%f\n",da,db,dc);
    id=abs(-5);              //求整数的绝对值
```

```
    de=fabs(-5.0);          //求浮点数的绝对值
    printf("id=%d,de=%f\n",id,de);
    dx=log(2.7*2.8);        //求以 e 为底 2.7*2.8 的对数，即自然对数
    dy=log10(100.0);        //求以 10 为底 100 的对数
    dz=exp(2.0);            //求 e 的 2.0 次方
    printf("dx=%f, dy=%f, dz=%f \n",dx,dy,dz);
    return  0;
}
```

程序运行结果如图 3.8 所示。

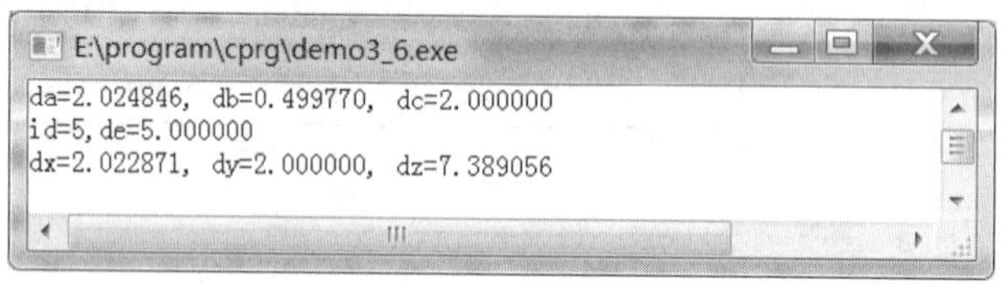

图 3.8　例 3-6 程序运行结果

【程序解析】

程序中使用了几个常用的数学函数，除了 abs()函数要求参数及结果是整型外，其他都是双精度浮点型的。sin30°的值数学上应该是 0.5，与 0.499770 非常接近，因为在计算机中浮点数总是近似表示的。

【目的】

演示表达式、常用函数的书写、计算。

【注意】

使用任何函数时，函数名后的一对圆括号是绝对不能漏掉的。即不管有无参数，函数名后的一对圆括号都是必不可少的，否则就是错误的。因为若无括号，它们可能被当成了标识符的一部分。

3.5.10　运算符的优先级

运算符的优先级

所谓运算符的优先级是指当一个表达式中存在多种运算符时，先进行哪种运算、后进行哪种运算。

【例 3-7】表达式计算。

```
// demo3_7.c
#include<stdio.h>
#include<stdlib.h>
int  main()
{
    int x=1,y=2,z=3;
    int a,b,c;
    a=x>y&&x<z;           printf("%d\n",a);
    b=y>z || y>x;         printf("%d\n",b);
    c=!(x<z) ||5;         printf("%d\n",c);
    a=(x>y && (c=z));     printf("%d ",a);        printf("%d\n",c);
    a=(x<y || (c=z));     printf("%d ",a);        printf("%d\n",c);
```

```
    a=((c=z)&& (x>y));printf("%d ",a);     printf("%d\n",c);
    a=( c=z&& (x>y)); printf("%d ",a);     printf("%d\n",c);
    a=!x || y;        printf("%d\n",a);    printf("----------\n");
    a=x,y,z;          printf("%d\n",a);
    a=(x,y,z);        printf("%d\n",a);    //将 z 赋值给 a
    printf("----------\n");
    y+=4;             printf("y=%d\n",y);  //是 y=y+4
    z*=x+y;           printf("z=%d\n",z);  //是 z=z* (x+y);
    return 0;
}
```

程序运行结果如图 3.9 所示。

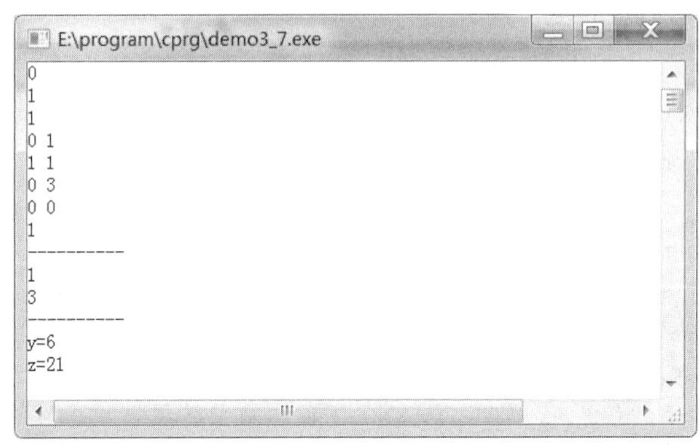

图 3.9　例 3-7 程序运行结果

【程序解析】

对于程序 demo3_7.c 中的赋值语句 a=(x>y && (c=z));，在赋值号右边，由于 x>y 的结果为假，又由于是与运算，因此，无论 c=z 的值是 0 还是非 0（为假还是为真），整个表达式的结果必定为假，即与(c=z)的真假无关。在这种情况下，(c=z)这个赋值就不会执行了，导致变量 c 仍然保持原来的值。所以，赋值号右边这个表达式的结果是假，即 0；最后，a 被赋值为 0。

在逻辑与运算中，第一个操作数已经为 0，由于后一个操作数的值对整个表达式的结果不会产生任何影响，所以后者也就不会进行计算了。这种现象称为"短路"。

逻辑或运算也会存在类似的"短路现象"，如程序中的表达式 a=(x<y||(c=z))。因此，在将数学表达式改写成 C 语言中的表达式时，不能随意更改表达式的次序。

运算符的优先级具有如下规律：

括号的优先级最高，单目运算符的优先级高于双目运算符的，算术运算符的高于关系运算符的，关系运算符的高于逻辑运算符的，逻辑运算高于位运算的，赋值运算、复合赋值运算的优先级很低，逗号运算符的优先级最低。

> **【目的】**
> 演示运算符的优先级、短路现象。
> **【注意】**
> 对于复杂的表达式，为了避免错误，请尽量使用括号来强制限定运算的先后次序。

3.6　数据的类型转换

数据的类型转换分为自动转换和强制转换。

对于字符型、整型、实型数据，在计算、赋值时，占字节数少的类型可以向占字节数多的自动转换（或者说取值范围小的可以向取值范围大的自动转换），即类型的自动转换有如下规律：

char ——► int ——► long ——► float ——► double

【例 3-8】数据的类型转换。

数据的类型转换（一）

```
//demo3_8.c
#include<stdio.h>
#include<stdlib.h>
int  main()
{
    char  c='A';                    //字符 A 的 ASCII 码是 65
    int  ix=101, iy=130;            //字符 e 的 ASCII 码是 101
    float  fx=49.5;
    double  dx=98.8;
    fx=c; printf("fx=%f \n",fx); //自动类型转换，1 字节扩展到 4 字节
    c=ix; printf("c=%c \n",c);    //字符 e 的 ASCII 码是 101
    c=iy; printf("c=%c \n",c);    //130 已超出字符的取值范围[-128,127]，乱码
    c=fx; printf("c=%c\n",c);     //只取最低的 1 个字节
    ix=fx; printf("ix=%d \n",ix);
    iy=dx; printf("iy=%d \n",iy);
    iy=fx+dx;  printf("iy=%d \n",iy);
    return 0;
}
```

程序运行结果如图 3.10 所示。

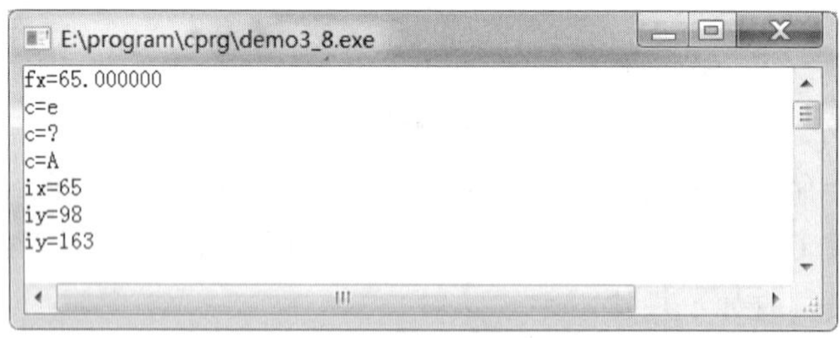

图 3.10　例 3-8 程序运行结果

【程序解析】

上面的例子中，加粗的 6 条赋值语句（特别是后 4 条语句），最好都使用强制类型转换，写成如下形式：

```
c=(char)ix;
c=(char)iy;
c=(char)fx;
ix=(int)fx;
iy=(int)dx;
```

```
iy=(int)(fx+dx);
```

数据类型强制转换的基本格式如下：

（目标类型）（表达式）

即将表达式的值强制转换成指定的目标类型。

数据的强制类型转换与数据在内存中所占字节数紧密相关；一个数据经历强制类型转换后，“目标类型”所对应的值可能是“乱码”。

> **【目的】**
> 演示数据类型的自动转换、强制转换以及类型转换对值的影响。

【例 3-9】 输入一个三位的正整数，实现如下功能：

（1）把其各位上的数字分离出来。

（2）求其对应的逆置数。

（3）对其个位进行四舍五入。

数据的类型转换（二）

【问题分析】

第一个问题是本题的难点。可以采取将各位置的数字移到个位上（通过整除 10^i 来达到目的），再使用模运算来得到。

第二个问题可以采取对相关数字进行乘法、加法运算得到。

第三个问题，先对原数除以 10.0、将原个位变成了小数位，再加上 0.5，最后乘以 10 并取整，得到的就是最终的结果。即先缩小，再加 0.5，看看是否有进位，最后扩大并取整。总之，使用的是纯粹的数学方法。

```
//demo3_9.c
#include<stdio.h>
#include<stdlib.h>
int  main()
{
    int  x, y, z;
    int  a, b, c;
    printf("please input  x=");
    scanf("%d",&x);                 //务必输入一个三位的正整数
    a=x%10;                         //得到个位上的数字
    b=x/10 %10;                     //得到十位上的数字
    c=x/100 %10;                    //可写成 c=x/100，得到百位上的数字
    y=((a*10+b)*10+c;
    z=((int)(x/10.0+0.5))*10;       //中间结果必须是实型的、实现对个位的四舍五入
    printf("各位置上的数字依次是%d,%d,%d \n", c,b,a);
    printf("x=%d,它的逆置数 y=%d\n",x,y);
    printf("对 x=%d 的个位进行四舍五入后，得到的数 z=%d\n",x,z);
    return  0;
}
```

程序运行结果如图 3.11 所示（图中画线的部分表示手工输入的数据）。

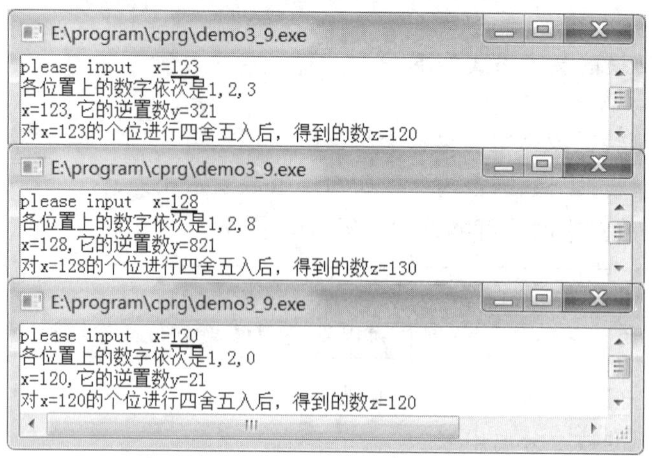

图 3.11　例 3-9 程序运行结果

【程序解析】

程序中，对 y 的赋值也可以写成 y=a*100+b*10+c; ，但不要写成 y=a*10*10+b*10+c 或者其他形式。因为在计算机内部乘法需要转换成加法、移位运算来实现。乘法的次数越多，花费的时间越多、效率越低。

【目的】

演示模运算、求和、强制类型转换、实现四舍五入的技巧等。

习　　题

一、选择题

1. 下面________是合法的用户自定义标识符。

　A. β　　B. int-x　　C. student2　　D. char

2. C 语言中，要求操作数必须为整型的运算符是________。

　A. %　　B. ++　　C. /　　D. =

3. ________是合法的字符常量。

　A. '38'　　B. '8'　　C. 65　　D. "\n"

4. 下面________是合法的浮点型常量。

　A. 1.4e+10L　　B. 1.4e+10.4　　C. e10　　D. 1.4e+10

5. 若 i 是整型，f 是浮点型，则执行语句 i=3.8; f=3;后，i、f 的值分别是________。

　A. 3　　B. 4　　C. 3.800000　　D. 3.000000

6. 若 a、b 均是整数，则数学表达式 $\frac{1}{ab}$ 转换成 C 语言表达式，正确写法有________。

　A. 1/a*b　　B. 1/(a*b)　　C. 1/a/ (float)b　　D. 1.0/a/b

7. 在 C 语言中，下面几种数据类型所能表示数据的大小范围正确的是________。

　A. char<int<long<float<double　　B. char<int<long<=float<double

C. char<int<long=float=double　　D. char=int=long<=float<double

8. 若整型占 2 字节、长整型占 4 字节。现有 long a;，则能给 a 赋值 50000 的正确语句是________。

A. a=30000L+20000　　B. a=5000*10

C. a=30000+20000　　D. a=5000L*10

9. 假设整型数据在内存中占 2 个字节，以下程序段执行后 u 的值是________。

```
int  i=-3;      unsigned  int  u=i;
```

A. 0　　B. –3　　C. 65533　　D. 65534

10. 若有 int i=2, j,k; 则执行 i++;j=i++;k=–(++i);后，i、j、k 的值分别是________。

A. 5　　B. 4　　C. 3　　D. –3

E. –4　　F. –5

二、填空题

1. C 语言的标准（简单）数据类型主要有________、________、________和枚举类型。

2. 根据 C 语言标识符的命名规则，标识符只能由________、________、________组成，且第一个符号必须是________或________。

3. C 语言中的常量分为________常量和________常量两种。定义________常量需要使用预处理命令，形如：#define　XXX　cccc。

4. 若有如下定义和运算：

```
int  i=5/3+5%3;
float  f =5/3;
```

则执行后 i 的值是________；f 的值是________。

5. 若有若有如下定义和运算：

```
float  f=3/5.0+5.0/3;
int  i=3/5.0+5.0/3;
```

则执行后 i 的值是________；f 的值是________。

6. 若有如下定义和运算：

```
int  a=10, b=5;  a+=(b%=2));
int  x=2;   x+=x-=x*x;
```

则执行后 a 的值是________；x 的值是________。

7. 若有如下定义和运算：

```
int  x,y,z,a=88;
x=a++;  y=--a;  z=x+y-a--;
```

则执行后 x、y、z，a 的值分别是________。

8. 若有 int x=1,y=5,z=8,a;执行 a=(x, y, z);则 a 的值是________；若执行 a=(x++, ++y,––z);则 x、y、z、a 的值分别是________。

9. 若有 int a=2,b=3,c=4;，执行 a*=5*(a––)+(b++)–(++c);后，a、b、c 的值依次是________。

10. 若有 float x=6.18359;，则 (int)(x*1000+0.5)/1000.0);的结果是________，这个表达式的功能是________。

11. 在内存中，若 int 型数据占 4 个字节，float 型数据占 4 个字节，double 型数据占 8 个字节。假定有 float a=2; int b=3;则 sizeof(a*b)+2.0/5 的结果是________；sizeof((a*b)+20/5) 的结果是________。

12. 表达式 3>=5 的运算结果是________;，1.0e−6>=0.0 的结果是________。

13. 数学表达式 $x=\frac{-b\pm\sqrt{b^2-4ac}}{2a}$ 转换成 C 语言表达式可写成________；数学表达式 sin30°+tan45° 转换成 C 语言表达式可写成________；数学表达式 $e^{2i}+\sqrt{a^2+b^4}+\sqrt[3]{x+y}+\ln 218+\log_5 4+y^4$ 转换成 C 语言表达式可写成________。

14. 数学表达式 $a\geqslant b\geqslant c$ 转换成 C 语言表达式，其写法是________；表达式 a 大于 b 或者 a 大于 c，转换成 C 语言表达式，其写法是________。

15. 有 *a*、*b*、*c* 三个正整数，判断它们能否构成一个三角形的表达式是________。

16. 若 int x=99;，请用两种方式写出“判断 x 是奇数吗?”的关系表达式________。

17. 若有 int a=1,b=2,c=3;则(a>b)+(b<=c)+(a==c)的结果是________。

18. 若有 int a=1,b=2,c=8;则表达式(a>b)&&(c=3)的结果是________，c 的值是________。

19. 若有 int a=1,b=2,c=3,d; 执行 d=(a>b||(c=b|c));后，a、b、c、d 的值依次是________。

20. 'E'−'A'的值是________，'E'+'a'−'A'的值是________，'0'+8 的值是________。

三、编程题

1. 计算半径为 1、高为 10 的圆锥体的体积。

2. 自由落体运动的位移公式是 $y=\frac{1}{2}gt^2$，输入整型时间 t，计算垂直位移 y。

3. 输入一个合法的四位正整数，分离其各位上的数字，求这些数字的和，求该数的逆置数，对该数的十位进行四舍五入。

第 4 章　数据的输入/输出

📖学习目标

（1）熟练掌握 scanf( )函数的简单使用；

（2）逐步掌握复杂的键盘输入与变量值的对应关系；

（3）逐步理解转义字符的意义和表示；

（4）熟练掌握 printf( )函数的简单使用；

（5）逐步掌握 printf( )函数的复杂使用；

（6）掌握字符输入/输出专用函数的使用。

📖知识点导图

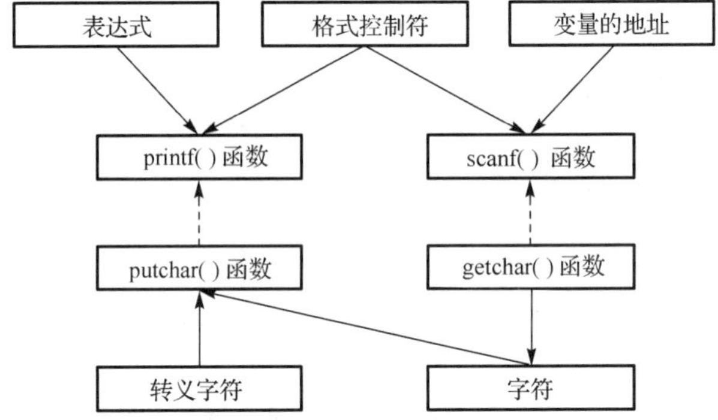

📖难点提示

（1）复杂的键盘输入对变量值的影响；

（2）printf( )函数的复杂格式控制。

本章主要讲述变量如何通过键盘输入来获取值，如何通过输出来显示变量和表达式的值。

一个程序可以没有输入，但不能没有输出。因为没有输出，无法判定程序是否能解决问题、结果是否正确。输入、输出是程序与用户交互的重要手段。C 语言中只提供了简单类型、字符串数据的输入/输出函数。

4.1　scanf( )函数

scanf( )函数可用于多种简单类型数据（如字符、整数、浮点数）和字符串的输入。

4.1.1 scanf( )函数的基本格式

scanf( )函数的基本格式如下：

```
scanf("控制符字符串列表",变量地址列表);
```

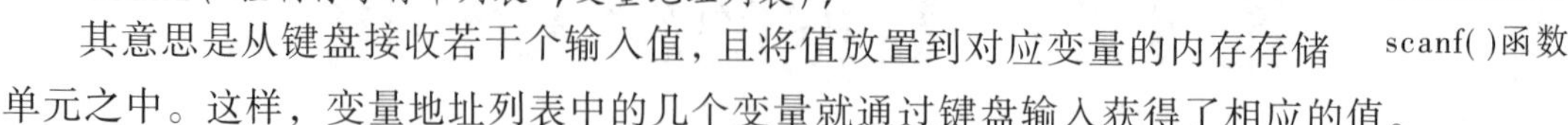

其意思是从键盘接收若干个输入值，且将值放置到对应变量的内存存储单元之中。这样，变量地址列表中的几个变量就通过键盘输入获得了相应的值。

scanf( )函数

表 4.1 所示为在 scanf( )函数中常用的输入格式控制符（由%与特定的字母组成）及其功能说明。

表 4.1 在 scanf( )函数中常用的输入格式控制符及其功说明

格式控制符	说　明
%c	输入一个字符
%d	输入一个带符号的十进制整数
%ld	输入一个带符号的十进制长整数
%u	输入一个无符号的十进制整数
%lu	输入一个无符号的十进制长整数
%f	输入一个单精度浮点数
%lf	输入一个双精度浮点数
%e 或%E	以指数形式输入一个浮点数（类似数学上的科学计数法）
%o 或%O	输入一个无符号的八进制整数
%x 或%X	输入一个无符号的十六进制整数

4.1.2 scanf( )函数的简单使用

假定有 x1、x2、x3 三个整型变量，现要求从键盘输入它们的值，程序代码可以有多种写法：

1. 使用三条 scanf 语句

```
scanf("%d",&x1);  //一个控制符对应一个变量的地址。在这里，&是取地址运算
scanf("%d",&x2);
scanf("%d",&x3);
```

2. 使用两条 scanf 语句

```
scanf("%d%d",&x1,&x2);          //两个控制符分别依次对应两个变量的地址
scanf("%d",&x3);
```

3. 使用一条 scanf 语句

```
scanf("%d%d%d",&x1,&x2,&x3); //3 个控制符分别依次对应 3 个变量的地址
```

在程序运行时，输入 3 个整数，按下【Enter】键后，程序才会按先后次序将识别、接收的数据赋给对应的变量，然后程序继续向下执行。

但是，下面的写法均存在问题：

```
scanf("%d %d,%d",&x1,&x2,&x3);   //多了空格、逗号，容易导致错误
scanf("%f%f,%f",&x1,&x2,&x3);    //多了逗号、控制符与变量的类型不匹配（错误）
scanf("%d%d%d",x1,x2,x3);        //变量名前掉了&（错误）
```

【例 4-1】 演示 scanf( )函数的简单使用（键盘输入）。

```
//demo4_1.c
#include<stdio.h>
```

```
#include<stdlib.h>
int  main()
{
    float  v=3.2,s;
    int  t;
    printf("please input v,t:");  //输出的字符串起提示作用，在输入语句前
                                  //常加入类似输出
    scanf("%f%d",&v,&t);          //输入一个单精度浮点数、一个整数
    s=v*t;                        //计算、赋值
    printf("s=%f\n",s);           //输出
    return  0;
}
```

程序运行时，若输入：

```
1↙
2↙
```

输出是：

```
s=2.000000
```

再次运行程序，若输入：

```
1□□2.0↙
```

输出是：

```
s=2.000000
```

再次运行程序，若输入：

```
3.2□□2↙
```

输出是：

```
s=6.400000
```

其中□表示空格，↙表示【Enter】键。

【程序解析】

从前两次运行程序的结果可以看出：当要求给整型或浮点型变量输入值时，输入值之间可以使用空格或【Enter】键分隔。也可以这样说：当要求输入的数据是整数或者是浮点数时，这几个数值可以多行输入，也可以在一行上输入完毕。在多行上输入就需要使用【Enter】键进行分隔，在一行上输入就应该使用空格分隔。因为如果没有进行分隔，就不能区分这多个数据。

在书写输入语句时，在双引号中除了控制符号外，最好不要加入任何其他内容，否则，很容易引发错误。例如：

```
scanf("%f,%d",&v,&t);      或者
scanf("v=%ft=%d",&v,&t);
```

虽然这两条语句没有错误，但在运行时要求必须输入“,”、“v=”、“t=”，而初学者容易忽略，从而使得相关变量得不到需要的值。

还有，程序中存在 v=3.2;语句，而后又使用 scanf("%f",&v);来输入 v 的值。这虽然没有错误，但是，既然对变量 v 已经赋值了，再输入它的值（后面输入的值会覆盖前面的赋值），有画蛇添足的味道。

> **【目的】**
> 演示通过键盘输入整数、单精度浮点数。

> **【注意】**
>
> 通过键盘输入数据，也称为人机交互，具有如下优点：
>
> （1）使得程序具有通用性。因为每次运行程序都可以通过输入获得不同的数据，从而得到相应的计算结果，可以满足使用者的实际需要。而在程序中如果直接使用赋值语句，数据就被固定下来，且修改数据就需要重新编译程序，这使得程序的通用性、效率降低。
>
> （2）有利于检验程序的正确性。通过多次、多组输入的数据，可以检验程序是否正确。

4.1.3 非法的键盘输入

在使用 scanf()函数时，除了要注意 scanf()与格式控制符、变量地址列表之间的对应关系外，还要考虑实际输入数据的类型和个数。

非法键盘输入

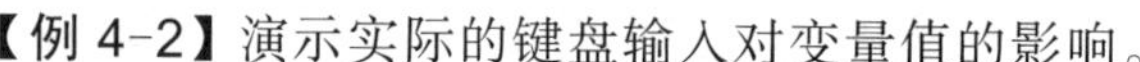

【例 4-2】演示实际的键盘输入对变量值的影响。

```
//demo4_2.c
#include<stdio.h>
#include<stdlib.h>
int  main()
{
    int  ix;
    float  fx;
    double  dfx;                                //声明了 3 个变量，均未赋值
    printf("please input 3 number: ");          //该输出语句起提示的作用
    scanf("%d%f%lf",&ix,&fx,&dfx);
    //上面 scanf()函数的双引号中，除控制符串外，不要添加任何其他符号
    printf("int ix=%d\nfloat fx=%f\ndouble dfx=%f\n",ix,fx,dfx);
    //printf()函数的双引号中，除控制符号外其他的内容将照原样输出
    return  0;
}
```

下面检验输入值与变量实际获得值之间的差异：

（1）程序运行时若输入（□表示空格）：

```
1□□□2□3↙
```

输出则是：

```
int ix=1
float fx=2.000000
double dfx=3.000000
```

程序中输入语句的执行情况如下：

整数 1 被赋值给了整型变量 ix；

整数 2 先经自动类型转换、转换成单精度实数，再赋值给单精度浮点型变量 fx。

整数 3 先经自动类型转换、转换成双精度实数，再赋值给双精度浮点型变量 dfx。

在程序运行时，输入整数、实数，它们之间仅能使用空格或【Enter】键进行分隔。因此，本例的输入无错，3 个变量获得了相应的值。

（2）程序运行时若输入

```
1.2□□3.8□5↙
```

输出是：

```
int ix=1
float fx=0.200000
double dfx=3.800000
```

程序中输入语句的执行情况如下：

当识别到 1.2 时，发现它带有小数点，肯定不能是整型变量 ix 的值，所以 0.2 被赋给了浮点型变量 fx；3.8 被赋给了浮点型变量 dfx；5 就是多余的了。

因此，本例中 3 个变量也能获取相应的值。

（3）程序运行时若输入：

```
1□□□w□3.8□5↙
```

输出是：

```
int ix=1
float fx=-10737476.000000
double dfx=-9255963134931783100000000000000
```

程序中输入语句的执行情况是：

w 是一个字符，当然不能通过键盘输入的方式赋给浮点型变量 fx。由于数据类型不匹配而出错，使得后面的 dfx 也不会获得值。因此，fx、dfx 的值都是任意的。

所以，由于输入值的非法性，导致部分变量不能通过输入获取到值。

【目的】

演示键盘非法输入时，相关变量的取值情况。

【例 4-3】演示包含字符型变量的输入。

```
//demo4_3.c
#include<stdio.h>
#include<stdlib.h>
int  main()
{
    int  ix,iy;
    char  c1,c2;
    printf("please input: ");
    scanf("%d%d",&ix,&iy);
    scanf("%c%c",&c1,&c2);
    printf("ix=%d\n",ix);
    printf("iy=%d\n",iy);
    printf("c1=%c\n",c1);
    printf("c2=%c\n",c2);
    return  0;
}
```

下面检验输入值与变量实际获得值之间的差异：

（1）运行程序时若输入：

```
1□□□2abc↙
```

输出是：

```
ix=1
iy=2
c1=a
c2=b
```

程序中输入语句的执行情况是：

输入的整数 1、2 分别被赋值给变量 ix、iy；c1、c2 是字符型变量，它们的值仅仅是一个字符，不需要且不能用任何符号进行分隔，所以字符 a、b 分别被赋值给了字符变量 c1、c2。多输入的一个字符 c 被遗留在了输入缓冲区中，直到程序运行结束。

（2）程序运行时若输入：

```
1□□□2□abc↙
```

输出是：

```
ix=1
iy=2
c1=□
c2=a
```

字符型的变量，它的值总是“一个字符”。空格符也是一个字符，它被赋值给了变量 c1，字符 a 被赋值给了 c2；多输入的字符 b 和 c 被遗留在了输入缓冲区中，直到程序运行结束。

（3）程序运行时若输入：

```
1□□□2a↙
```

输出是：

```
ix=1
iy=2
c1=a
c2=
```

按下的【Enter】键转换成换行符，被当作一个字符赋给了变量 c2。而换行符是一个不可见字符，所以，输出无显示。

在输入数据时，输入的内容先被放在了输入缓冲区中，只有按下【Enter】键之后，缓冲区中的数据才开始与输入语句中的控制符、变量依次进行匹配。若缓冲区中的数据不足，则需要继续输入；若多了，多余的数据仍然保持在缓冲区中，直到程序运行结束；若发生匹配错误，则该变量及其之后的几个变量可能会被赋予任意值。

> **【目的】**
> 演示在输入内容中含非法数据时，相关变量获取值的情况。

4.1.4 scanf( )与 fflush( )函数的配合使用

scanf( )与 fflush( )函数

通过前一小节的实例发现：程序在执行 scanf( )函数时，若从键盘输入的数据在类型上、个数上与需要的不一致，很容易导致部分变量得不到希望的值，甚至发生错误。为了尽量避免这种情况发生，可以将 scanf( )函数与 fflush( )函数配合使用。fflush(stdin)的作用是清空输入缓冲区。

【例 4-4】演示 scanf( )与 fflush( )函数的配合使用。

```
//demo4_4.c
#include<stdio.h>
#include<stdlib.h>
int  main()
{
    int  x,y,z;
    printf("input x, y, z:");
    scanf("%d",&x);         // fflush(stdin);
    scanf("%d",&y);         // fflush(stdin);
    scanf("%d",&z);
    printf("%d,%d,%d\n",x,y,z);
    return  0 ;
}
```

程序运行时，若输入：

1□2□3□4↙

则输出是：

1,2,3

表明输入的 4 是多余的。但 4 仍处于输入缓冲区中，只有程序运行结束，缓冲区中的数据才自动清空。

若解除程序中对两个 fflush(stdin)的注释，再编译运行程序，若输入：

1□9□↙
2↙
□3□5↙

则输出是：

1,2,3

程序中主要语句的执行过程：1 被赋值给变量 x，接下来该行所有的数据被清除掉（即输入缓冲区被清空）；2 被赋值给变量 y，接下来该行所有的数据被清除掉；3 被赋值给变量 z，而 5 仍遗留在输入缓冲区中直到程序运行结束。由此可见，每行上多余的输入数据都会被 fflush(stdin)清除掉。

【目的】

演示 fflush(stdin)函数的作用。

【注意】

（1）在使用 scanf( )函数时，格式控制符应该与变量的类型、个数一一对应；不要在格式控制符中添加其他符号。

（2）通过 scanf( )来给变量赋予值，不仅与 scanf( )中的格式控制符相关，也与键盘的实际输入内容相关。

4.2　printf( )函数

printf( )函数

printf( )函数可以输出多种类型的常量、变量、表达式的值到显示器。

4.2.1 printf( )函数的基本格式

printf( )函数的基本格式如下：

```
printf("格式控制符列表",输出列表);
```

printf( )函数中常用的格式控制符及其含义如表 4.2 所示。

表 4.2 printf( )函数中常用格式控制符及其功能说明

格式控制符	说　明
%c	输出一个字符
%d	输出一个带符号的十进制整数
%ld	输出一个带符号的十进制长整数
%u	输出一个无符号的十进制整数
%lu	输出一个无符号的十进制长整数
%f	输出一个单精度浮点数（默认经四舍五入后保留 6 位小数）
%lf	输出一个双精度浮点数（默认经四舍五入后保留 6 位小数）
%e 或%E	以指数形式输出一个浮点数（类似数学上的科学计数法）
%o 或%O	以无符号的八进制形式输出一个整数
%X 或%x	以无符号的十六进制形式输出一个整数，对其中的字母则使用大写或小写
%p	以十六进制输出变量的存储地址（指针）

【注意】

为了保证输出结果的正确性，printf( )函数的控制符串中，控制符号的类型、个数应该与输出列表中的常量、变量、表达式的类型、个数一致。

4.2.2 printf( )函数的简单使用

【例 4-5】 演示数据的输出格式控制符。

```
//demo4_5.c
#include<stdio.h>
#include<stdlib.h>
int  main()
{
    int  ix1=65, ix2=-65;
    float  fx=66.0;
    double  dx=67.0;
    printf("ix1 :%d,%u,%c\n",ix1, ix1, ix1); //正确
    printf("ix2 :%d,%u,%c\n",ix2, ix2, ix2); //用 u 对负数存在从有符号到
                                              //无符号整数的转换
    printf("ix1 :%d,%o,%X,%x\n",ix1, ix1, ix1,ix1);//对 ix1 进行进制转换
    printf("address of ix1 :%d,%p\n",&ix1,&ix1);    //输出 ix1 的存储地址
    printf("%d,%f,%f\n",ix1,fx,dx);  //正确
    printf("%d,%f,%lf\n",ix1,fx,dx); //正确。%f、%f 对浮点数输出时无差别
    printf("%d,%d,%d\n",ix1,fx,dx);  //浮点数不能自动转换成整数，输出结果如何？
    printf("%f,%f,%f\n",ix1,fx,dx);  //输出结果如何？
    printf("%c,%c,%c\n",ix1,fx,dx);  //输出结果如何？
    return  0;
}
```

程序运行结果如图 4.1 所示。

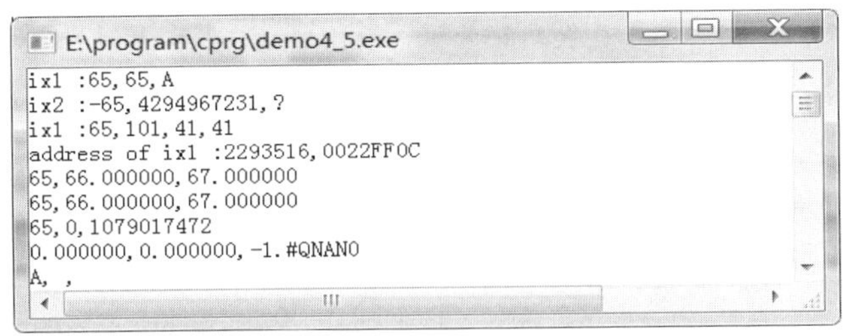

图 4.1　例 4-5 程序运行结果

【程序解析】

对于 printf( )函数，双引号中除控制符号外，其他的符号组成了字符串常量，一般照原样输出。

为什么最后 3 个 printf( )输出的内容不同呢？因为输出时使用的格式控制符与变量的类型不一致。本质上与变量在内存中存储时所占字节数和存储规则相关。不同类型的数据在内存中虽然都是以二进制的方式存储的，但存储规则是不相同的：整数、字符的存储规则是一致的，实数（浮点表示法）则需要存储尾数的符号位、尾数、阶码的符号位、阶码（即指数）等内容。两者存在巨大的差异，实数当作整数输出或者整数当作实数输出，结果会发生“面目全非”的变化。可以这样简单考虑：实数存储时隐藏着小数点，而整数当然不存在小数点这个概念，因此结果“大相径庭”。

> **【目的】**
> 演示输出格式控制符、类型转换。

4.2.3　printf( )函数的复杂使用

在使用 printf()函数输出数据时，可以控制输出数据的样式，包括左对齐、右对齐、实数的有效位数等。

【例 4-6】 演示 printf()输出函数的复杂格式控制。

```
//demo4_6.c
#include<stdio.h>
#include<stdlib.h>
int  main()
{
    char  c='A';
    int  ix=18;
    long  lix=123456;
    float  fx=-18.345618f;
    double  dx=198;
    printf("c=%c, to int:%d\n",c,c); //ASCII 码实质是一个整数
    printf("ix=%d,\n",ix);           //输出，变量的类型必须与控制符号相对应
    printf("-----------------------\n00012345678901234567890\n");
    printf("ix=%5d,%-5d;按对齐方式、指定宽度格式输出\n",ix,ix);
    printf("lix=%ld\n",lix);
    printf("fx=%f,按默认格式输出\n",fx);
    printf("fx=%9.4f,%-9.4f;按对齐方式、指定宽度输出\n",fx,fx);
```

```
    /*9 表示总宽度是 9，包括负数的符号位、整数部分、小数点、小数部分，默认是右对齐；
      负号表示左对齐；.4 表示小数部分的宽度是 4
    */
    printf("-----------------------------\n");
    printf("fx=%e\n",fx);                //以指数形式输出
    printf("dx=%f\n",dx);
    printf("dx=%e\n",dx);
    printf("The percentage of the girls is 48%%.\n"); //输出%，需要再加一个%
    printf("\"This\'s a joke.\"\n"); //输出单、双引号，需要在前面加一个\
    /*以\开头的构成转义字符；\n 是转义字符，作为字符输出起回车换行的作用。更多
      转义字符用法及功能请参阅下一节的内容
    */
    return  0;
}
```

程序运行结果如图 4.2 所示。

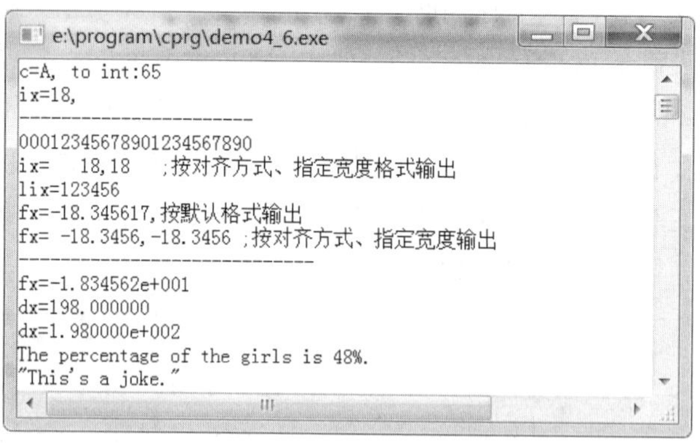

图 4.2　例 4-6 程序运行结果

【目的】

演示输出格式控制符、类型转换，演示数据输出时的宽度、精度、对齐方式等格式控制。

4.3　字符的输入/输出

转义字符的表示

4.3.1　转义字符的表示

使用一对单引号括起来的一个字符称为字符常量，如'A'、'8'。而形如'\n'，即以'\'字符开头、后面紧跟一个或几个符号组合成的特殊内容，称为转义字符。常用的转义字符及其含义如表 4.3 所示。

表 4.3　常用的转义字符及其含义

转 义 字 符	含　义
\a	响铃
\b	退格（Backspace 键）
\f	走纸换页
\n	换行符，光标移到下一行行首

续表

转 义 字 符	含　　义
\r	回车符，光标移到当前行行首
\t	水平制表符
\v	竖向跳格符
\\	反斜杠符\
\'	单引号符'
\"	双引号符"
\0	字符串结束符
\ddd	ddd 为 1～3 个八进制数字，如'\101'也表示字符 A
\xhh	hh 为 1～2 个十六进制数字,如'\x41'也表示字符 A
%%	表示字符%，即百分号。该用法仅限在 printf( )函数中使用

转义字符的输出可以使用函数 printf( )和控制符%c 配合来完成输出。也可以使用下一小节中的函数 putchar( )进行输出。

4.3.2　字符输入/输出的专用函数

可以使用函数 scanf( )、printf( )与控制符号%c 配合来完成字符的输入/输出。实际上，C 语言还提供了输入/输出单个字符的专门函数，如 getchar( )、putchar( )、getch( )等。本节主要介绍 getchar( )、putchar( )。

【例 4-7】 演示字符输入/输出的专用函数。

```
//demo4_7.c
#include<stdio.h>
#include<stdlib.h>
int  main()
{
    char  c1;              //或者 int  c1;
    c1=getchar();          //将输入的一个字符赋给字符变量 c1
    putchar(c1);   putchar('\n');     //将括号中的值对应的字符输出到显示器
    printf("%c\n",c1);
    printf("%d%%",c1);    putchar('\n'); putchar('%');  putchar('\n');
    printf("---------\n");
    putchar('\''); printf("%c",65);  putchar('\''); putchar('\n');
    putchar(65);   putchar('\n');
    putchar('A');  putchar('\n');
    return  0;
}
```

程序运行结果如图 4.3 所示。

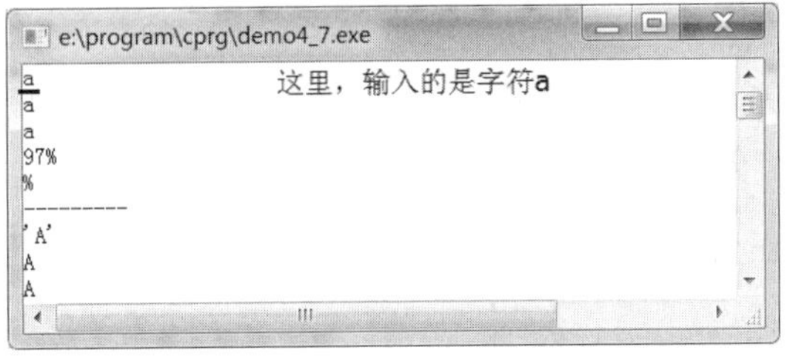

图 4.3　例 4-7 程序运行结果

【程序解析】

'**a**'字符的 ASCII 码是十进制的整数 97（在 ASCII 码表中的编号是 97）。

getchar( )、putchar( )仅能进行字符的输入/输出。

函数 putchar( )的参数（即其后一对圆括号中的数据）可以是一个字符变量、字符常量、整型变量、整型常量、整型表达式等。因为字符在内存中实质上是以它的 ASCII 码存储的，标准 ASCII 码的取值范围是[0,127]，与整数 0～127 对应。

函数 getch( )也可以完成字符的输入，其功能是输入无回显，即输入的一个字符不会在显示器上显示出来。它包含于头文件 conio.h 中。

【目的】

演示字符专用输入/输出函数、转义字符的输出。

习　　题

填空题

1. 对于语句 int a,b,c; scanf("%d%d%d",&a,&b,&c);，若从键盘输入 1□2□3□4<回车>，则 a、b、c 的值依次是________。（□表示空格）

2. 对于语句 int a,b,c; scanf("%d%d%d",&a,&b,&c);，若从键盘输入 1□a□2<回车>，则 a、b、c 的值依次是________。

3. 对于语句 int a,b; float f; scanf("%d%f%d",&a,&f,&b);，若从键盘输入 1□2□3<回车>，则 a、f、b 的值依次是________。

4. 对于语句 int a; char c1,c2; scanf("%d%c%c",&a,&c1,&c2);，若从键盘输入 1□234<回车>，则 a、c1、c2 的值依次是________。

5. 对于语句 int a; float f; char c; scanf("%d%f%c",&a,&f,&c);，若从键盘输入 1.234<回车>，则 a、f、c 的值依次是________。

6. 有以下程序段，若从键盘上输入：10a23<回车>10a23<回车>23.45<回车>，则执行输出语句后的结果依次是________。

```
int  m=0,n=0;
char  c='a';
scanf("%d ",&m);  fflush(stdin);
scanf("%c ",&c);  fflush(stdin);
scanf("%d",&n);   fflush(stdin);
printf("%d,%c,%d\n",m,c,n);
printf("%d,%d,%d\n",m,c,n);
```

7. 以下程序段执行后，输出结果是________。

```
printf("123456789012\n");
printf("%12.5f\n",123.1234567);
printf("%-12.5f\n",123.1234567);
printf("%12f\n",123.1234567);
printf("%-12f\n",123.1234567);
printf("%12s\n","abcdefghij");
```

```
printf("%-12s\n","abcdefghij");
printf("%12.8s\n","abcdefghij");
```

8. 若有 int a,b,c; scanf("a=%d,b=%d,c=%d",&a,&b,&c);，要使得变量 a、b、c 的值分别是 1、2、3，则在键盘上的正确输入内容是________。

9. 以下程序执行时，若从键盘上输入 a2345<回车>，则输出结果是________。

```
#include<stdio.h>
#include<stdlib.h>
int  main()
{
    char  ch1,ch2,ch3;
    ch1=getchar();     ch2=getchar();     ch3=getchar();
    putchar(ch1);      putchar(ch2);      putchar(ch3);
    printf("\n");
    printf("%d,%d,%d,%d\n",ch1,ch2,ch3,ch1+ch2);
    return  0;
}
```

10. 以下程序执行后，输出结果是________。

```
#include<stdio.h>
#include<stdlib.h>
int  main()
{
    printf("\"I\'m a student. \"\n");
    printf("I\\\'m\\a\\student. \n");
    printf("20%% of people are\t poor!\n");
    printf("\x61\101%c%c\n",65,97);
    return  0;
}
```

11. 以下程序的功能是输入一个大写英文字母，输出对应的小写字母。请将程序补充完整。

```
#include<stdio.h>
#include<stdlib.h>
int  main()
{
    char  c;
    _______;     /*从键盘输入一个大写字母，可使用 scanf()或 getchar() */
    c=________;  /*将该字母转换为小写字母*/
    ________;    /*输出字符，可使用 printf()或 putchar() */
    system("pause");
    return  0;
}
```

12. 若有 int x=1,y=2,z=3;，则 printf("%d,%d\n",(x,y,z),x+y>y>z-y) 执行后的输出结果是________。

13. 以下程序段执行后，输出结果是________。

```
int  x=12,y=34;
printf("%d,%d\n",x++,++y);
printf("%d,%d\n",++x,y++);
```

14. 若有 int x=2,y=3;，则 printf("%d\n",(x^1+y^1));执行后的输出结果是________。

15. 语句 printf("%d\n",((1&1)+(100|1)+(101|1)+(6&1)));执行后的输出结果是________。

第 5 章　程序结构和算法

📖学习目标

（1）理解程序控制流程的 3 种基本结构；

（2）逐步理解算法的描述方法；

（3）熟练掌握流程图中各符号的含义。

📖知识点导图

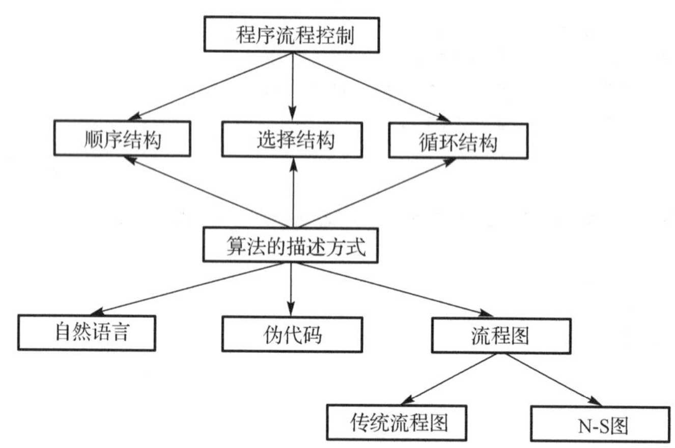

📖难点提示

（1）流程图中各框图的含义；

（2）循环控制结构的流程图描述方法。

本章着重讲述程序的 3 种控制结构是怎样的，以及程序的算法描述方法。

5.1　程序的控制结构

程序结构、算法描述

C 语言是一种结构化的程序设计语言，具有 3 种基本的控制结构：顺序结构、选择结构、循环结构。

所谓顺序结构是指程序严格按照代码的先后次序依次执行每条语句，直至程序结束。

例如，俗话说“心急吃不了热豆腐”。若餐桌上刚端上一盘热气腾腾的豆腐，正确的吃法是：一稳夹，二轻吹（或放凉），三判断，四慢嚼。

吃一块热气腾腾的豆腐，必须严格按照上面的 4 个步骤来做；若是吃多块呢，就是重复上述 4 个步骤；若已经放凉了，则可以跳过其中的若干步骤。

这些分别类似于程序的顺序结构、循环结构、选择结构。然而，不论是选择结构还是循环结构，其整体上仍是顺序的。即选择结构、循环结构总是以顺序结构为基础；循环结构又以选择结构为基础。

5.2　算法的描述方式

在第 2 章中已经提到：算法就是解题的方法或步骤，即算法指导着我们进行程序设计。

算法的描述方法很多，常用的有自然语言、伪代码、流程图（传统流程图、N-S 图）。

对于一个问题的同一种解法，算法描述方式可以不一样，但算法表达的意思必然是一样的。算法与具体的程序设计语言没有关系。

所谓自然语言就是指用人类的口头语言、书面语言来描述算法。这种方式描述的算法意思非常清晰，但文字略显冗长。

所谓伪代码就是指在一些语法规则的约束下使用简单的英文单词或式子来描述算法。

所谓传统流程图是指使用特定的线、框来描述算法。其中，一般使用圆角矩形表示算法的开始、结束；使用直角矩形表示计算、处理；使用平行四边形表示输入、输出；使用菱形表示条件判断；使用带箭头的线段表示流程的先后和方向，如图 5.1 所示。

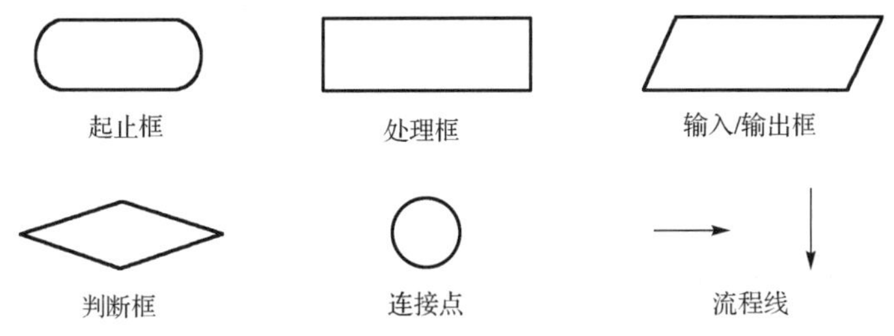

图 5.1　常见的传统流程图符号

N-S 图则完全去掉了箭头和各种特殊图形，仅用方框来进行算法描述，方框的先后就是步骤的先后。

5.3　算法描述举例

算法描述举例

5.3.1　顺序结构的算法描述

【例 5-1】以求圆的面积为例，对其算法使用多种方式进行描述。

（1）自然语言描述的算法

使用自然语言描述求圆面积的算法，完全符合使用数学知识求解圆面积的思路，步骤如下：

① 指定圆周率 PI 等于 3.14。

② 通过键盘输入圆的半径 r。

③ 根据圆的面积公式 $s=\pi r^2$ 进行计算。

④ 输出求得的面积 s。

（2）伪代码描述的算法

求圆的面积，用伪代码描述的算法如下：

① define PI=3.14;

② input r;

③ s=PI*r*r;

④ output s;

（3）流程图描述的算法

求圆的面积，用流程图描述的算法如图 5.2 所示。

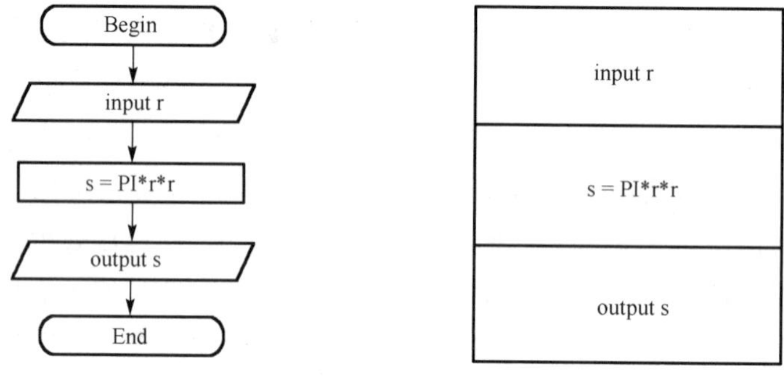

(a) 传统流程图描述的算法　　(b) N-S图描述的算法

图 5.2　用流程图描述的算法（一）

5.3.2　选择结构的算法描述

【例 5-2】以数学函数 $y=\begin{cases}1 & x\geqslant 0\\ -1 & x<0\end{cases}$ 为例介绍选择结构的算法描述。

这是数学上的一个两段函数：根据 x 的取值范围计算 y 的值。在这个两段函数中，对于任意的一个 x，它的取值区间存在非此即彼的特点。

（1）自然语言描述的算法

① 通过键盘输入 x。

② 判断 x 的取值范围：若 x 大于等于 0，则 y 的值等于 1；否则，y 的值等于-1。

③ 输出 y。

（2）伪代码描述的算法

① input x;

② if x≥0 y=1;

　else　　y=-1;

③ output　y;

（3）流程图描述的算法

使用流程图描述例 5-2 的算法如图 5.3 所示。

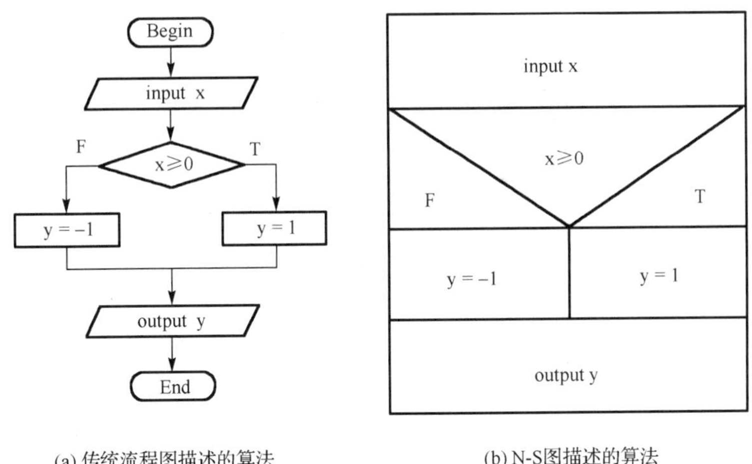

(a) 传统流程图描述的算法　　(b) N-S图描述的算法

图 5.3　用流程图描述的算法（二）

5.3.3　循环结构的算法描述

【例 5-3】以 1+2+3+…+100 为例，介绍循环结构的算法描述。

（1）自然语言描述的算法

① 假定存储和的变量 sum 的初始值为 0，加数 i 的初始值为 1（表示第一个加数）。

② 比较当前的 i 与整数 100 的关系。若 i 的值小于等于 100，则将当前的和 sum 与 i 相加，再修改 sum 的值，接下来 i 自增 1，再重复②；若 i 的值大于 100，转向③。

③ 输出 sum 的值。

（2）伪代码描述的算法

```
① sum=0,i=1;
② while (i≤100)
    {
        sum+=i;
        i=i+1;
    }
③ output sum;
```

（3）流程图描述的算法

使用流程图描述例 5-3 的算法如图 5.4 所示。

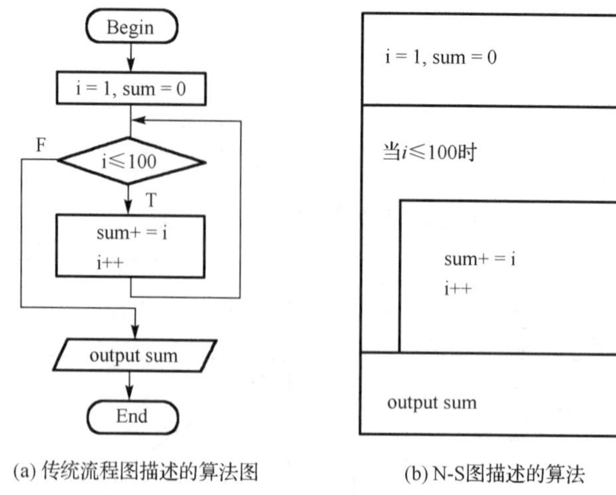

(a) 传统流程图描述的算法图　　(b) N-S图描述的算法

图 5.4　用流程图描述的算法（三）

习　题

描述题

用传统流程图、N-S 图描述下面各题的算法:

1. 输入一个圆锥体的半径和高，计算其体积。

2. 自由落体运动的位移公式是 $y=\frac{1}{2}gt^2$，输入 t、计算 y。

3. 输入一个整数部分是 2 位、小数部分是 3 位的实数（如 32.125、48.865），分离出其各位上的数字，求这 5 个数字的和，对该数的十分位进行四舍五入。

第 6 章　选 择 结 构

📖学习目标

（1）掌握 if...else 语句的几种形式及执行过程；

（2）深刻理解什么是复合语句；

（3）熟练掌握代码的缩进书写格式；

（4）掌握 switch...case 语句的特点及执行过程。

📖知识点导图

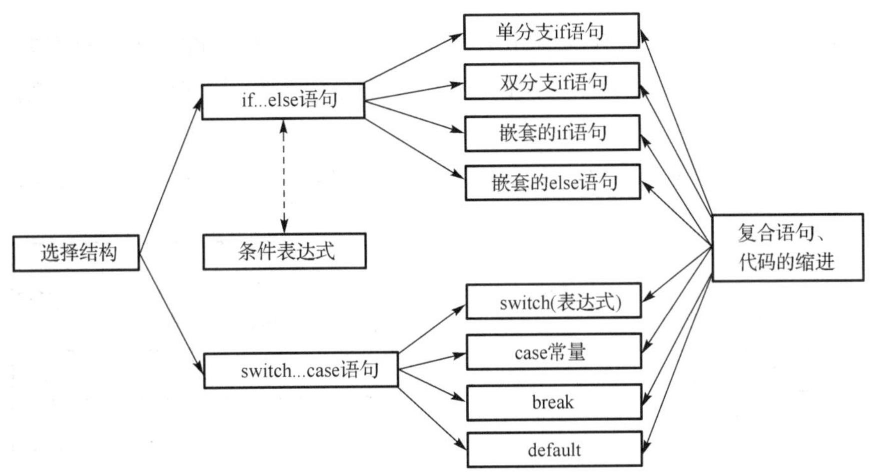

📖难点提示

（1）复合语句；

（2）else 与 if 的匹配问题；

（3）switch...case 语句的特点及执行过程。

选择结构又称分支结构，它是依据一定的条件在几种可能的分支之中选择一种来执行。在 C 语言中，使用 if...else 语句、switch...case 语句可实现选择结构。

6.1　if...else 语句

if...else 型的选择结构类似于汉语中的“如果……，那么……，否则……”。其语法格式如下：

```
if(表达式)
    子句 1;
else
    子句 2;
```

意思是“如果表达式为真（或者说表达式的值非零），则执行子句 1；否则执行子句 2”。

选择结构

用传统流程图、N-S 图描述的 if...else 型选择结构分别如图 6.1 所示。

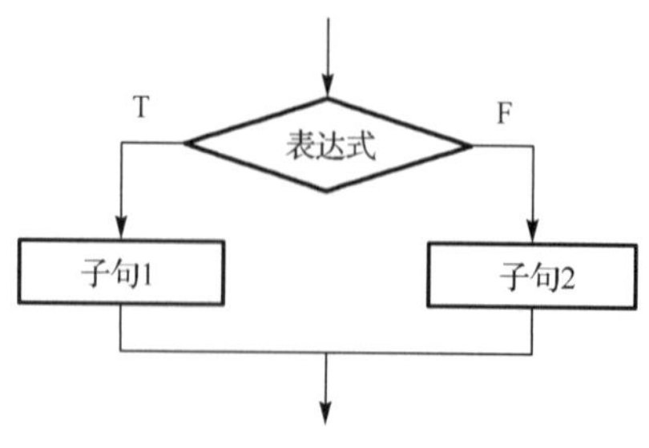

(a) 传统流程图描述的选择结构

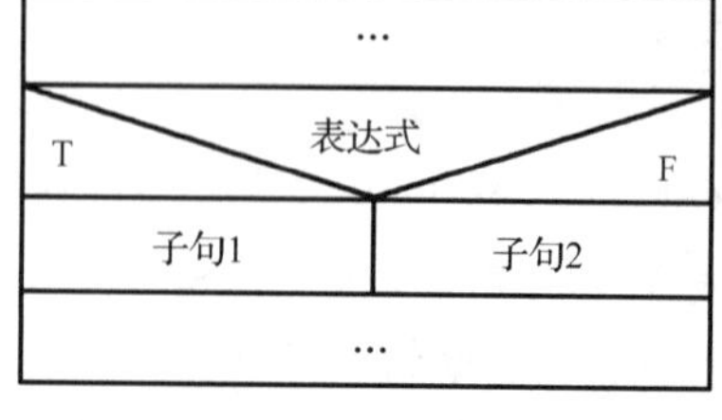

(b) N-S图描述的选择结构

图 6.1 if...else 选择结构流程图

if...else 型的选择结构只有两个分支可供选择（因为表达式的结果只有真假两种取值）。当这两个分支都存在时，称为双分支的 if 语句。若没有 else 及其后的子句，则称为单分支的 if 语句。

图 6.1 描述的是双分支 if 语句流程图的模型，图 6.2 是单分支 if 语句的流程图模型。

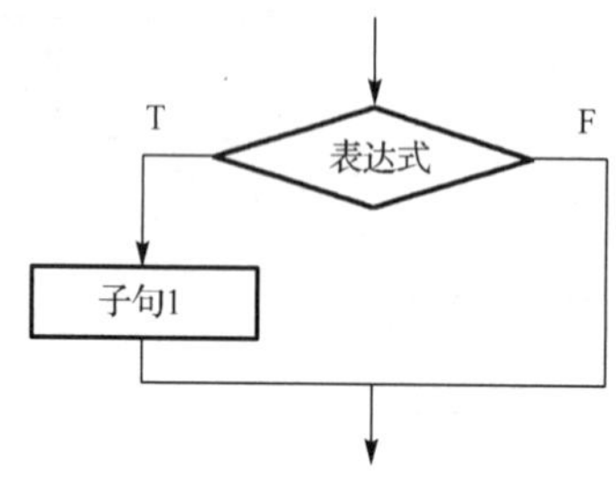

(a) 单分支if语句传统流程图

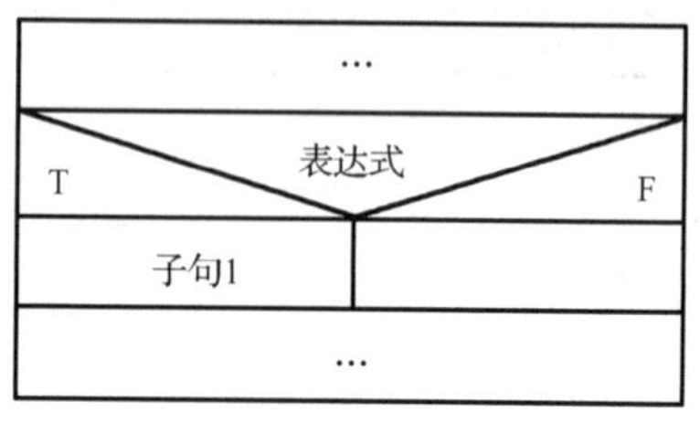

(b) 单分支if语句N-S图

图 6.2 单分支 if 语句流程图

6.1.1 单分支 if 语句

单分支的 if 语句，其语法格式如下：

```
if(表达式)
    子句;
```

意思是如果表达式的值为真（即非零），则执行后面的子句；如果表达式的值为假（即为零），则不执行后面的子句。

【例 6-1】输入 3 个整数，求它们的最小值。

对于这道题，你是不是按如下算法思考的。

（1）输入 3 个数 x、y、z。

（2）若 x 小于 y 且 x 小于 z，则输出 x（x 就是最小值）。

（3）若 y 小于 x 且 y 小于 z，则输出 y（y 就是最小值）。

（4）若 z 小于 x 且 z 小于 y，则输出 z（z 就是最小值）。

这个算法虽然没错，但效率低下。因为对于任意的 3 个数求得最小值总是需要比较 3 次。

高效算法如下：

（1）输入 3 个数 x、y、z。

（2）假设 x 就是最小值并将其赋值给变量 min。

（3）将目前的最小值 min 与 y 比较、决定是否用 y 覆盖 min。即若 min>y，则 y 应该是目前的最小值、需要执行 min=y。

（4）将目前的最小值 min 与 z 比较、决定是否用 z 覆盖 min。即若 min>z，则 z 应该是目前的最小值、需要执行 min=z。

（5）输出 min，它就是最小值。

上面是用自然语言描述的算法，下面是用流程图描述的算法，如图 6.3 所示。

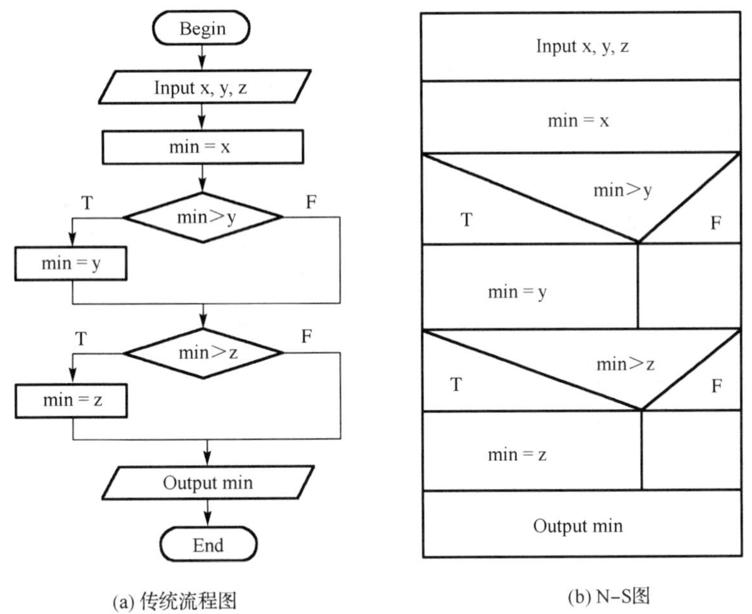

(a) 传统流程图　　(b) N-S图

图 6.3　例 6-1 流程图

```
//demo6_1.c
#include<stdio.h>
#include<stdlib.h>
int  main()
{
    int  x, y, z, min;
    printf("Input 3 numbers :");
    scanf("%d%d%d",&x,&y,&z);
    min=x;                //假设 x 就是最小值
    if(min>y)             //min 与 y 进行比较
```

```
    {
        min=y;
    }                    //仅由一条语句构成的子句，这一对大括号可省略
    if(min>z)            //min 与 z 进行比较
        min=z;           //省略了一对大括号
    printf("min=%d\n",min);
    return  0;
}
```

程序运行结果如图 6.4 所示。

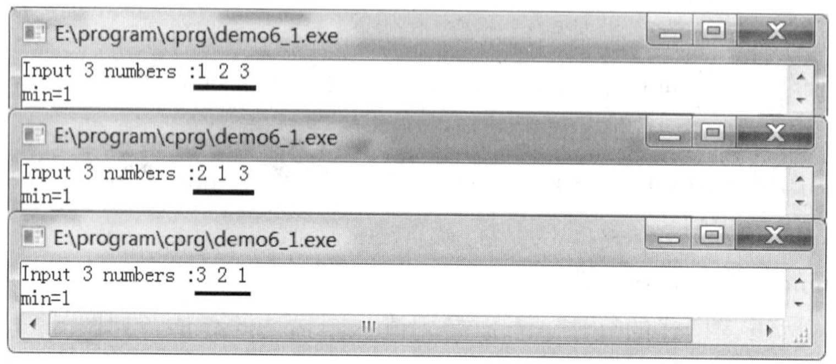

图 6.4　例 6-1 程序运行结果

【目的】

演示求最值的方法、技巧。

【注意】

（1）if 后紧跟着的表达式（本题中是关系表达式）必须用一对圆括号括起来。

（2）在上面的例子中，min=y;使用一对大括号括起来，是 if 的子句，由于这对大括号中只有一条语句（称为简单语句），所以这一对大括号可以省略。

（3）应该多次运行程序，输入不同组合的数据进行程序代码正确性验证。

将程序 demo6_1.c 改写成下面的形式（即去掉不必要的大括号），看起来更简洁。

```
//demo6_1_1.c
#include<stdio.h>
#include<stdlib.h>
int  main()
{
    int  x, y, z, min;
    printf("Input 3 numbers :");  scanf("%d%d%d",&x,&y,&z);
    min=x;
    if(min>y)           min=y;
    if(min>z)           min=z;
    printf("min=%d\n",min);
    return  0;
}
```

【思考】

（1）认真理解、掌握本例中“假设”的技巧；掌握求最值的方法。

（2）若 3 个数求最大值，程序该如何修改？

【例 6-2】计算下面这个三段函数的值。

单分支 if 语句

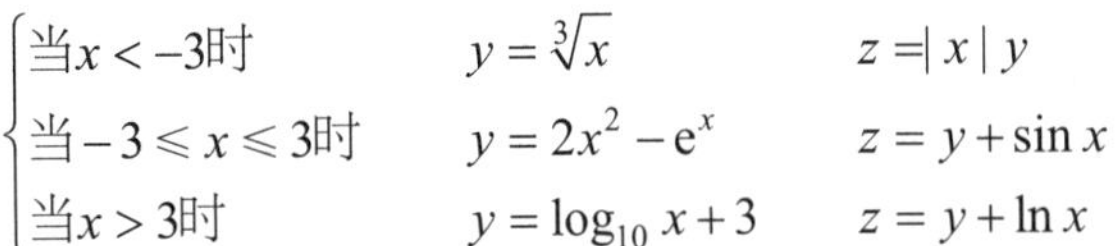

$$
\begin{cases}
\text{当} x < -3 \text{时} & y = \sqrt[3]{x} & z = |x|\, y \\
\text{当} -3 \leqslant x \leqslant 3 \text{时} & y = 2x^2 - e^x & z = y + \sin x \\
\text{当} x > 3 \text{时} & y = \log_{10} x + 3 & z = y + \ln x
\end{cases}
$$

x 的取值范围被划分成了三段，可以让它与 3 个单分支 if 的表达式相对应。所以，使用 3 个单分支 if 语句来解答。

```
//demo6_2.c
#include<stdio.h>
#include<stdlib.h>
#include<math.h>
int  main()
{
    double  x, y, z;          //x、y、z 都应该声明为 double 型的
    printf("please input x=");
    scanf("%lf",&x);          //double 型数据的输入必须使用%lf 控制符
    if(x<-3)
    {
        y=pow(fabs(x),1.0/3); //pow()函数是求 x^n
        z=fabs(x)*y;          //z=y*fabs(x); fabs()函数是求一个浮点数的绝对值
    }                         //复合语句，必须用大括号括起来
    if(x>=-3 && x<=3)         //绝对不能写成 -3<=x<=3 这种数学上的形式
    {
        y=2*x*x-exp(x);       //exp()函数是求 e^x
        z=y+sin(x);           //sin 是正弦函数
    }                         //复合语句，这一对大括号绝对需要
    if(x>3)
    {
        y=log10(x+3);         //log10()函数是求以 10 为底的对数
        z=y+log(x);           //log()函数是求一个数的自然对数
    }                         //复合语句，这一对大括号绝对不能省略
    printf("y=%f ,z=%f\n",y,z);   //不要把这条语句放在上面的复合语句之中
    return  0;
}
```

程序运行结果如图 6.5 所示。

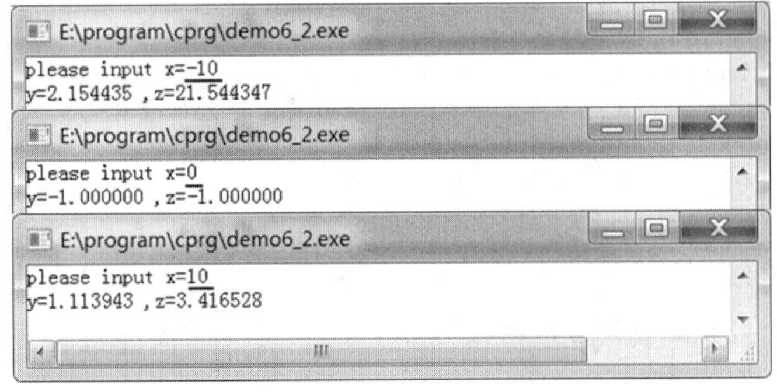

图 6.5　例 6-2 程序运行结果

【程序解析】

对于上面的程序代码，输入任意的 x，总是需要进行三次判断，但只会有一个 if 表达式为真且执行其后的子句。

程序中使用了几个标准数学函数（使用数学函数一般应包含头文件 math.h），对谁进行函数运算，必须将它（运算对象即参数）放在函数名之后的一对圆括号中。无论是否有参数，函数名后的一对圆括号都是必需的。

程序中三条 if 语句的子句都是复合语句，必须分别用一对大括号括起来。

【目的】

演示单分支 if 语句解答多段函数的方法，以及复合语句、数学函数的使用。

【注意】

分段函数应该按数轴的方向依次进行条件表达式的书写，以免遗漏或出现错误。

【思考】

针对 demo6_2.c 源代码，改变 if(表达式)及其对应子句的次序，正确吗？合适吗？

【技巧】

对例 6-2，可以先假设 x 处于第一范围，从而对 y、z 直接赋值；接下来判断 x 是否处于第二范围，从而修改 y、z 的值；然后再判断 x 是否处于第三范围，进而修改 y、z 的值。这样，就将一个三段函数用两个单分支 if 语句解答了。

根据【技巧】中所述，demo6_2.c 可改写成下面的 demo6_2_1.c。

```
//demo6_2_1.c
#include <stdio.h>
#include<stdlib.h>
#include <math.h>
int  main()
{
    double  x, y, z;
    printf("please input x=");scanf("%lf",&x);  //允许多条语句写在一行
    y=pow(fabs(x),1/3.0); z=fabs(x)*y;
    if(x>=-3 && x<=3)
    {
        y=2*x*x-exp(x);     z=sin(x)+y;
    }                       //限定复合语句的一对大括号是必需的
    if(x>3)
    {
        y=log10(x+3);       z=log(x)+y;
    }                       //限定复合语句的一对大括号是必需的
    printf("y=%f ,z=%f\n",y,z);
    return  0;
}
```

【目的】

演示使用单分支 if 语句将 n 段函数简化成 n-1 段函数的方法。

【思考】

（1）分别使用传统流程图、N–S 图描述例 6-2 的算法。

（2）认真理解、掌握程序 demo6_2_1.c 中“假设”的技巧。

（3）对多段函数采取“假设”的方式，只适合于使用单分支 if 实现，为什么？

6.1.2　双分支 if 语句

双分支 if...else 语句

双分支 if...else 语句特别适合解答两段函数的问题。

【例 6-3】 计算 $y=\begin{cases}0 & (x=0)\\1 & (x\neq 0)\end{cases}$ 的值。

这是一个简单的两段函数，可使用双分支的 if...else 语句实现。算法描述如图 6.6 所示。

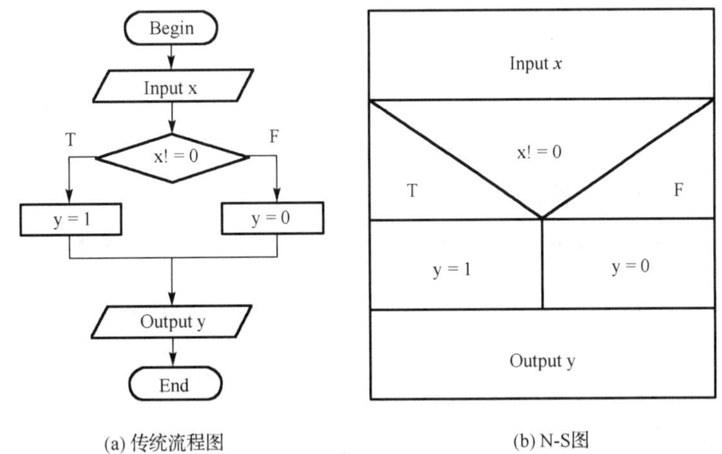

图 6.6　例 6-3 流程图

```
//demo6_3.c
#include <stdio.h>
#include<stdlib.h>
int  main()
{
    int  x, y;
    printf("please input x=");
    scanf("%d",&x);
    if(x==0){y=0;}      //if 的子句只含一条语句，可省略这对大括号
    else     y=1;       //else 的子句只含一条语句，省略了一对大括号
    printf("y=%d\n",y);
    return  0;
}
```

程序运行结果如图 6.7 所示。

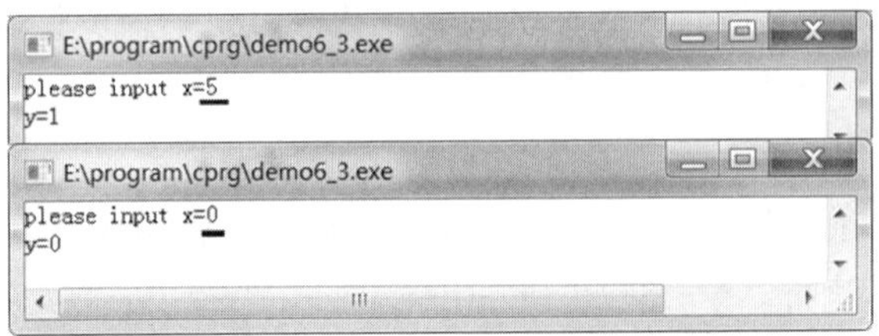

图 6.7　例 6-3 程序运行结果

【目的】

演示双分支 if...else 语句的使用。

【注意】

（1）x==0 与 x=0 有显著的差别，前者是关系运算，后者是赋值运算。

（2）if、else 所蕴含的条件是互斥的。

（3）在计算机的内存中，因为实数的尾数是使用有限个二进制位来描述的，导致实数只能近似表示，不可能精确表示。所以，判断一个实数 x 是否等于 0，常使用关系表达式 fabs(x)<=1.0e-6，若它的结果为真，则认为 x 已经等于 0；否则，认为 x 不等于 0。

（4）整数的表示是唯一的、绝对的，不存在近似和误差。

【思考】

（1）在例 6-3 中，可以交换 if、else 的判断条件吗？即将程序中的“if(x==0) y=0;else y=1;”改写成“if(x!=0) y=1;else y=0;”。

（2）例 6-3 可以使用一个或者两个单分支 if 语句实现吗？

（3）例 6-2 可以使用一个单分支 if 语句再加一个双分支 if 语句实现吗（代码如下）？或者先使用一个双分支 if 语句，再使用一个单分支 if 语句实现？为什么？

```
#include<stdio.h>
#include<stdlib.h>
int  main()
{
    double  x, y, z;
    printf("input x=");  scanf("%lf",&x);
    if(x<-3)
    {
        y=pow(fabs(x),1.0/3); z=fabs(x)*y;    //允许两条语句写在一行上
    }
    if(x>=-3  && x<=3)
    {
        y=2*x*x-exp(x); z=sin(x)+y;
    }
    else
    {
        y=log10(x+3);  z=log(x)+y;     //上面 3 对大括号绝对不能省略
    }
    printf("y=%f ,z=%f\n",y,z);
    return  0;
}
```

上面这段代码将实现怎样的功能？绘制程序代码对应的流程图。

6.1.3 复合语句

用一对大括号把几条语句括起来，组织成一个整体，就构成了复合语句。这个整体要么都被执行，要么都不执行。

例如，下面这段程序是根据 x 的值计算 y、z 的值。

复合语句

```
#include<stdio.h>
#include<stdlib.h>
int main()
{
    int  x,y,z;
    printf("please input x=");
    scanf("%d",&x);
    if(x>=0)
    {
        y=1;    z=x+y*y;
    }
    else
    {
        y=-1;   z=x-y;
    }
    return  0;
}
```

在上面这段程序中，if 后的一对大括号是绝对不能去掉的，去掉就存在语法错误；else 后的一对大括号虽然可以去掉，但去掉后语义会发生显著改变。

所以，当 if、else 后的子句是复合语句时，绝对不能省略括起复合语句的那一对大括号；只有当 if、else 后的子句是一条简单语句时，可以省掉那一对大括号。

> **【思考】**
> 输入 3 个整数 a、b、c，要求按从小到大的次序输出这 3 个整数的值。

6.2　选择结构的嵌套

在实际应用中，需要用选择结构解答的问题往往是多段函数。对于多段函数，可以这样解决：先将问题划分为两段，接下来对每段再划分成两小段……直到每小段都可以直接使用一个 if...else 来解答为止，这就形成了选择结构的嵌套。简单地说：选择结构的嵌套就是指 if 子句或者 else 子句中又包含着 if...else 语句。

if 的嵌套

6.2.1　if 的嵌套

对例 6-2 所描述的三段函数，可以先这样划分：

①	当 $x<-3$ 时	$y=\sqrt[3]{\|x\|}$	$z=\|x\|y$
	当 $-3\leqslant x\leqslant 3$ 时	$y=2x^2-e^x$	$z=y+\sin x$
②	当 $x>3$ 时	$y=\log_{10}x+3$	$z=y+\ln x$

对应的程序段可以先写成下面的形式：

```
if(x<=3)
{
```

```
    子句 1;                         //对应图中的①
}
else
{
    y=log10(x+3);   z= log(x)+y;    //对应图中的②
}
```

单独看待第①段，它就是一个两段函数。所以，子句①的具体代码如下：

```
if(x<-3){y=pow(fabs(x),1.0/3);z=fabs(x)x*y;}
else{y=2*x*x-exp(x);z=sin(x)+y; }
```

根据上面的分析，例 6-2 可使用 if 的嵌套实现，代码如下：

```
//demo6_2_2.c
#include <stdio.h>
#include<stdlib.h>
#include <math.h>
int  main()
{
    double  x, y, z;
    scanf("%lf",&x);    //输入双精度浮点数必须使用格式控制符%lf
    if(x<=3)
    {                   //if 的嵌套是指 if 的子句中又包含 if…else 语句
        if(x<-3){y=pow(fabs(x),1.0/3);z=fabs(x)x*y;}
        else{y=2*x*x-exp(x);z=sin(x)+y;}
    } //这一对大括号可省略，因为 if…else 是一条语句
    else{   y=log10(x+3);   z=log(x)+y;     }    //复合语句
    printf("y=%f, z=%f\n",y,z);
    return  0;
}
```

针对上面的代码，可以画出用 N-S 图描述的算法，如图 6.8 所示。

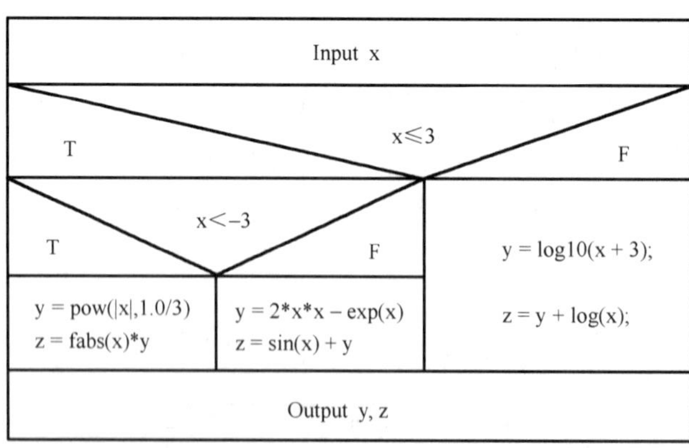

图 6.8　程序 6_2_2.c 的 N-S 图

【目的】

演示使用 if 的嵌套解答多段函数问题。

【注意】

最好将定义域相邻的几小段组合成一个大段。

6.2.2 else 的嵌套

else 的嵌套

将例 6-2 的三段函数这样划分：

当 $x < -3$ 时	$y = \sqrt[3]{\lvert x \rvert}$	$z = \lvert x \rvert y$
当 $-3 \leqslant x \leqslant 3$ 时	$y = 2x^2 - e^x$	$z = y + \sin x$
当 $x > 3$ 时	$y = \log_{10} x + 3$	$z = y + \ln x$

因此，例 6-2 可以使用 else 的嵌套实现，代码如下：

```
//demo6_2_3.c
#include <stdio.h>
#include<stdlib.h>
#include <math.h>
int  main()
{
    double  x, y, z;
    scanf("%lf" ,&x);  //输入格式控制符%lf
    if(x<-3){  y=pow(fabs(x),1.0/3);  z=fabs(x)*y;}
    else
    {   //else 的嵌套
        if(x<=3)    {y=2*x*x-exp(x);   z=sin(x)+y;}
        else        {y=log10(x+3);     z=log(x)+y;}
    }
    printf("y=%f, z=%f\n" ,y,z);
    return  0;
}
```

从 demo6_2_2.c 与 demo6_2_3.c 可以看出：对于多段函数，划分段的方式不同，嵌套也就不一样。

【目的】

演示使用 else 的嵌套解答多段函数问题。

【思考】

分别使用传统流程图、N-S 图描述例 6-2 使用 if、else 的嵌套实现的算法。

【技巧】

（1）if...else 语句特别适合解答两段函数的问题。

（2）if、else 的嵌套适用于解答两段以上的函数问题。在分段时尽量平均分配，这样做能减少比较次数，提高程序的执行效率。

（3）当多段函数的段数超过 4 时，最好使用多个单分支 if 语句实现。这样，函数参数的定义域就与 if 中的条件表达式很好地映射，且使得程序清晰、简洁，可读性好。

6.2.3 else 与 if 的匹配

else 与 if 的匹配

【例 6-4】分析下面两个程序的差别。

```
//demo6_4_1.c
#include<stdio.h>
#include<stdlib.h>
int  main(  )
{
   int  x, y;
   scanf("%d",&x);
   if(x>1)
     if(x>5)       y=10;
     else          y=2;
   printf("y=%d\n",y);
   return  0;
}
```

```
//demo6_4_2.c
#include<stdio.h>
#include<stdlib.h>
int  main(  )
{
   int  x,y;  scanf("%d",&x);
   if(x>1)
   {
     if(x>5) y=10;
   } //这对括号绝对不能去掉，为什么？
   else y=2;   //这个else与哪个if匹配？
   printf("y=%d",y);
   return  0;
}
```

【程序解析】

这两个程序对应的流程图如图 6.9 所示。

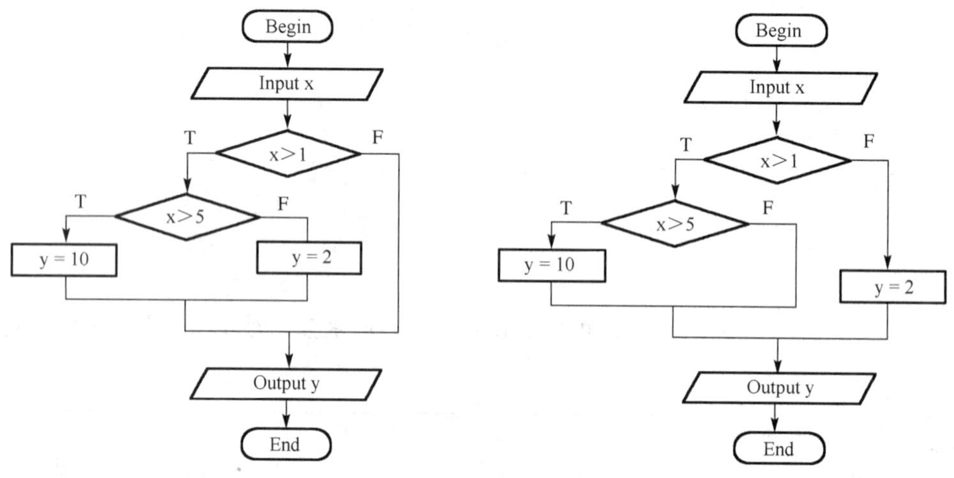

图 6.9　程序 demo6_4_1.c 和 demo6_4_2.c 流程图

在程序 demo6_4_1.c 中，粗体的 else 与 if 相匹配且是自动匹配。程序中使用了 if 的嵌套且外层的 if 是单分支的，内层是双分支的 if...else 语句。

在程序 demo6_4_2.c 中，粗体的 else 与 if 相匹配。这个程序也是 if 的嵌套，且嵌套的是一个单分支 if 语句，是通过使用大括号来强制限定 else 与第一个 if 匹配。

【目的】

演示 else 与 if 的匹配问题。

【思考】

分别写出上述两个程序对应的数学表达式。

【技巧】

（1）if 与 else 的匹配问题：else 与 if 如何匹配，与程序的缩进格式没有任何关系；else 一般与它前面距离最近的 if 匹配；可以通过加括号的方式（复合语句）进行强制匹配，程序 demo6_4_2.c 就使用了括号来强制匹配。

（2）程序代码的书写：在书写程序代码时，一条语句可以写在几行上，也可以一行写几条语句；要严格使用缩进格式进行代码书写，这样代码层次清晰，可读性好。

缩进体现出的是一种层次关系，不是必需的；但是，最好严格遵守按缩进格式书写程序代码这个规则。

程序代码如何缩进？“缩进”可以想象成家庭成员间的关系——“祖父、父亲、你及兄弟姐妹”。父亲在祖父面前需要恭敬，即低头后退（缩进）；你在父亲面前也需要低头后退（缩进）；你及你的兄弟姐妹是平级的，需要对齐。或者说乙语句被甲包含（或者说乙语句是甲的子句），则乙语句需要缩进。可通过【Tab】键实现缩进。

使用缩进格式书写程序，可以使得程序结构清晰、层次分明、美观耐看。

6.3 条件表达式

条件表达式是一个“三元运算符”，格式如下：

表达式 1 ? 表达式 2 : 表达式 3

其运算规则：先计算表达式 1 的值，如果结果为真（非零），则整个表达式的运算结果等于表达式 2 的值；否则，等于表达式 3 的值。

对例 6-3 使用条件表达式来解答，代码如下：

条件表达式

```
//demo6_3_1.c
#include<stdio.h>
#include<stdlib.h>
int  main()
{
    int  x, y;
    printf("please input x=");
    scanf("%d",&x);
    y=(x==0)?0:1;       //也可以省略括号
    printf("y=%d\n",y);
    return  0;
}
```

【程序解析】

?: 一起构成了条件表达式。条件表达式的优先级比赋值运算符的高。

y=(x ==0)? 0: 1 的运算次序是：如果 x ==0 为真，表达式的值是 0，否则是 1；最后将结果赋值给变量 y。当然，也可以写成：y=(x !=0)? 1: 0。

条件表达式的功能类似于双分支的 if...else 语句。

【目的】

演示什么是条件表达式。

【例 6-5】使用条件表达式求 3 个数中的最大值。

```
//demo6_5.c
#include<stdio.h>
```

```
#include<stdlib.h>
int  main()
{
    int a,b,c,max;
    printf("please enter 3 numbers:");
    scanf("%d%d%d",&a,&b,&c);
    max=a>b?a:b;
    max=max>c?max:c;
    printf("max=%d\n",max);
    max=a>b?(a>c?a:c):(b>c?b:c);  //条件表达式的嵌套，也可以省略括号
    printf("max=%d\n",max);
    return  0;
}
```

【程序解析】

本例使用了两种方式进行求解。方法一使用了两个独立的条件表达式；方法二使用了条件表达式的嵌套，且这种方法中多加了两对括号，使得条件表达式表达的意思更加清晰。实际上这两对括号是多余的，可去掉。

> **【目的】**
> 演示条件表达式的嵌套。

6.4　switch…case 语句

switch 语句也叫开关语句、情况语句。其一般语法格式如下：

```
switch(表达式)
{
    case  常量1: 语句序列1;
    case  常量2: 语句序列2;
    …
    case  常量n: 语句序列n;
    default: 语句序列;     //这一行不是必需的
}
```

switch…case 语句

switch 语句的执行过程：先计算 switch 后面表达式的值，其结果必须是整型、字符型或枚举型的；接下来将这个值与 case 后的常量进行匹配，与哪个相等就执行对应的语句序列，都不相等就执行 default 对应的语句序列；最后结束 switch 语句。

【例 6-6】将百分制成绩转换成五级制成绩。

【问题分析】

上述问题，对应着下面这个五段函数：

score≥90　　　　　输出'A'

80≤score<89　　　输出'B'

70≤score<79　　　输出'C'

60≤score<69　　　输出'D'

score<60　　　　　输出'E'

当然可以使用 5 个或 4 个单分支的 if 语句、if...else 的嵌套来解答。但是，经分析和思考发现有如下规律：对于任意的一个成绩 score，经过(int)(score/10)运算后，这个表达式的值一定是[0,10]中的一个整数，是可枚举的。所以，本题可以使用 switch...case 语句来解答。

```
//demo6_6.c
#include<stdio.h>
#include<stdlib.h>
int  main()
{
    float  score;
    char  level;
    printf("please input score=");
    scanf("%f",&score);
    switch((int)(score/10) )
    {
        case 10:    ;           //空语句。没有具体的内容，只有一个分号
        case  9:    level='A'; break;
        case  8:    level='B'; break;
        case  7:    level='C'; break;
        case  6:    level='D'; break;
        default:    level='E'; break;  //这个 break 可省略
    }
    printf("Score=%f, Level=%c\n",score,level);
    return  0;
}
```

程序运行结果如图 6.10 所示。

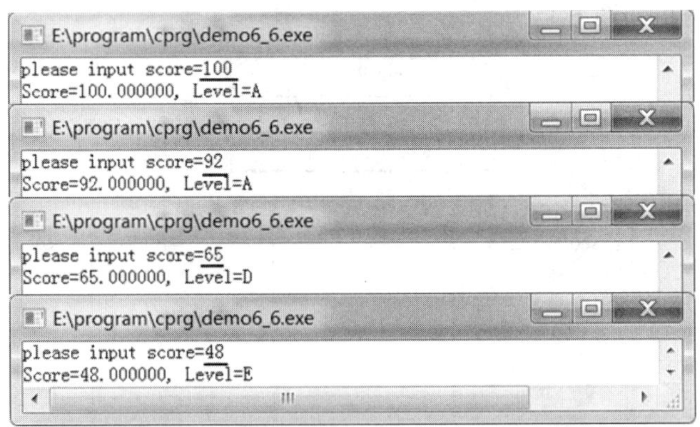

图 6.10　例 6-6 程序运行结果

【程序解析】

在 C 语言中，对 switch...case 语句有如下规定：

（1）switch(表达式)中，表达式的结果必须是整型、字符型或枚举型。本程序中 score/10 的类型是实型，所以必须使用强制类型转换，即(int)(score/10)。

（2）case 后的常量必须是一个常量或常量组成的表达式，类型只能是整型、字符型或枚举型；各个 case 后的常量值不允许重复，各个 case 后的常量没有先后次序之分。

（3）break 的作用是“从其所在位置开始，中止其所属的 switch 语句块”。

（4）default 在这里是“其他情况”的意思。它在 switch 中是否出现，是依据实际需要而定的；如果 default 出现，一般放在所有 case 之后，此时，其后的 break 可省略。

程序执行时，假定 score 的输入值是 100，那么 switch 中表达式的值经计算，强制类型转换后是整数 10，与 case 10: 相匹配，而其后只有一个分号（即空语句），且没有 break，程序继续向下执行（此时不会与 9 比较），接下来直接执行 level='A';break;语句，由于 break 的作用，则中止了 switch 语句块（跳出 switch 语句块）；接着执行输出及 return 语句，从而结束了 main( )函数的执行。

程序执行时，假定 score 的输入值是 92，那么：switch 中表达式的值经计算，强制类型转换后是整数 9，与 case 9: 相匹配，执行其后的 level='A';语句，接着执行 break;语句，由于 break 的作用，则中止了 switch 语句块（跳出 switch 语句块）；接着执行输出及 return 语句，从而结束了 main( )函数的执行。

程序执行时，假定 score 的输入值是 65，那么 switch 中表达式的值经计算，强制类型转换后是整数 6，与 case 6: 相匹配，执行其后的 level='D';语句，接着执行 break;语句，由于 break 的作用，则中止了 switch 语句块（跳出 switch 语句块）；接着执行输出及 return 语句，从而结束了 main( )函数的执行。

程序执行时，假定 score 的输入值是 48，那么：switch 中表达式的值经计算，强制类型转换后是整数 4，没有与之匹配的 case 常量，属于其他情况。因此，执行 default 后的语句，执行 level='E';后，执行 break，中止了 switch 语句块（跳出 switch 语句块）；接着执行输出及 return 语句，从而结束了 main( )函数的执行。

程序主要执行流程如图 6.11 所示。

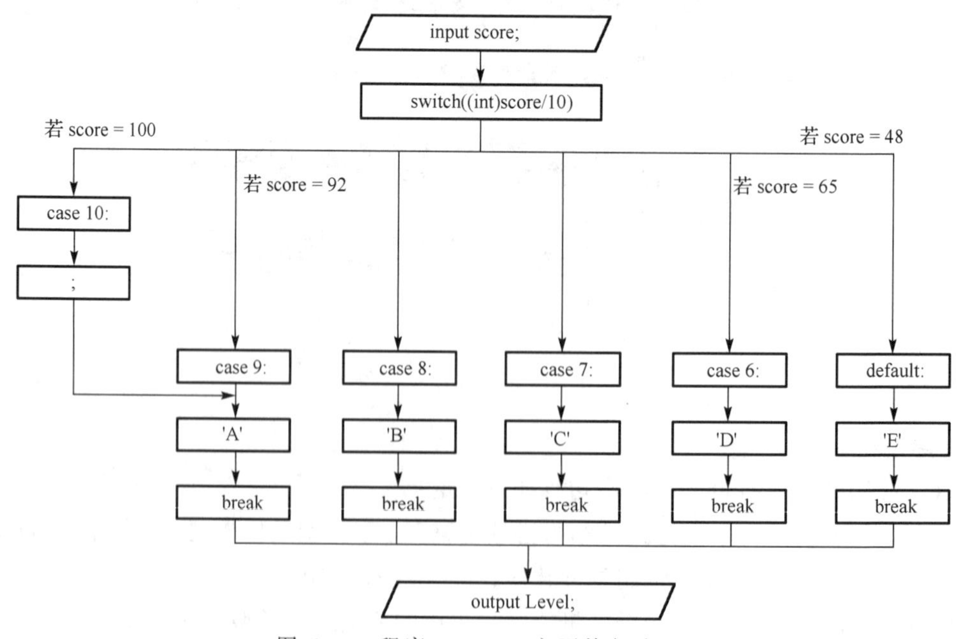

图 6.11　程序 demo6_6 主要执行流程

【目的】

演示 switch...case 语句的特点及执行过程。

【思考】

（1）试一试：去掉 switch...case 语句中一个或多个 break，或者改变各 case 语句的次序；或者把 default 语句放在 case 语句中间。查看输出结果哪些有变化，哪些没有变化。

（2）switch 中的表达式可以是关系（或逻辑）表达式吗？有这个必要吗？

（3）尝试使用多个单分支 if 语句、if...else 的嵌套解答本题，并通过比较次数来分析程序的执行效率。

【注意】

（1）case 与常量之间必须用空格分隔，每个 case 后只能跟一个常量，常量后一定是“:”（即英文半角模式下的冒号）。

（2）switch...case 语句有一定的适用条件：一是 switch 后括号中表达式结果的类型必须是整型、字符型或枚举类型；二是 case 后的常量值是可数的（或称可枚举的），且这些值的类型也必须是整型、字符型或枚举型的。

（3）能使用 switch 语句解决的问题都可以使用 if...else 语句来解答。

（4）若 default 放在最后，其对应子句有无 break 都是可行的。

【例 6-7】输入年月日，输出它是这一年的第几天。

【问题分析】

switch...case 语句实例

先要判断输入的年份是平年还是闰年，才能确定二月有多少天。若表示年份的整数能被 400 整除，或者能被 4 整除但不能被 100 整除，则是闰年，闰年的二月有 29 天、平年的二月只有 28 天。这是本题的第一个重点。

除二月外，其他月份分为大月、小月，分别有 31、30 天。

接下来是天数如何相加，这是本题的第二重点，也是本题的核心。对此你也许是这样思考的：假定输入的月份是 month，那么前 month-1 个月的天数必然是“满的”，所以将前 month-1 个月的“满天数”相加，再加上当前 month 月的“零头”，即为所求。具体做法是：使用 switch...case 来匹配月份，匹配上哪个月份则使用类似 31+28+31+30……或者直接手工计算出和 31、59、90、120……的方式来得到结果。这种方式虽然可行，但效率低下且易出错。下面程序中的解决方式极具技巧性、便捷性。

```
//demo6_7.c
#include<stdio.h>
#include<stdlib.h>
int  main()
{
    int  year, month, day, sum=0;
    int  flag=0;          //①假设为非闰年，flag 作为是否为闰年的标记
    printf("input year month day: ");
    scanf("%d%d%d",&year,&month,&day);
    if(year%400==0||(year%4==0&&year%100!=0)) flag=1;
```

```
    else  ;               //②空语句。可以去掉这行，从而构成了单分支的if语句
    switch(month-1)
    {   //天数相加
        case 11: sum+=30;
        case 10: sum+=31;
        case  9: sum+=30;
        case  8: sum+=31;
        case  7: sum+=31;
        case  6: sum+=30;
        case  5: sum+=31;
        case  4: sum+=30;
        case  3: sum+=31;
        case  2: if(flag)  sum+=29; else  sum+=28;        //③
        case  1: sum+=31;
        case  0: sum+=day;
    }
    printf("sum=%d\n",sum);
    return  0;
}
```

程序运行结果如图 6.12 所示。

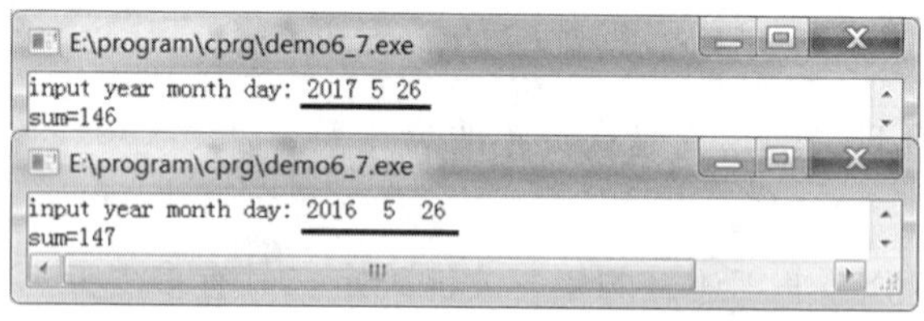

图 6.12　例 6-7 程序运行结果

【程序解析】

假定输入 year=2017 或 2016、month=5、day=26，执行 switch，寻找与其匹配的 case，发现与 case 4 匹配，则执行 case 4 对应的子句 sum+=30;，同时发现其后并没有 break 这个关键字，接下来则继续执行后面的 sum+=31;，仍然没有 break，继续执行 if 语句及相关子句，仍然没有 break，执行 sum+=31;、sum+=day;，直至 switch 语句结束。

程序中，注释②处是一个双分支的 if...else 语句，只是 else 的子句为空。if、else 后的子句都可以为空，称为空语句，但是子句后的分号不能丢。

程序中，注释③处的 if(flag) 等价于 if(flag==1)，准确地说它等价于 if(flag!=0)。该行可替换成 case 2: sum+=28+flag。

【目的】

演示 switch...case 语句、flag 假设（标志）的应用。

【技巧】

（1）本例中 case 后的常量以递减的方式排列，且没有使用 break，这样安排是不是使得问题简洁多了？

（2）天数相加不要写成 31+28+31+30……更不要直接手工计算出和 31、59、90、120……因为这样写看起来很复杂且容易发生手工计算错误。

习　题

一、选择题

1. 若有 int a=0,b=1,c=2; 则值为 0 的表达式是________。

   A. a&&b　　B. a&&b||c　　C. a||b||c　　D. a||b&&c

2. 已知字母字符 A 的 ASCII 码值为 65，若变量 ch 为 char 型，以下不能正确判断出 ch 的值为大写字母的表达式是________。

   A. ch>='A'&& ch<='Z'　　B. !(ch>='A' || ch<='Z')

   C. ch+32>='a'&& ch+32<='z'　　D. isalpha(ch) && (ch<91)

3. 单分支 if 语句的基本格式是"if(表达式) 语句;"，其中的"表达式"________。

   A. 必须是逻辑表达式

   B. 必须是关系表达式

   C. 必须是逻辑表达式或必须是关系表达式

   D. 可以是任意合法的表达式

4. 以下程序段的输出结果是________。

```
int i=2;
if(++i>2) printf("i>2\n");  else  printf("i<=2\n");
```

   A. i>2　　B. i<=2　　C. i>3　　D. i<=3

5. if(a)与下面的________等价。

   A. if(a<>0)　　B. if(!a)　　C. if(a!=0)　　D. if(a==0)

6. 若有定义 int a=1,b=2,c=3;，则以下语句中执行效果与其他 3 个不同的是________。

   A. if(a>b) c=a,a=b,b=c;　　B. if(a>b) {c=a,a=b,b=c;}

   C. if(a>b) c=a;a=b;b=c;　　D. if(a>b) {c=a;a=b;b=c;}

7. 在使用嵌套的 if...else 语句时，else 总是________。

   A. 和之前与其具有相同缩进位置的 if 配对

   B. 和之前与其最近的 if 配对

   C. 和之前与其最近不带 else 的 if 配对

   D. 和之前的第一个 if 配对

8. 以下程序段执行后，输出结果是________。

```
int  a=0,b=1,c=2,d=3;
if(a=1)   b=10;  c=20;
else      d=30;
printf("%d,%d,%d,%d\n",a,b,c,d);
```

   A. 1,10,20,30　　B. 1,10,20,3　　C. 1,10,2,3　　D. 编译错误

9. 以下程序段只有输入________值，才会有输出结果。

```
int  x;scanf("%d",&x);
if(x<=3);
else  if(x!=10) printf("%d\n",x);
```

A. 不等于10的整数　　B. 大于3且不等于10的整数

C. 大于3或等于10的整数　　D. 小于3的整数

10. 以下程序段执行后输出结果是________。

```
int  a=1,b=2,c=3;
if(a<0)
if(b>0) c=0;
else c++;
printf("%d\n",c);
```

A. 0　　B. 1　　C. 2　　D. 3

11. 以下程序段执行后x的值是________。

```
int  a=1,b=2,c=4,d=3,x;
if(a<b)if(c<d)x=1;else if(a<c)if(b<d)x=2;else x=3;else x=4;else x=5;
```

A. 2　　B. 3　　C. 4　　D. 5

12. 以下程序段执行后，输出结果是________。

```
int  a=1,b=2,c=3,d=0;
if(a==1&& b++==2)
   if(b!=2 || c!=3) printf("%d,%d,%d\n",a,b,c);
   else  printf("%d,%d,%d\n",a,b,c);
else  printf("%d,%d,%d\n",a,b,c);
```

A. 1,2,3　　B. 1,3,2　　C. 1,3,3　　D. 3,2,1

13. 若有定义：double x=1.5; int a=1,b=2,c=3;

则下述选项，语法正确的是________。

A.
```
switch(x)
{    case 1.0:printf("Hi\n");
     case 2.0:printf("Hello\n");
}
```

B.
```
switch((int)x)
{    case 1:printf("Hi\n");
     case 2:printf("Hello\n");
}
```

C.
```
switch(a+b)
{    case 1:printf("Hi\n");
     case 2+1:printf("Hello\n");
}
```

D.
```
switch( (int)(a+b) )
{    case 1:printf("Hi\n");
     case c:printf("Hello\n");
}
```

14. 以下程序段执行后输出结果是________。

```
int  x=1,y=0,a=0,b=0;
switch(x)
{  case 1:    switch(y)
     {  case 0: a++;  break;
        case 1: b++;  break;
     }
   case 2: a++;  b++;      break;
}
printf("a=%d,b=%d\n",a,b);
```

A. a=2,b=1　　B. a=1,b=1　　C. a=1,b=0　　D. a=2,b=2

15. 下列叙述中正确的是________。

A. break语句只能用于switch语句

B. 在 switch 语句中必须使用 default

C. break 语句必须与 switch 语句中的 case 配对使用

D. 在 switch 语句中不一定使用 break 语句

二、填空题

1. 根据公式 $s=\sqrt{p(p-a)(p-b)(p-c)}$ 计算三角形的面积。其中：$p=(a+b+c)/2$，a、b、c 代表三角形的三条边。将下面这个程序的代码补充完整。

```
#include <stdio.h>
#include<stdlib.h>
int  main(){
    int  a,b,c;
        ____________
    printf("please input the value of a,b,c");
    scanf("%d%d%d",_______ );
    if(_____ )
    {
        p=______ ;
        s=_____________;
        printf("Yes,this is a triangle!\n the area is %.2f\n",s);
    }
    else printf("No,this is not a triangle!\n");
    return  0;
}
```

2. 下面这个程序段执行后输出结果是________。

```
int x=1;
if( (x%2)?1:0 )  printf("result is %d\n",1);
else        printf("result is %d\n",0);
```

若 x=2，输出结果如何呢？

3. 若有 int a=1,b=5; x= ++a>b-- ? a++ :--b; 执行后，a、b、x 的值依次是________。

4. 以下程序段：

```
int  a=1,b=2, c=3,x;
x=a>b?(a>c?a:c):(b>c?b:c);
```

执行后 x 的值是________。该程序段的功能是________。

5. 以下程序段：

```
int m;  scanf("%d",&m);
switch(m/2)
{
    case 1:    m++;
    case 2:    m+=4;
    case 3:    m+=8;  break;
    default:   m-=5;
}
printf("%d\n",m);
```

若输入的是 3，程序输出结果是什么？若输入的是 1 呢？

三、编程题

1. 输入一个合法的整数，判断它的正负性、奇偶性。

2. 输入实数 x，分别计算下面两个分段函数的值。

$$y=\begin{cases}\sqrt[3]{x} & x<-3\\ \ln|x| & -3\leqslant x\leqslant 3\\ \sin x+\sqrt{2x} & x>3\end{cases}\qquad \begin{cases}x\geqslant 4 & y=x/2 & z=3xy+x/y\\ x<4 & y=2x/3 & z=|x|+y\end{cases}$$

3. 研究表明小孩的身高与父母的身高大致有如下关系：

男性成人身高=(faHeight+moHeight)*0.54

女性成人身高=(faHeight*0.923+moHeight)/2

此外，喜爱体育锻炼可增加身高 2%，有良好的卫生饮食习惯可增加身高 1.5%，请编程估算一个人成年后的身高。

4. 2020 年的元旦是星期三。输入该年的任意月日，计算并输出它是星期几。

5. 已知某公司员工的保底薪水为 1 000 元，某月所接工程的利润 profit 与提成的关系如下：

profit<1 000	没有提成
1 000≤profit<2 000	提成为 10%
2 000≤profit<5 000	提成为 15%
5 000≤profit<10 000	提成为 20%
10 000≤profit	提成为 25%

根据输入的 profit，编程计算员工的当月薪水。（分别使用 if、switch 语句实现）

第7章 循环结构

📖学习目标

（1）熟练掌握循环的执行过程；
（2）理解各种循环的差异；
（3）掌握 continue、break 的作用；
（4）逐步掌握多重循环的执行过程；
（5）掌握常用算法。

📖知识点导图

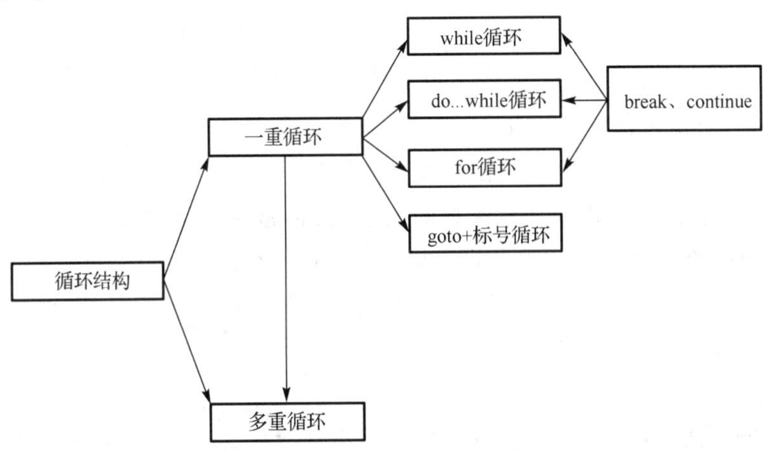

📖难点提示

（1）循环条件的确立、循环变量的变化；
（2）关键字 break、continue 的对循环的影响；
（3）多重循环的执行过程。

所谓循环就是指在一定条件下，重复地执行某些语句。在 C 语言中，可通过 while、do...while、for、goto+标号来实现循环。本章通过大量实例介绍这 4 种方式实现循环的语法格式、循环的执行过程、差异以及相互转换，最后讲述了多重循环。

7.1 while 循环

while 循环

while 是“当……的时候”的意思，因此，while 循环通常称为“当型循环”，即当满足某个条件时就重复执行某些语句。

while 循环的语法格式如下：

```
while(表达式)  循环体语句;
```

while 循环的执行过程：先计算表达式的值，接下来对这个值进行判断，当值非零时（或者说循环条件成立）执行循环体语句，再重复前面的步骤；当表达式的值为 0 时（或者说不满足循环条件），终止并退出循环。

用流程图来描述 while 循环，如图 7.1 所示。

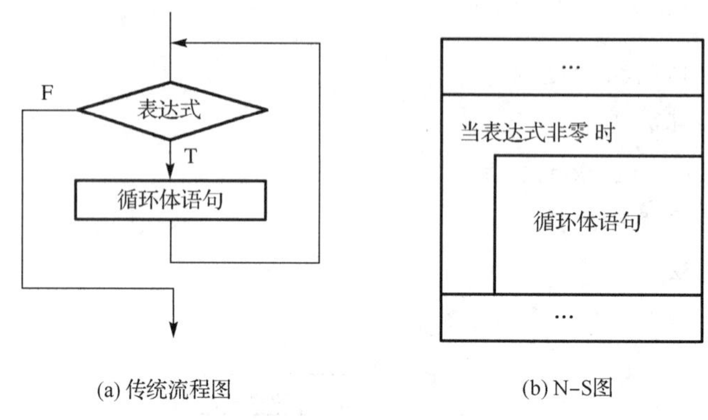

图 7.1　流程图描述的 while 循环

对 while 循环，要注意如下几点：

（1）while 后的一对圆括号任何时候都不能省略。

（2）while 后的表达式可以是任意类型的表达式，但常见的是关系表达式或逻辑表达式。表达式的值是循环的条件；当表达式的值非零时，执行循环体语句。

（3）当循环体由多条语句构成时，形成了复合语句，需要使用一对大括号括起来。

【例 7-1】 求 1+2+3+…+100 的值。

【问题分析】

本例需要求解 100 个数的和，且这些加数很有规律——第 i 个加数的值就是 i。

求解方法可以这样考虑：设置两个变量 i、sum，分别赋予初始值 1、0，前者代表当前的加数，后者代表当前求得的和；当 i≤100 时，重复执行 sum+=i;和 i++;这两条语句。

根据上述求解思路，得到下面的程序流程图，如图 7.2 所示。

```
//demo7_1.c
#include<stdio.h>
#include<stdlib.h>
int  main()
{
    int  i=1, sum=0;   //和（sum）的初值一般置为 0，且必不可少
    while(i<=100)
    {
        sum+=i;            //是复合赋值语句，等价于 sum=sum+i;
        i++;               //这两条语句构成复合语句，可合并成 sum+=i++;
    }                      //这一对大括号中的两条语句构成循环体
    printf("sum=%d, i=%d\n",sum,i);
    return  0;             //也可写成 return(0);
}
```

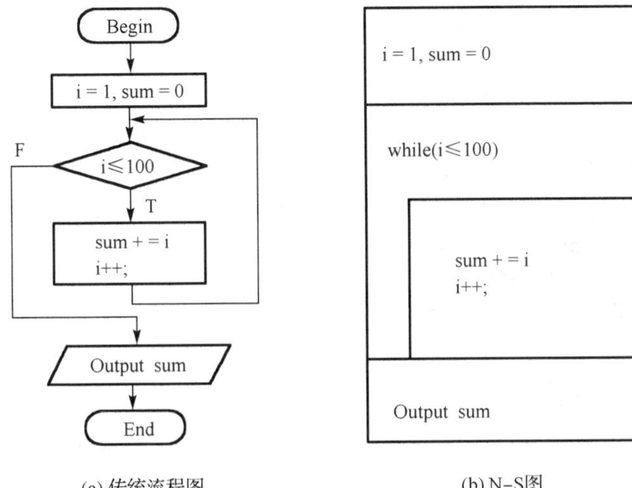

(a) 传统流程图　　(b) N-S图

图 7.2　例 7-1 的流程图

程序运行结果如下：

```
sum=5050,i=101
```

【程序解析】

程序的执行过程如下：

```
首先，对 i、sum 赋初值：i=1，sum=0;
接下来执行 while 循环：
    i 等于 1，i<=100 为真、执行循环体，于是 sum=1、i=2;
    i 等于 2，i<=100 为真、执行循环体，于是 sum=3、i=3;
    ……
    i 等于 100，i<=100 为真、执行循环体，于是 sum=5050、i=101;
    i 等于 101，i<=100 为假、终止循环;
```

最后，执行输出语句、return 语句，从而程序结束。

【目的】

演示 while 循环的执行过程、等差数列的求和方法。

【思考】

（1）将例 7-1 中 sum=0 的“=0”去掉（初学者常会忽略该语句），程序的输出结果是怎样的？

（2）程序中“sum+=i;i++;”这两条语句可以交换位置吗？可将“sum+=i++”改成“sum+=++i;”吗？

（3）sum=1+3+5+…+99 如何实现？2+4+6+…+100 呢？

（4）计算 1×2+2×3+3×4+…+100×101 的值，1×2×3+3×4×5+…+99×100×101 呢？

（5）$n!=1\times2\times3\times\cdots\times n$，类似的还有：$1\times3\times5\times\cdots\times(2n-1)$。当 n 取值 5、10、20、50……输出结果会怎样，为什么？

【注意】

在 while(表达式) 循环体语句中，初学者常犯下列错误：

while(表达式);　循环体语句;

即在中间多加了分号，使得语义发生了改变——循环体语句为空，可能会形成死循环，从而达不到需要的效果。

【技巧】

（1）一般使用 sum 作为和的标识符，i、j、k 作为循环变量。

（2）对于求和问题，和的初值一般赋值为 0；乘积的初值一般为 1。

（3）对循环结构的程序，手工执行循环体 3～5 次，基本可以清晰地理解循环。

【例 7-2】输入 10 个整数，求它们的最小值。

【算法描述】

While 循环实例

使用自然语言来描述本例的算法（使用了例 5-1 的思想），算法如下：

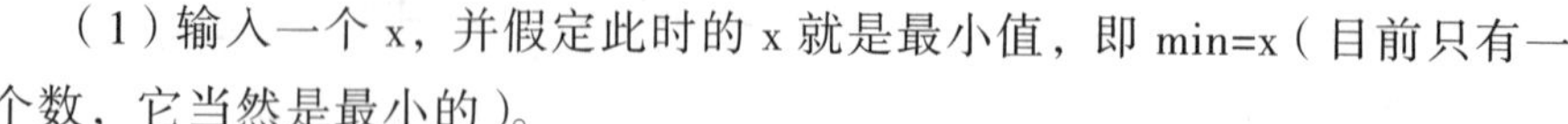

（1）输入一个 x，并假定此时的 x 就是最小值，即 min=x（目前只有一个数，它当然是最小的）。

（2）i=2（这里 i 也叫计数器）。

（3）判断 i≤10 是否成立：成立则执行（4）；不成立转向步骤（7）。

（4）输入第 i 个数 x（它会覆盖上一个 x 的值）。

（5）将 x 与目前的最小值 min 进行比较，决定是否替换 min。

（6）i 自增 1；转向步骤（3）。

（7）输出 min。

使用流程图描述本例的算法，如图 7.3 所示。

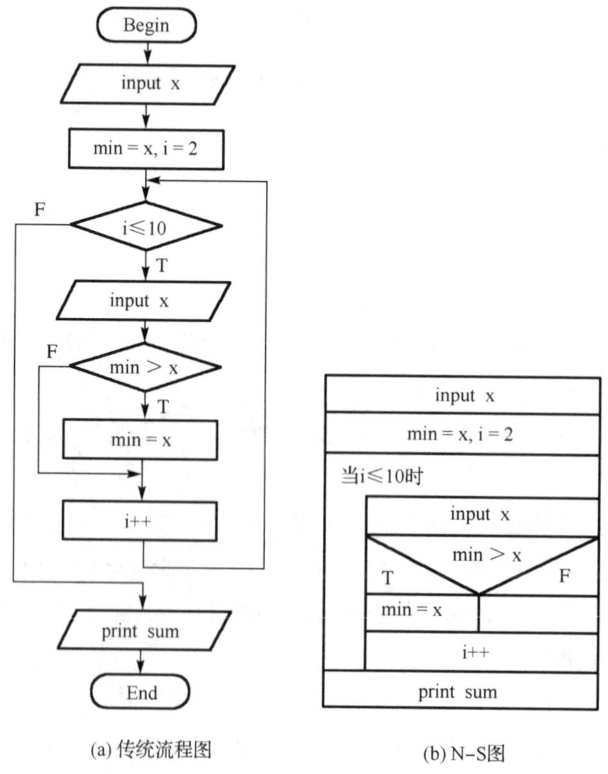

(a) 传统流程图　　(b) N-S图

图 7.3　例 7-2 流程图

```c
// demo7_2.c
#include<stdio.h>
#include<stdlib.h>
int  main()
{
    int  x, i, min;
    printf("please input 10 numbers:");
    scanf("%d",&x);
    min=x;                //假设 x 就是最小值
    i=2;                  //接下来从第 2 个数开始处理
    while(i<=10)
    {
        scanf("%d",&x);
        if(min>x) min=x;
        i++;
    }                     //循环体是一个复合语句
    printf("min=%d\n",min);
    return  0;
}
```

程序运行后输入 2 4 6 8 0 9 7 5 1 3 后的结果如图 7.4 所示。

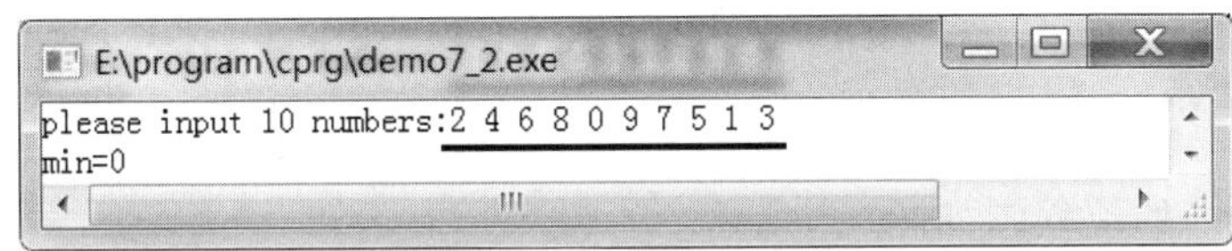

图 7.4　例 7-2 程序运行结果

【程序解析】

程序中，i 作为循环变量，起计数的作用，称为计数器；i<=10 是循环条件，起控制循环次数的作用；3 行粗体的语句构成了一个复合语句，是循环体。

【目的】

演示一批数据中求最小值的算法。

【技巧】

（1）在程序设计中，使用“假设”是常用的基本方法之一。

（2）输入数据时尽量使用简洁而非特殊的数据序列，数据虽杂乱但便于口算。

【思考】

（1）输入 10 个整数，求它们的最大值。

（2）仅使用一个 while，如何同时求出 10 个整数中的最大值、最小值和次大值？

7.2　do...while 循环

do...while 循环

do...while 循环又称“直到型循环”。

do...while 循环的语法格式如下：

```
do{
    循环体语句;
}while(表达式);
```

意思是先按照语句的先后次序执行 do...while 之间的循环体语句一次，接下来判断 while(表达式)中表达式的值是否非零（或者说为真），非零则再次执行循环体语句，再判断……，直到表达式的值为零才终止循环。

【例 7-3】输入整数 n，求 $1+2+3+\cdots+n$ 的值。

```
//demo7_3.c
#include<stdio.h>
#include<stdlib.h>
int  main()
{
    int  i=1,sum=0,n;
    scanf("%d",&n);
    do{
        sum+=i;
        i++;
    }while(i<=n);
    printf("sum=%d\n",sum);
    return  0;
}
```

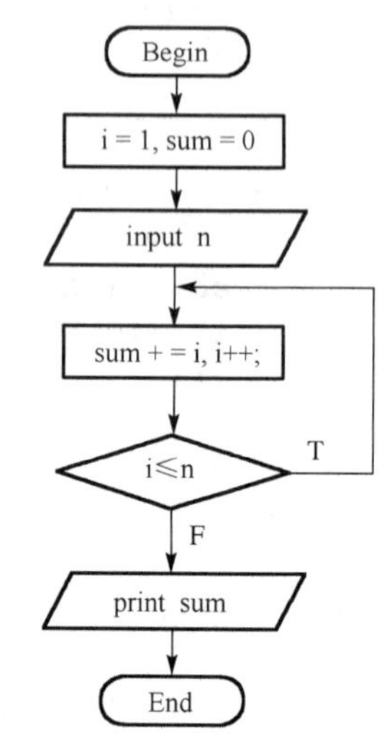

图 7.5　程序 demo7_3.c 的流程图

程序 demo7_3.c 的流程图如图 7.5 所示。

【程序解析】

程序运行时，若输入 5，执行过程如下：

第 1 次执行循环体：sum=1、i=2；i<=5 为真、继续执行循环；

第 2 次执行循环体：sum=3、i=3；i<=5 为真、继续执行循环；

第 3 次执行循环体：sum=6、i=4；i<=5 为真、继续执行循环；

第 4 次执行循环体：sum=10、i=5；i<=5 为真、继续执行循环；

第 5 次执行循环体：sum=15、i=6；i<=5 为假、终止循环；

接下来，执行输出语句 sum=15、return 语句，程序结束。

再次运行程序，若输入-2，执行过程是：第 1 次执行循环体，sum=1、i=1；在执行 while 的条件判断时，i<=-2 为假，因而终止循环；接下来，执行输出语句 sum=1、return 语句，程序结束。

显然，当输入的 n 是一个正整数时，能得到正确的结果；输入一个负整数时，结果就不正确了。原因在于 do...while 循环总是先执行循环体一次、再去判断循环条件是否成立，导致了错误的结果。

要使得 do...while 与 while 循环等价，需要在 do 之前添加一条 if 语句。修正后的程序流程图如图 7.6 所示（图中虚线部分对应 if 语句）。

所以，demo7_3.c 的代码修改如下：

```
//demo7_3_1.c
#include<stdio.h>
```

```
#include<stdlib.h>
int  main()
{
    int  i=1,sum=0,n;
    scanf("%d",&n);
    if(n>0){
        do{
            sum+=i;                  i++;   //sum+=i++;
        }while(i<=n);
        printf("sum=%d\n",sum);
    }
    else printf("input data is error\n");
    return  0;
}
```

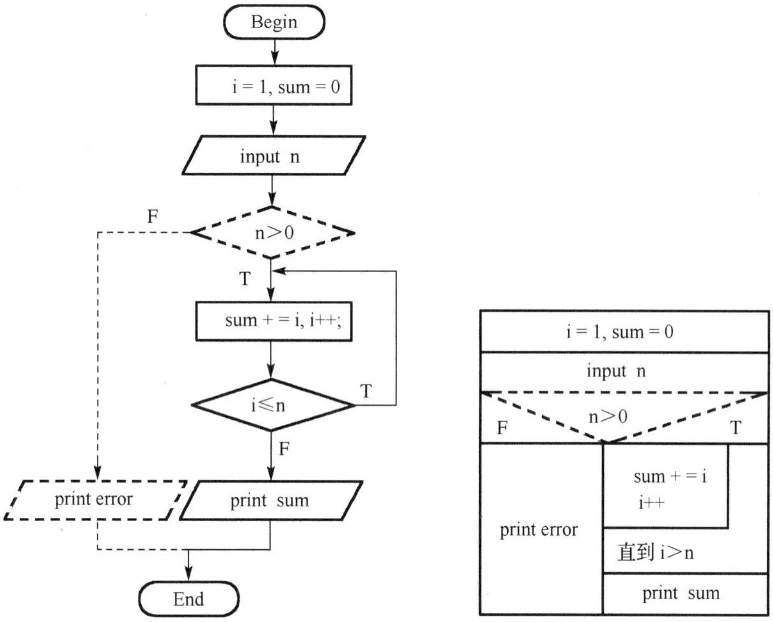

(a) 传统流程图　　　　　　　　(b) N-S图

图 7.6　例 7-3 修正后的流程图

图 7.7 所示为程序运行后输入 5、-2 后的输出结果。

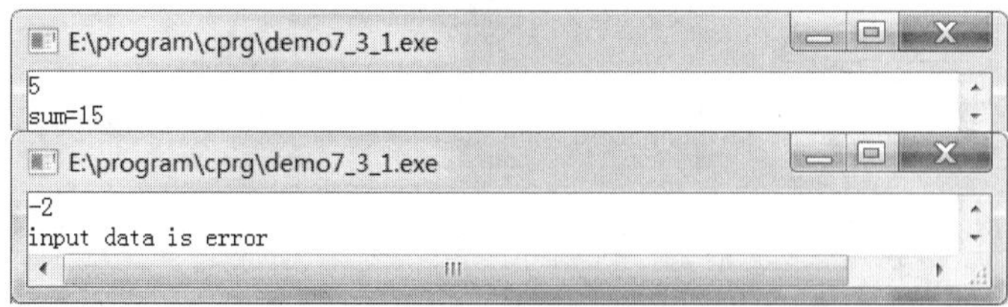

图 7.7　例 7-3 程序运行结果

从上面的例子可以看出：while 循环转换成等价的 do...while 循环的一般方法如下：

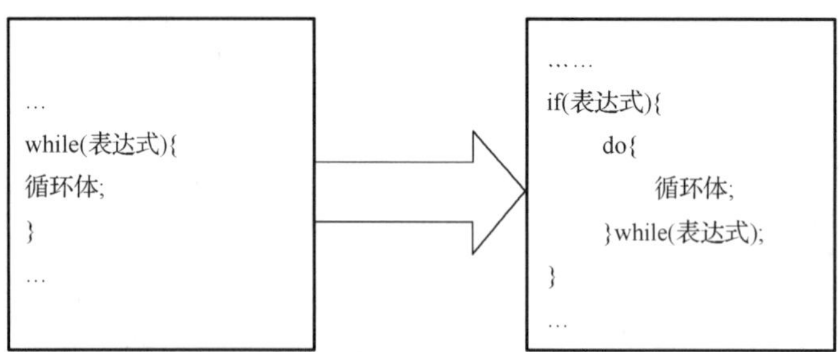

【目的】

演示 while 循环与 do...while 循环的差别及转换。

【思考】

修改程序，使得输入的 n 值不论是正整数还是负整数都能正确求解。例如，输入-2、则和是-3。

【例 7-4】输入一串字符以#结束，分别统计其中数字字符和字母字符的个数。

【问题分析】

本题必然使用循环来实现。其中，输入的字符是否是'#'将作为循环条件，输入字符、判断字符的类别并计数则构成循环体。

do...while 循环实例

```
//demo7_4.c
#include<stdio.h>
#include<stdlib.h>
int  main()
{
    char  c;
    int  numD=0, numC=0;   //使用了 2 个计数器，必须赋予初值 0
    do{
        c=getchar();        //scanf("%c",&c);
        if(c>='A'&&c<='Z' || c>='a'&&c<='z') numC++;
        else if(c>='0'&&c<='9')   ++numD;
    }while(c!='#');
    printf("numD=%d,numC=%d \n",numD,numC);
    return  0;
}
```

程序运行结果如图 7.8 所示。

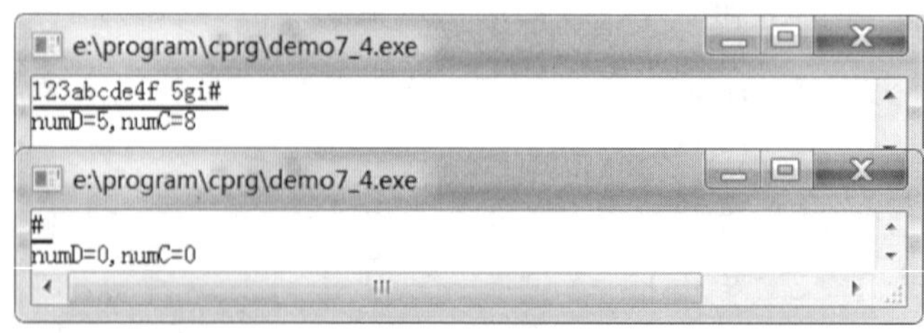

图 7.8　例 7-4 程序运行结果

【程序解析】

大写字母字符、小写字母字符、数字字符在 ASCII 码表中分别是连续的。'A'的 ACSII

码是十进制的 65、十六进制的 41；'a'的 ACSII 码是十进制的 97、十六进制的 61；'0'的 ACSII 码是十进制的 48、十六进制的 30。但是，程序中的 if 语句最好不要写成：

```
if(c>=65&&c<=90 || c>=97&&c<=122)  numC++;
else if(c>=48&&c<=57)  numD++ ;
```

的形式，如此书写（即用字符的 ASCII 码代替字符常量），**判断条件的直观性就变差了**。

【目的】

演示如何判断字符的类别。

【思考】

（1）本例也可以使用 while 循环实现，如何实现呢？

（2）本例中使用了 if...else 的嵌套来判断字符位于哪个范围，能使用两个单分支 if 语句实现吗？能使用一个双分支的 if...else 语句实现吗，为什么？

（3）使用传统流程图、N-S 图描述例 7-4 的算法。

【技巧】

while、do...while 循环一般用于循环次数事先不明确（或未知）的情况。

7.3 for 循 环

for 循环的语法格式如下：

```
for(表达式 1 ; 表达式 2 ; 表达式 3)
    循环体语句;
```

for 循环的执行过程如下：

（1）执行表达式 1（仅执行一次）。

（2）判断表达式 2 是否非零：非零，则执行循环体，再执行表达式 3；再重复步骤（2）；等于零，则终止该 for 循环。

for 循环

其流程图描述如图 7.9 所示。

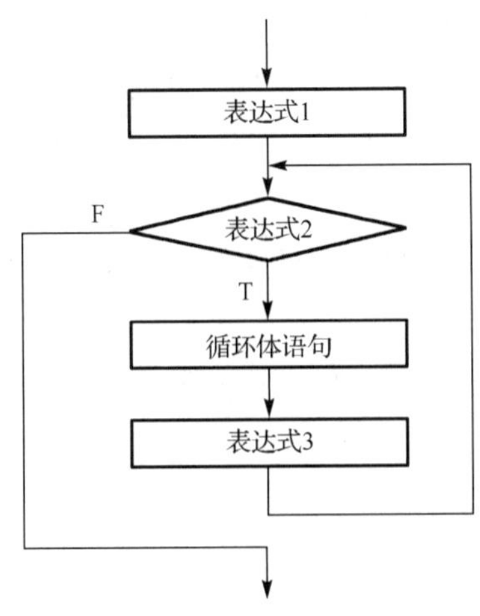

图 7.9　for 循环流程图

【注意】

（1）for 中的 3 个表达式之间必须使用分号进行分隔。

（2）不能写成如下形式：

```
for(表达式 1 ; 表达式 2 ; 表达式 3);
循环体语句;
```

如果这样，循环体就为空了，初学者常犯这样的错误。

【例 7-5】 求 1+2+3+…+100 的值。

```
//demo7_5.c
#include<stdio.h>
#include<stdlib.h>
int  main()
{
    int  sum=0, i;
    for(i=1;i<=100;i++)
        sum+=i;
    printf("sum=%d, i=%d\n",sum,i);
    return  0;
}
```

【程序解析】

程序的执行过程如下：

sum 赋初值 0，即 sum=0。

执行 for 中的表达式 1,i=1;再执行表达式 2——1<=100 为真,接下来执行循环体 sum=1。

执行 for 中的表达式 3，i++则 i 等于 2；再执行表达式 2——2<=100 为真，接下来执行循环体 sum=2;

……

执行 for 中的表达式 3 后 i 等于 100，再执行表达式 2——i<=100 为真，接下来执行循环体，得到 sum=5050。

再执行 for 中的表达式 3，此时 i 等于 101，表达式 2——i<=100 为假，终止循环。

最后，执行输出语句、return 语句，程序结束。

从本例的执行过程来看：for 中的 3 个表达式都有严格的执行次序；在执行次数上，表达式 1 的执行次数是明确的——仅一次，表达式 2、表达式 3、循环体语句的执行次数都可能是多次，都依赖于表达式 2。

因此，for 循环的 3 个表达式都可以改变位置，但本质不变。表达式 1 起到给一些变量赋初值的作用（如循环变量 i），只执行一次，可以放在循环前；表达式 2 是循环条件，可以放在循环体内且与 if 连用；表达式 3 可以作为循环体的一部分。

因此，demo7_5.c 可改写成下面的样子。

```
//demo7_5_1.c
#include<stdio.h>
#include<stdlib.h>
int  main()
{
```

```
    int  sum=0, i=1;        //i 是循环变量，初始值为 1，移到了循环前
    for( ;  ;  )            //for 中表达式 2 空着，相当于永真循环
    {
        if(i<=100)
        {
            sum+=i;
            i++;            //这两条语句可合并成 sum+=i++;
        }
        else  break;        //需要这条语句，否则就真的形成死循环了
    }
    printf("sum=%d, i=%d\n",sum,i);
    return  0;
}
```

【程序解析】

本程序中，由于 for 中的表达式 2 缺失，这个 for 循环就成了永真循环，从而不需要进行条件判断，直接进入循环体。

在循环体内，只有一个 if...else 语句；

i 从 1 开始，i<=100 为真，执行 if 的子句：i 不断增加；

当 i 等于 100 时，if 中的表达式为真，执行 if 的子句，得到 sum 等于 5050、i 等于 101。

当 i 等于 101 时，if 中的表达式为假，应该执行 else 子句，即执行 break；break 的作用是中止它所属的循环，也就是跳出它所在的那一层循环。

接下来，程序执行 for 之后的语句，也就是执行输出、return 语句，程序结束。

【注意】

break 常与 if...else 配合使用，break 只能中止（或者说跳出）它所在的那一层循环。

在上面的程序 demo7_5_1.c 中，改变了 for 循环中 3 个表达式的位置，虽然本质不变，但程序的可读性变差了。因此，还是尽可能遵循 for 语句的标准格式。

【目的】

演示 for 循环的执行过程、for 中 3 个表达式的特性及功能、break 的作用。

【技巧】

for 循环一般用于循环次数比较明确（或者说循环变量的初值、终止比较明确）的情况。

【例 7-6】判断一个整数是否是素数。

【问题分析】

素数判断

所谓素数就是指仅能被 1 和它自身整除的正整数。最小的素数是 2。

这里使用枚举试探法：用[2，n)区间中的每一个整数去试探，看它能否整除 n，如果都不能整除，n 必是素数；否则，n 不是素数。

这个枚举区间的上界等于 n–1、n/2 吗？可以这样思考：若整数 n 是非素数，那么它的“最小因子”可能是 2、对应的“最大因子”就是 n/2，则这个区间可以缩小到[2,n/2)；又由于因子的对称性，即若存在因子，这一对因子必然一大、一小，极端情况就是这一对因子相等，值是 $\sqrt{n}$ 。所以，这个区间可以缩小到[2, $\sqrt{n}$]。

流程图描述的算法如图 7.10 所示。

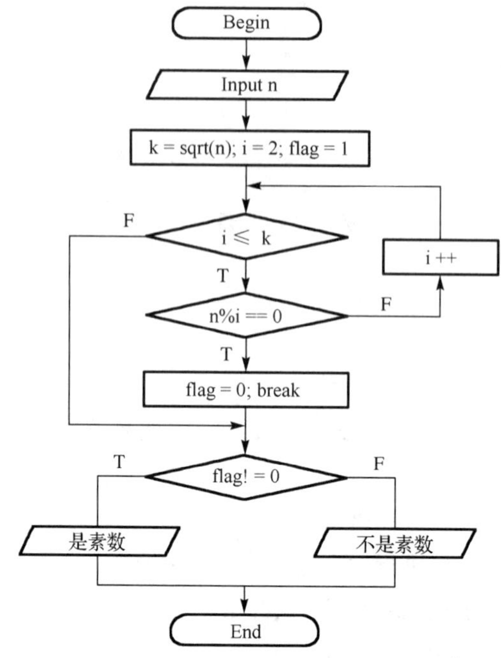

图 7.10　程序 demo7_6.c 流程图

```
//demo7_6.c
#include<stdio.h>
#include<stdlib.h>
#include<math.h>
int  main()
{
    int  n, i, k;
    int  flag=1;              //flag作为标志、赋值为1，即先假定n是素数
    scanf("%d",&n);           //输入的n应该是大于1的整数
    k=(int)sqrt(n);           //求n的平方根并取整
    for(i=2; i<=k; i++ )      //若i>k，n必是素数
    {
        if(n%i==0)
        {
            flag=0;  break;
        }
    }                         //这对大括号可去掉
    if(flag)                  //等价于flag!=0，此处也可写成flag==1
        printf("%d是素数。\n",n);
    else
        printf("%d不是素数。\n",n);
    return  0;
}
```

图 7.11 所示为程序运行后分别输入 2、91、97 时的输出结果。

【程序解析】

最后的 if...else 语句也可以这样改写：

```
if(i>k)  printf("%d是素数。\n",n);
else  printf("%d不是素数。\n",n);
```

若 i>k，n 必是素数。因为[2，k]之间的数都不能整除 n，而 i 在不断增大，最后必然 i>k 而中止循环。若按上面的方式改写，则 flag 变量不需要。

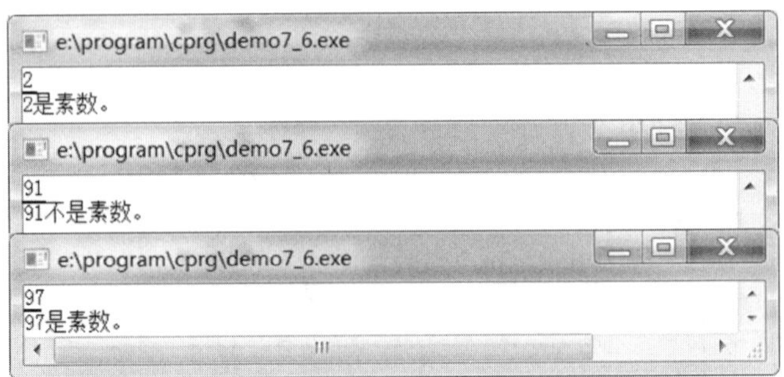

图 7.11　例 7-6 程序运行结果

> **【目的】**
> 演示如何判断一个整数是否是素数，涉及模运算、标记 flag、if 中表达式的简略写法、break。

【例 7-7】按每行 8 个数的格式输出 [100，200] 之间不能被 5 整除的数，以及这些数据的总个数。

【算法描述】

（1）定义几个变量：循环变量 i，其初值等于 100；变量 total 表示满足条件的整数个数，初值为 0，即 total 作为计数器。

（2）试探 i 能否被 5 整除：如果能，则不满足所求条件，转到（3）；如果不能，输出此时的 i，total++；再判断 total 能否被 8 整除，如果能，输出回车换行转到（3）。

（3）试探下一个 i，直到 i>200 为止。

特定数据计数输出

```
//demo7_7.c
#include<stdio.h>
#include<stdlib.h>
int  main()
{
    int  i, total=0;
    for(i=100; i<=200; i++)
    {
        if(i%5==0)               //可写成 if(!(i%5))，即 if(!(i%5)  !=0)
        {
            continue;
            printf("i=%d ",i);//这条语句会被执行吗？
        }
        else
        {
            printf("%d\t",i);
```

```
            total++;
            if(total%8==0) printf("\n");
        }
    }
    printf("\ntotal=%d\n",total);
    return  0;
}
```

程序运行结果如图 7.12 所示。

```
e:\program\cprg\demo7_7.exe
101     102     103     104     106     107     108     109
111     112     113     114     116     117     118     119
121     122     123     124     126     127     128     129
131     132     133     134     136     137     138     139
141     142     143     144     146     147     148     149
151     152     153     154     156     157     158     159
161     162     163     164     166     167     168     169
171     172     173     174     176     177     178     179
181     182     183     184     186     187     188     189
191     192     193     194     196     197     198     199

total=80
```

图 7.12　例 7-7 程序运行结果

【程序解析】

关键字 continue 是继续的意思，功能是结束本次循环（即跳过其所在循环的循环体中下面尚未执行的语句），接着准备进入下一次循环。所以，上面的代码中，continue 下面的 printf("i=%d ",i);永远不会被执行。

continue 常与 if...else 语句连用。

> **【目的】**
>
> 演示模运算、计数器、关键字 continue 的作用。
>
> **【思考】**
>
> 绘制本例算法的传统流程图。

7.4　goto　语　句

goto 是一个关键字，其功能是直接跳到指定位置执行，也称无条件跳转。

使用 goto 语句可以实现循环，也可以从循环中跳出来（即强行中止循环）。goto 语句一般会与 if...else 语句配合使用。

goto 语句的语法格式如下：

```
goto 标号;
```

其中的标号，只要是合法的标识符就可以了。

goto 语句

【例 7-8】 使用 goto 语句计算 sum=1+2+…+10 的值。

```
//demo7_8.c
```

```
#include<stdio.h>
#include<stdlib.h>
int  main()
{
    int  i=1, sum=0;
    Mark:  if(i<=10)        //标号后的冒号是必需的
    {
        sum+=i++;
        goto  Mark;         //“无条件”跳转到标号处继续执行
    }
    printf("sum=%d\n",sum);
    return  0;
}
```

【目的】

演示什么是标号以及 goto 的作用。

专家认为 goto 语句随意地改变了程序的结构，因此不提倡使用。

在前面，对于 sum=1+2+3+…+n，分别使用 while、do...while、for、goto 进行了编程实现。由此可见，使用 while、do...while、for、goto 实现的循环结构是可以相互转换的。

7.5 多 重 循 环

所谓多重循环是指一个循环的循环体中还包含着循环，也称循环的嵌套。常见的是二重循环。

多重循环

【例 7-9】求 1+ (1+2) +(1+2+3) +…+(1+2+3+…+20)的值。

【问题分析】

在上面的表达式中，整体上看是 20 个大项的和，需要使用一个循环来实现；每个大项又由若干个小项的和构成，这需要使用一个内嵌的循环来实现。两者共同构成了二重循环。

```
//demo7_9.c
#include<stdio.h>
#include<stdlib.h>
int  main()
{
    int  i, k;
    int  sum=0, subSum;
    for(i=1; i<=20; i++)                  //外层循环，20 个大项
    {
        printf("i=%d\t:",i);              //本语句可去掉，起验证作用
        subSum=0;  //subSum 存储 1+2+3+…+i 的值，代表每大项的和，每次都必须先置为 0
        for(k=1; k<=i; k++)
            subSum+=k;                    //内层循环的循环体，求每个大项的和
```

```
        printf("subSum=%d\n",subSum); //本语句可去掉，起验证作用
        sum+=subSum;
    }
    printf("\nsum=%d\n",sum);
    return  0;
}
```

程序运行结果如图 7.13 所示。

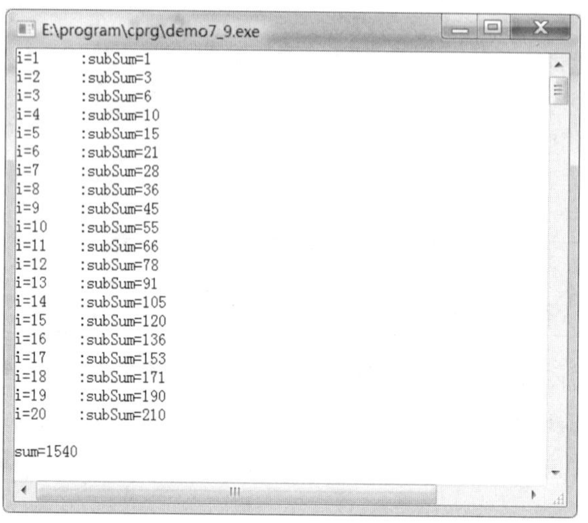

图 7.13　例 7-9 程序运行结果

【程序解析】

执行外层的 for 循环时：

i 取值 1，执行 subSum=0；接下来 k 从 1 取到 i（i=1），多次执行 subSum+=k，这个内层循环体共执行了 i 次（此时 i=1、是 1 次），得到 subSum=1；再执行 sum+=subSum。外层的 for 循环就执行完了第 1 次。

i 取值 2，执行 subSum=0；接下来 k 从 1 取到 i（i=2），多次执行 subSum+=k，这个内层循环体共执行了 i 次，得到 subSum=1+2；再执行 sum+=subSum。外层的 for 循环就执行完了第 2 次。

……

i 取值 20；执行 subSum=0；接下来 k 从 1 取到 i（i=20），多次执行 subSum+=k，这个内层循环体共执行了 i 次，得到 subSum=1+2+…+20；再执行 sum+=subSum。外层的 for 循环就执行完了第 20 次。

i 取值 21，外层循环终止。

输出 sum 的值，执行 return，程序结束。

【目的】

演示二重循环的执行过程。

【思考】

（1）绘制本例算法的传统流程图。

（2）如何使用 while 循环实现本题？

（3）在例 7-9 中，相邻的两大项之间存在关系，如第 1 项是 1，第 2 项是(1+2)、第 3 项是(1+2+3)……由此可以看出：利用当前项的值可以直接计算出下一项的值。因此，程序可以改成一重循环。如何改写呢？绘制本算法的传统流程图。

（4）求 1!+2!+3!+…+20!的值（分别使用二重循环、一重循环实现）。

7.6　循环应用举例

在本节中，将通过实例介绍典型循环结构问题的解答方法。

7.6.1　级数计算

【例 7-10】根据公式：$\frac{\pi}{4}=1-\frac{1}{3}+\frac{1}{5}-\frac{1}{7}+\cdots$ 求 π 的近似值，直到最后一项的绝对值小于 10^{-6} 时为止。

【问题分析】

分析上述表达式的特征：本题的实质是求和，但循环次数不太明确；每项是两个整数的商，分子的值总是 1，分母的值是递增的奇数；每项是正负相间的，但绝对不要使用$(-1)^i$的方式实现，因为这样效率太低。

级数计算

```
//demo7_10.c
#include<stdio.h>
#include<stdlib.h>
int  main()
{
    double  fz=1.0, fm=1;       //为什么要定义成浮点型？
    double  t=1.0;              //t 代表商，目前是表达式的第一项
    double  pi=0.0;
    int  sign=1;                //sign 代表符号位，先假设是正的
    while(t>1e-6)               //也可使用 fabs(t)>1e-6
    {
        pi+=sign*t;
        sign=-sign;             //每次取相反数，实现了正负相间
        fm=fm+2;                //改变分母、为计算下一个商做准备
        t=fz/fm;
    }
    printf("%f\n",4*pi);        //前面求出的是 π/4
    return  0;
}
```

程序运行结果如图 7.14 所示。

```
E:\program\cprg\demo7_10.exe
PI=3.141591
```

图 7.14　例 7-10 程序运行结果

【目的】

演示正负相间数的处理方法，级数计算。

【技巧】

本题的求和表达式中，每项有如下规律：项数 i 为奇数时，对应的项是正的；i 为偶数时，对应的项是负的。所以，可以使用 if(i%2==1) sign=1; else sign=-1;来实现，还可以使用 if((i&1)==0) sign=-1; else sign=1;来实现。因为偶数对应的二进制值的最低位必然是 0。另外，位运算&的优先级比==低，所以要加括号。

【思考】

（1）使用 do...while 循环实现本题。

（2）按技巧中的知识，在实现正负相间的 3 种方法中，哪种效率最高？

7.6.2 枚举计算

【例 7-11】韩信点兵。《孙子算经》上有这样一道题：今有物，不知其数，三三数之，剩二；五五数之，剩三；七七数之，剩二，问物几何？

【问题分析】

这道题的真正意思是：求满足被 3 整除余 2、被 5 整除余 3、被 7 整除余 2 的最小正整数。这种类型的题目，一般使用枚举法来解答。

从 x=1 开始进行试探，判断 x 能否同时满足上面的 3 个条件：如果满足，则找到了符合条件的最小正整数，输出该整数并中止循环；否则，x 自增 1 并继续试探。

枚举计算韩信点兵

```
//demo7_11.c
#include<stdio.h>
#include<stdlib.h>
int  main()
{
    int  x;
    for(x=1;  ; x++)    //for 中的表达式 2 移到了循环体中，则属于无条件循环
        if(x%3==2&&x%5==3&&x%7==2)
        {
            printf("x=%d\n",x);
            break;      //找到了第一个满足条件的整数就中止循环，当然是最小的
        }
    return  0;
}
```

程序运行结果如图 7.15 所示。

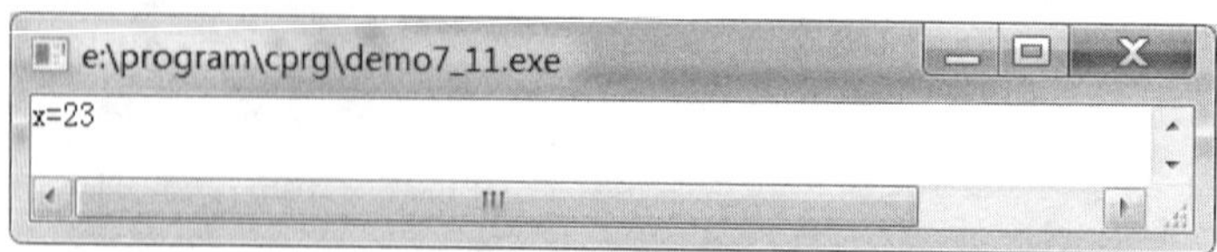

图 7.15　例 7-11 程序运行结果

【目的】

演示循环的执行、表达式的书写、break 的作用。

【思考】

针对例 7-11，在 1～1000 中求满足上述条件的最大整数、所有整数。

【例 7-12】输入一个正整数，求它的所有因子以及因子的总数。

【问题分析】

用[1,x]区间中的每一个整数 i 去试探，看其能否整除 x。如果能，则 i 是 x 的因子；如果不能，则 i 不是 x 的因子。解题方法仍用枚举法。

枚举计算因子

```
//demo7_12.c
#include<stdio.h>
#include<stdlib.h>
int  main()
{
    int  x, i, count=0;
    printf("please input x=");    scanf("%d",&x);
    for(i=1;i<=x;i++)
        if(x%i==0)
        {
            printf("%d\t",i);
            count++;
            if(count%5==0) printf("\n");  //控制每行输出 5 个因子
        }
    printf("\nCount=%d\n",count);
    return  0;
}
```

程序运行结果如图 7.16 所示。

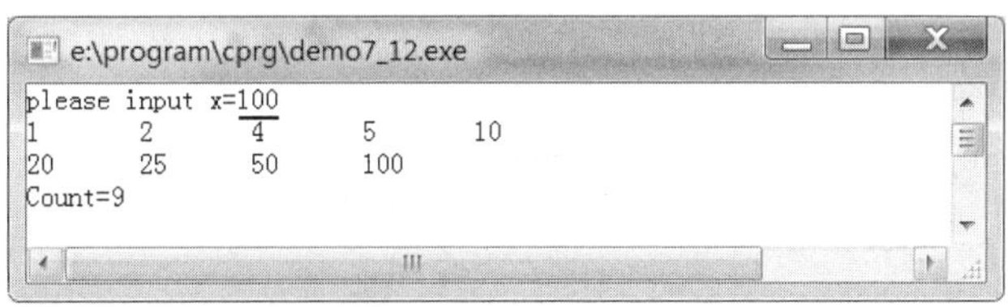

图 7.16　例 7-12 程序运行结果

【目的】

演示模运算、计数器的使用。

【思考】

如何求一个正整数的所有质因子及其个数？

【例 7-13】求礼炮响声。在海军建军节开幕式上，有 A、B、C 三艘军舰要同时鸣放礼炮 21 响。已知 A 军舰每隔 5 s 放一次，B 军舰每隔 6 s 放一次，C 军舰每隔 7 s 放一次。假设各炮手对时间的掌握非常精确，请编程计算观众总共可以听到多少次礼炮声。

枚举计算礼炮响声

【问题分析】

各军舰上礼炮鸣放的开始时刻是相同的，结束时刻是不同的，鸣放过程中 2 艘或 3 艘军舰同时鸣炮的可能性存在，但不能重复计算次数。

可以从数学上集合运算的角度去考虑解决的方法，但实现起来较为困难。

可以这样考虑：一个整数（时间 t）能被 5 整除，就不再考虑它是否能被 6、7 整除，这样就只算一次炮声；同理，一个整数能被 6 整除，就不再考虑它是否能被 7 整除。这个问题可以通过 if、continue 来实现，再结合每门炮鸣炮的终止时间，可编写出下面的程序代码。

```
//demo7_13.c
#include<stdio.h>
#include<stdlib.h>
int  main()
{
    int  count=0;
    int  t, t1=20*5, t2=20*6,t3=20*7; //为什么是 20 倍? t3 是最晚的鸣放时刻
    for(t=0; t<=t3; t++)
    {
        if(t%5==0 && t<=t1)
        {
            count++;continue;   //能被 5 整除，则不需考虑能否被 6、7 整除
        }
        if(t%6==0 && t<=t2)
        {
            count++;continue;   //能被 6 整除，则不需考虑能否被 7 整除
        }
        if(t%7==0 && t<=t3)
        {
            count++;continue;   //这个 continue 可去掉
        }
    }
    printf("count=%d\n",count);
    return  0;
}
```

程序运行结果如图 7.17 所示。

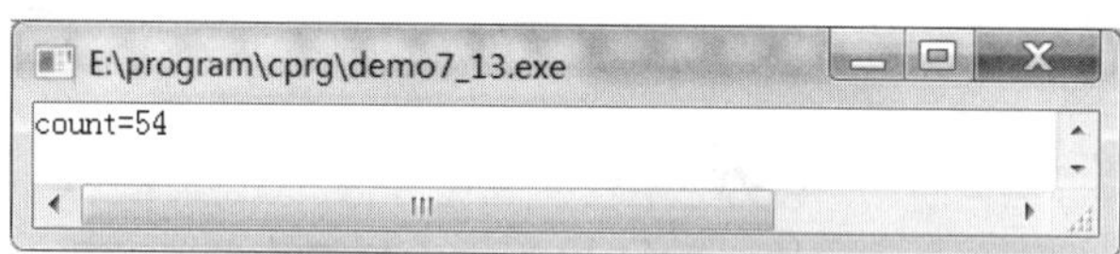

图 7.17　例 7-13 程序运行结果

【程序解析】

程序中 3 条单分支 if 语句的次序是不能颠倒的。否则，结果必然错误。

> **【目的】**
> 演示 continue 的应用、模运算、计数器。

【例 7-14】 鸡兔同笼问题。一个笼子中有鸡兔若干只，数一数总共有 60 只脚，问鸡兔各有多少只？

枚举计算鸡兔同笼

【问题分析】

每只鸡有 2 只脚、每只兔有 4 只脚，根据题意可以列出一个二元一次方程 2i+4j=60。鸡最多可以有 30 只、最少 0 只，兔最多可以有

15 只、最少 0 只。即两个循环变量的初值都可以取值 0，而终值只能取 30、15。

这是数学上的“不定方程”，即未知数的个数大于等式的个数（虽然还有隐含的条件）。这种类型的题目，可以使用多重循环的方式来求解，且一般存在多组解。解法仍属于枚举法。

```
//demo7_14.c
#include<stdio.h>
#include<stdlib.h>
int  main()
{
    int  i, j;
    int  count=0;
    for(i=0; i<=30; i++)
        for(j=0; j<=15; j++)
            if(2*i+4*j==60)
            {
                count++;             //count 是计数器
                printf("第%3d 组解 :\t%d,%d\n",count,i, j);
            }
    printf("---count is %d ---\n",count);
    return  0;
}
```

程序运行结果如图 7.18 所示。

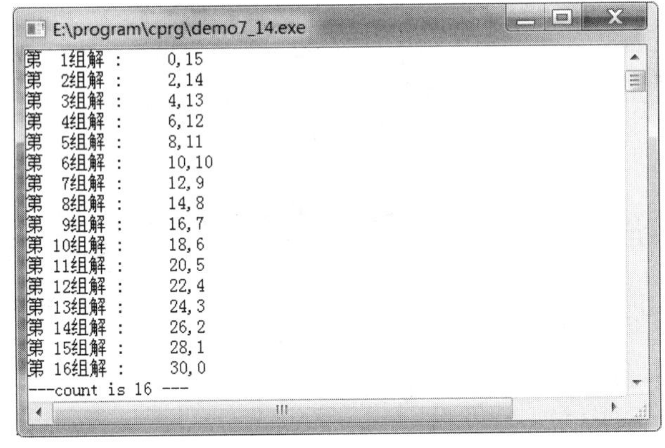

图 7.18　例 7-14 程序运行结果

> **【目的】**
>
> 演示不定方程的解法。
>
> **【思考】**
>
> 换零钱问题。将一张 100 元的钞票换成 1 元、5 元、10 元的小额纸币（每种币值的至少一张），总共有多少种换法？

【例 7-15】推理题。某公安局对涉及一起案件的 6 名嫌疑人进行审问、分析，得出如下结论：

（1）A、B 至少有 1 人作案。

（2）A、E、F 三人中至少有 2 人参与作案。

（3）A、D 不可能是同案犯。

（4）B、C 或同时作案，或与本案无关。

（5）C、D 中有且仅有 1 人作案。

（6）如果 D 没作案，则 E 也不可能参与作案。

枚举计算推理

问究竟哪些人是罪犯。

【问题分析】

6 个人分别用 A、B、C、D、E、F（整型变量）表示；值为 1 表示参与作案、为 0 表示没有作案。6 句话分别用 6 个表达式描述：

```
int  s1,s2,s3,s4,s5,s6;
s1=A||B 或者写成 s1=(A+B>=1)
s2=(A+E+F>=2)                //或者写成什么？
s3=(A&&D)==0                 //或者写成 s3=(A&&!D) || (!A&&D) || (!A&&!D)
s4=(B&&C) ||(!B&&!C)         //或者写成什么？
s5=(C&&!D) || (!C&&D)        //或者写成 s5=(C+D==1)
s6=D || (!D&&!E)             //!D → !E
s1+s2+s3+s4+s5+s6==6
```

方法一：

6 个人对应 6 个变量，每个变量都有两种可能的取值：0 或 1。因此，可以使用六重循环来实现。

```
//demo7_15_1.c
#include<stdio.h>
#include<stdlib.h>
int  main()
{
    int  s1, s2, s3, s4, s5, s6;  //代表 6 句话（表达式）
    int  A, B, C, D, E, F;         //其取值代表 6 个嫌疑人是不是罪犯
    for(A=0;A<=1;A++)
    for(B=0;B<=1;B++)
    for(C=0;C<=1;C++)
    for(D=0;D<=1;D++)
    for(E=0;E<=1;E++)
    for(F=0;F<=1;F++)
    {
        s1=A||B;
        s2=(A+E+F>=2);
        s3=(A&&D)==0 ;
        s4=(B&&C)||(!B&&!C);
        s5=(C&&!D)||(!C&&D);
        s6=D || (!D&&!E);
        if(s1+s2+s3+s4+s5+s6==6)
        {
            if(A==0) printf("A 不是罪犯\n"); else printf("A 是罪犯\n");
            if(B==0) printf("B 不是罪犯\n"); else printf("B 是罪犯\n");
            if(C==0) printf("C 不是罪犯\n"); else printf("C 是罪犯\n");
            if(D==0) printf("D 不是罪犯\n"); else printf("D 是罪犯\n");
            if(E==0) printf("E 不是罪犯\n"); else printf("E 是罪犯\n");
            if(F==0) printf("F 不是罪犯\n"); else printf("F 是罪犯\n");
```

```
        }
    }
    return 0;
}
```

程序运行结果如图 7.19 所示。

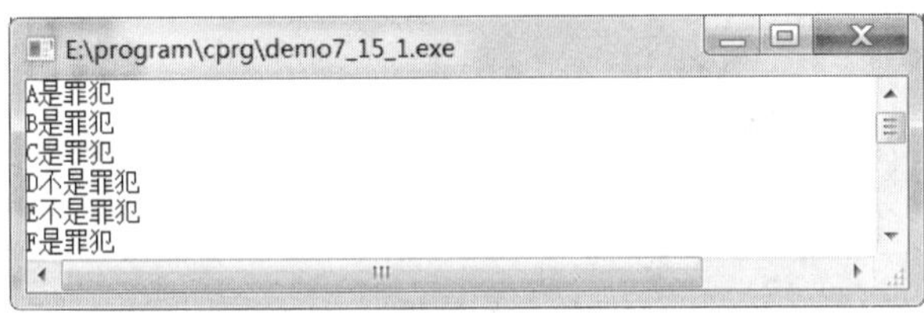

图 7.19 例 7-15 程序运行结果

方法二：

一个二进制位对应一个嫌犯、共需 6 个二进制位，每个二进制位既可以取值 1，也可以取值 0，6 位的二进制其值总共有 2^6 种组合，每种组合构成一个整数。问题演变成了从 2^6 个整数中找出满足条件的一个或多个整数。如何找出这样的整数呢？只需从每个整数中取出相应的二进制位上的值、看看能否同时满足题目给定的所有条件。而问题的关键是如何从一个整数中析出各二进制位上的值，这可以通过位与运算和移位运算来实现。

图 7.20 表示十进制数 i=6 在内存中的二进制形式（某个二进制位的值为 1 代表作案，图中假定 D、E 参与了作案）。

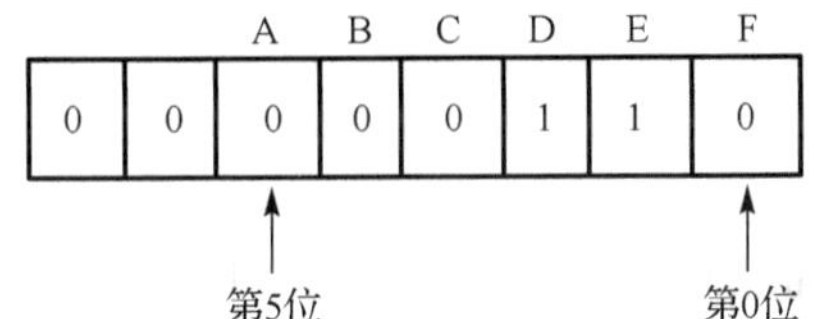

图 7.20 i=6 在内存中的二进制存储形式

若要取出第 2 位上的二进制值，可以使用 (i&4)>>2 得到（或者是(i>>2)&1）。即先将 i 与$(100)_2$进行位与运算，从而仅保留第 2 个二进制位上的值，而屏蔽掉其他所有二进制位的值；再通过移位运算，将第 2 位的值移到第 0 位上。从而完成对第 2 位上二进制的取值。即 0000 0110 & 0000 0100 得到 0000 0100 ，再 0000 0100>>2 得到 0000 0001。

```
//demo7_15_2.c
#include<stdio.h>
#include<stdlib.h>
int main()
{
    int s1, s2, s3, s4, s5, s6;
    int A, B, C, D, E, F;
    int i;
    for(i=0;i<=63;i++)
    {
        A=(i&32)>>5;
        /*或者 A=(i>>5)&1;即将 i 的第 5 位的值右移到第 0 位上再与 1 进行位与运算*/
        B=(i&16)>>4;    //或者 A=(i>>4)&1;
        C=(i&8)>>3;
```

```
            D=(i&4)>>2;
            E=(i&2)>>1;
            F=i&1;
            s1=A||B;
            s2=(A+E+F>=2);
            s3=(A&&D)==0 ;
            s4=(B&&C)||(!B&&!C);
            s5=(C&&!D)||(!C&&D);
            s6=D||(!D&&!E);
            if(s1+s2+s3+s4+s5+s6==6)
            {
                if(A==0) printf("A 不是罪犯\n"); else printf("A 是罪犯\n");
                if(B==0) printf("B 不是罪犯\n"); else printf("B 是罪犯\n");
                if(C==0) printf("C 不是罪犯\n"); else printf("C 是罪犯\n");
                if(D==0) printf("D 不是罪犯\n"); else printf("D 是罪犯\n");
                if(E==0) printf("E 不是罪犯\n"); else printf("E 是罪犯\n");
                if(F==0) printf("F 不是罪犯\n"); else printf("F 是罪犯\n");
            }
        }
        return  0;
    }
```

【目的】

演示如何用计算机求解推理问题。

7.6.3 迭代计算

【例 7-16】斐波那契数列。

意大利著名数学家 Fibonacci（斐波那契）提出这样一个有趣的问题：设有一对新生兔子，称作小兔子，长到第二个月时称作中兔子，长到第三个月称作老兔子，从第三个月开始每对老兔子每个月都生一对小兔子。按此规律，假设每对兔子都不死，一年后共有多少对兔子？

迭代计算

【问题分析】

根据题目描述的意思，手工计算几次，可以得出下面的一组数据，如表 7.1 所示。

表 7.1 每月兔子数目示例

时　间	小兔子数（对）	中兔子数（对）	老兔子数（对）	兔子总数（对）
第 1 个月	1	0	0	1
第 2 个月	0	1	0	1
第 3 个月	0	1	1	2
第 4 个月	1	1	1	3
第 5 个月	2	1	2	5
第 6 个月	3	2	3	8
第 7 个月	5	3	5	13
第 8 个月	8	5	8	21
第 9 个月	13	8	13	34
…	…	…	…	…

每月兔子的数目构成如下数列：

1，1，2，3，5，8，13，21，34，……

根据规律，可得出如下表达式：

$$\begin{cases} f_1 = 1 & (n=1) \\ f_2 = 1 & (n=2) \\ f_n = f_{n-1} + f_{n-2} & (n \geqslant 3) \end{cases}$$

这就是著名的 Fibonacci 数列，可以使用迭代法编程求解。

```
//demo7_16.c
#include<stdio.h>
#include<stdlib.h>
int  main()
{
    int  i;
    int  f1=1, f2=1;
    for(i=1;i<=6;i++)                    //每次输出 2 个数，所以只需循环 6 次
    {
        printf("%8d %8d",f1,f2);
        if(i%2==0) printf("\n");
        f1=f1+f2;
        f2=f2+f1;                        //这两条赋值语句就是迭代
    }
    return  0;
}
```

程序运行结果如图 7.21 所示。

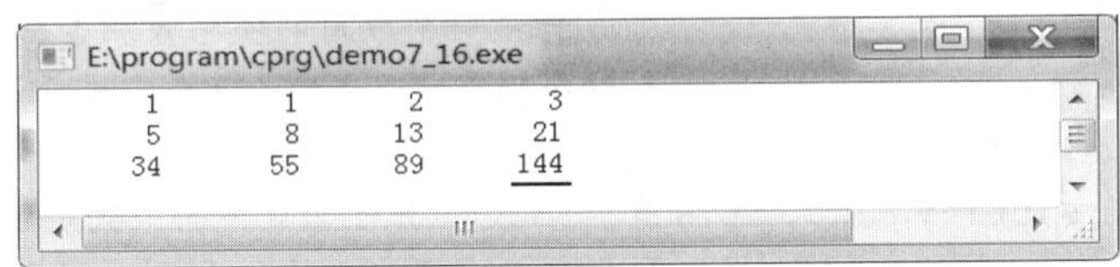

图 7.21　例 7-16 程序运行结果

【目的】

演示如何将实际问题归纳为 Fibonacci 数列，使用迭代的方式进行求解。

【思考】

（1）输出数列的结果时，如果每行输出 1 个数，上面的程序如何修改？

（2）在 i=20、30 时，输出结果是怎样的？你发现了什么？为什么呢？程序如何修改？

（3）假设你现在正在爬楼梯，楼梯有 n 级，每次只能爬 1 级或者 2 级，那么你有多少种方法爬到楼梯的顶部？

7.6.4　特殊图形打印

特殊图形打印

【例 7-17】 打印如图 7.22 所示图形。

对于类似的图形打印（多行多列有规律的图形，如本例中每行上的数字有规律、图形是左对齐，类似的还有居中对齐、右对齐等），解答问题的算法是有规律的。

```
1
1     3
1     3     5
1     3     5     7
1     3     5     7     9
```

图 7.22　需打印的图形

【通用算法】

```
for(  ......  ){                    //外循环控制图形的行数
    for(  ......  )......;          //控制每行上第一个数值前面的空格数
    for(  ......  )......;          //控制每行上数值的个数及其值
    printf("\n");                   //换行
}
```

问题的关键就演变成了找规律，并用表达式描述出来。

需要考虑的具体问题是：每行上数据的个数及其值是多少，它们与行号有什么关系？相邻行之间有什么关系？

```
//demo7_17.c
#include<stdio.h>
#include<stdlib.h>
int  main()
{
    int  i, j, k;
    for(i=1;i<=5;i++)               //共打印 5 行，需要循环 5 次
    {
        for(k=1;k<=8;k++)           //每行第一个数前的空格数相等，都是 8 个
            printf(" ");            //这个循环可改成输出一个空格串 printf("    ");
        for(j=1; j<=i; j++)
            printf("%6d ",2*j-1);        //每行上数字的个数是 i，值是 2*j-1
        printf("\n");               //每行的行尾是回车换行
    }
    return  0;
}
```

【程序解析】

类似题目的关键在于：严格、认真地进行手工演算，从而确定循环变量的初终值、循环体的表达式等。

【目的】

演示使用二重循环打印有规律的图形。

7.6.5　文本菜单设计

文本菜单设计

【例 7-18】使用 goto 语句实现一个文本菜单。

图 7.23、图 7.24 所示为某信息管理系统的主界面和查询功能的子界面。

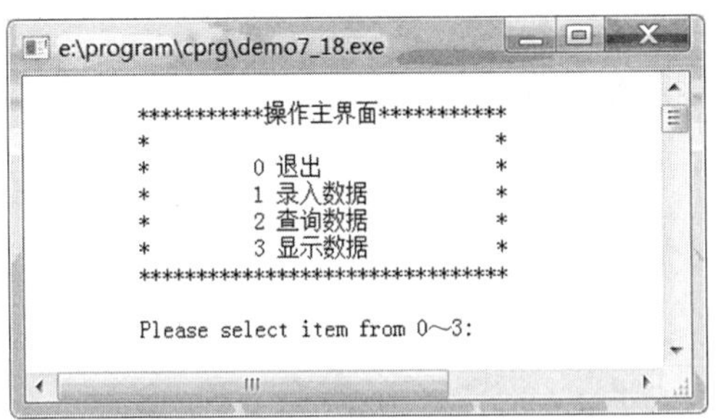

图 7.23　信息管理系统的主界面

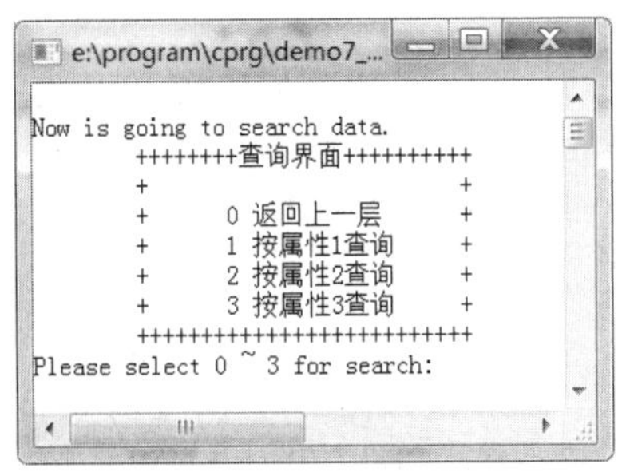

图 7.24　查询功能的子界面

程序的执行流程如图 7.25 所示。

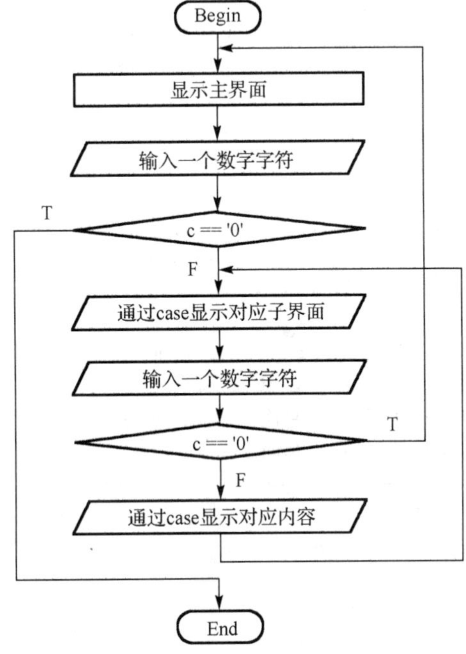

图 7.25　程序执行流程

```
//demo7_18.c
#include<stdio.h>
#include<stdlib.h>
#include<windows.h>
int  main()
{
    char  c;
L0:
    system("cls");          //清除屏幕上显示的信息，简称清屏。cls 是 dos 命令
    system("color  07");    //设置屏幕背景色为黑色 0、前景色为白色 7。color 是 dos 命令
    printf("\n");
    printf("        ***********操作主界面***********\n");
    printf("        *                              *\n");
    printf("        *         0 退出               *\n");
    printf("        *         1 录入数据           *\n");
    printf("        *         2 查询数据           *\n");
    printf("        *         3 显示数据           *\n");
```

```
    printf("        *********************************\n\n");
    printf("        Please select item from 0～3:  ");
    c=getchar();   fflush(stdin);
    switch(c)
    {
        case '0': goto  LX;
        case '1': goto  L1;
        case '2': goto  L2;
        case '3': goto  L3;
        default: goto  L0;
    }
L1: system("cls");
    printf("\nNow is going to input data.please waiting...\n");
    Sleep(2000);            //延时（或睡眠）2000ms，注意这个函数的首字母
    printf("Input data finished.\n"); //模拟数据录入结束
    Sleep(3000);            //该函数位于头文件 windows.h 中
    system("cls");
    goto  L0;
L2: system("cls");
    system("color  0A");   //设置背景色为黑色 0、前景色为绿色 A
    printf("\nNow is going to search data.\n");
    printf("\t++++++++查询界面++++++++++\n");
    printf("\t+                         +\n");
    printf("\t+      0 返回上一层       +\n");
    printf("\t+      1 按属性 1 查询     +\n");
    printf("\t+      2 按属性 2 查询     +\n");
    printf("\t+      3 按属性 3 查询     +\n");
    printf("\t+++++++++++++++++++++++++++\n");
    printf("Please select 0 ～ 3 for search:  ");
    c=getchar();   fflush(stdin);
    system("cls");
    switch(c)
    {
        case '1':  printf("Now is gonting to search with Item1.\n");
                   Sleep(2000);
                   printf("Search with Item1 finished.\n");
                   Sleep(3000);
                   goto  L2;
        case '2':  printf("Now is gonting to search with Item2.\n");
                   Sleep(2000);
                   printf("Search with Item2 finished.\n");
                   Sleep(3000);
                   goto  L2;
        case '3':  printf("Now is gonting to search with Item3.\n");
                   Sleep(2000);
                   printf("Search with Item3 finished.\n");
                   Sleep(3000);
                   goto  L2;
        case '0': goto  L0;
        default : goto  L2;
    }
```

```
L3:
    system("cls");
    printf("Now is going to display data...\n");
    Sleep(2000);
    printf("Display data finished.\n");
    Sleep(3000);
    goto  L0;
LX: exit(0);
    return  0;
}
```

【程序解析】

本例可以先运行程序观察其执行效果，再考虑程序的设计思路。

程序主要是通过 goto 语句实现进入循环、跳出循环的功能。

使用了系统函数 system( )，其参数必须用双引号括起来，是一些 DOS 命令。DOS 命令 cls 实现清屏，color 实现设置屏幕颜色的功能。在命令提示符窗口直接输入 cls/?、color/?，可了解该命令的使用方法。DOS 命令不区分字母的大小写。

使用了头文件 windows.h 中的 Sleep( )函数，其功能是暂停指定的毫秒后，程序继续执行。注意 Sleep 的拼写。

exit( )函数的功能是结束当前的程序，用整数 0 做参数代表正常退出。

大多数的专家认为 goto 破坏了程序的结构（因为能实现任意的跳转），不提倡使用它。但是，在某些情况下，使用 goto 实现循环要比用其他方式实现的循环看起来更直观、清晰。

【目的】

为实现文本菜单的设计提供了一个范例。

【思考】

使用 while 语句和 switch...case 语句配合实现例 7-18 的功能。

习　　题

一、选择题

1. 以下程序段执行后的输出结果是________。

```
int  i=1,sum=0;
while(i<=5) { i++;        sum+=i; }
printf("%d, %d",i,sum);
```

A. 5,15　　B. 6,15　　C. 5,21　　D. 6,20

2. 以下程序段执行后，输出结果是________。

```
int  i=5;
while(i>1){i--;  printf("%d",i);}
```

A. 5432　　B. 4321　　C. 432　　D. 543

3. 以下程序段中，循环体的执行次数是________。

```
int  i=-1;                //若 i=10000;呢?
```

```
while(i!=0) i++;      //可合并成 while(i++);
```

A. 无限次　　B. 有限次　　C. 0 次　　D. 1 次

4. 以下程序段执行时，如果从键盘上输入 A1B2C3d4e5f6，则输出结果是________。

```
int  ch;
while((ch=getchar())!='\n')     //while 中输入再赋值一定要加括号，最后才是比较
{   if(ch>='A' && ch<='Z')        { ch=ch+32; printf("%c",ch); }
    else if(ch>='a' && ch<='z')  { ch=ch-32; printf("%c",ch); }
}
```

A. ABCDEF　　B. abcDEF　　C. abcdef　　D. ABCdef

5. 以下程序段，执行后的输出结果是________。

```
int i=1,sum=0;
while(1){
    sum+=i++;
    if(sum>8) break;
}
printf("%d",i);
```

A. 有编译错误　　B. 4　　C. 5　　D. 6

6. 以下程序段，循环体的执行次数是________。

```
int  count=0, i=1;
while(i<10)
{
    count++;
    if(i==5) break;
    if(i>=3) { i++; continue; }
    i+=2;
}
printf("count=%d",count);
```

A. 2　　B. 3　　C. 4　　D. 5

7. 以下叙述正确的是________。

A. do...while 语句构成的循环，不能用其他格式的循环代替

B. do...while 语句构成的循环，只能用 break 语句退出

C. 用 do...while 语句构成的循环，在 while 后的表达式为非零时结束循环

D. 用 do...while 语句构成的循环，在 while 后的表达式为零时结束循环

8. 以下程序段执行后，输出结果是________。

```
int  a=10,y=0;
do{
    a+=2;   y+=a;
    printf("a=%d\ty=%d\n",a,y);
    if(y>20)   break;
}while(a=16);      //看清循环条件
```

A. a=12　y=12
   a=16　y=16
   a=16　y=20
   a=18　y=26

B. a=12　y=12
   a=16　y=28

C. a=12 y=12
a=18 y=30
a=16 y=48

D. a=12 y=12
a=18 y=30

9. 以下程序段执行后，输出结果是________。

```
int  i=6;
do printf("%d ",i-=2);  while(!(--i)); //循环条件等价于?
```

A. 3　　B. 4　　C. 0　　D. -1

10. 以下程序段，循环体的执行次数是________。

```
int  i, j;
for(i=0, j=10;i<j ;i++, j--)     printf("%d\n",i );
```

A. 4　　B. 5　　C. 6　　D. 7

11. 对于下面的语句，循环体的执行次数是________。

```
int  x,y;  for(x=0,y=0;(y=8)&&(x<5);x++)printf("%c",'A'+x);
```

A 无限次　　B. 不确定　　C. 5次　　D. 6次

12. 下列语句中，能正确输出10个不同数字字符的是________。

A. for(c='0';c<='9';printf("%c",++c));

B. for(c='0';c<='9';) printf("%c",c);

C. for(c='0';c<='9';printf("%c",c++));

D. for(c='0';c<='9';printf("%c",c));

13. 以下程序段，执行后的输出结果是________。

```
int  i=1,sum=0;
for(;i<10;){   sum+=i; i+=2;   }
printf("%d\n",sum);
```

A. 35　　B. 25　　C. 36　　D. 24

14. 以下程序段，执行后的输出结果是________。

```
int  i=1,j=1,sum=0,t;
for(;i<5;i++){
   t=0;
   for(j=1;j<=i;j++)  t+=j;
   sum+=t;
}
printf("sum=%d\n",sum);
```

A. 60　　B. 35　　C. 40　　D. 20

15. 以下程序段，执行后的输出结果是________。

```
int  i,n=0;
for(i=1;i<5;i++){
    do{
        if(i%3) continue;
        n++;
    }while(! i);
    n++;
}
printf("%d\n",n);
```

A. 4　　B. 5　　C. 6　　D. 7

二、填空题

1. 以下程序段是根据公式求 π 的近似值。

$$\frac{\pi^2}{6}=1+\frac{1}{2\times2}+\frac{1}{3\times3}+\cdots+\frac{1}{n\times n}$$

```
double  s=0.0, n=1.0e4;
double  i=1;
while(i<n) { s=s+________; ________; }
printf("PI=%f\n", ________);
```

2. 下面程序段的功能是：输出 200 以内能被 3 整除且个位数为 4 的所有整数。请补全代码。

```
int  x=0;
while(x<_____ )
{
    if(________) printf("%d\n",x);
    ________;
}
```

3. 以下程序段执行后，输出结果是________。

```
int  x=3,y=1;
while(y<=6)
{   if(x>=10)  break;
    if(x%2==0){  x+=5;  continue;  }
    x-=3;
    y++;
}
printf("%d,%d",x,y);
```

4. 以下程序段执行后，输出结果是________。

```
int    a=1,x=0;
while(!(a++>3))
{   switch(a)
    {   case  1: x++;
        case  2: x+=2;break;
        case  3: x+=3;
        case  4 :x-=4;
    }
}
printf("a=%d,x=%d\n",a,x);
```

5. 以下程序段的功能是：从键盘输入若干个整数，当输入负数时结束输入，求最大值、最小值。

```
int  x,max,min;
scanf("%d",&x);
max=min=________ ;
do{
    if(x>max) max=x;
    if(x<min) ________;
    scanf("%d",&x);
} while(________);
```

```
printf("max=%d,min=%d",max,min);
```

6. 以下程序段执行后，输出结果是________。

```
int  i,sum=0;
for( ; i<10;sum++)    sum+=i;
printf("%d\n",sum);
```

7. 以下程序段执行后，输出结果是________。

```
int    a=0,i;
for(i=1;i<5;i++)
{
switch( i )
   {   case 0: a++;
       case 3: a+=2;
       case 1:
       case 2: a+=3;
       default:a+=5;
   }
}
printf("%d\n",a);
```

8. 以下程序段执行后，输出结果是________。

```
int  i=0, j,m=0,n=0;
for(; i<5;i++)
   for( j=0; j<5; j++)
   {
       if( j>=i)  m++;
       n++;
   }
printf("%d,%d\n",m,n);
```

9. 以下程序段执行后，输出结果是________。

```
int i,j, sum=0;
for(i=1;i<=5;i++)
   for(j=1;j<=i;j++) sum+=j;
printf("sum=%d\n",sum);
```

10. 以下程序段执行后，输出结果是________。

```
int i=0,a=0;
while(i<20)
{
   for(; ;)
       if((i%10)==0) break;
       else  i--;
   i+=11;
   a+=i;
}
printf("%d\n",a);
```

三、编程题

1. 编程计算 $n!=1\times2\times3\times\cdots\times n$（考虑并观察 n=0，10，100 时的输出结果）。

2. 一张纸的厚度是 0.1 mm，珠穆朗玛峰的高度是 8848.31 m，假如纸张足够大，将纸对折多少次后可以超过珠穆朗玛峰的高度？

3. 求水仙花数及个数。所谓水仙花数是指一个三位整数，它的各位数字的立方和恰好等于它自身。

4. 根据 $s=1+1/2+1/3+\cdots+1/i$，求当 s 最接近于 8.0 时的 i。

5. 输入 x、利用公式 $\sin(x)=x-x^3/3!+x^5/5!-x^7/7!+\cdots$ 计算 $\sin(x)$的值，直到其最后一项的绝对值小于 10^{-6} 时为止。（输入使用度做单位，计算时转换成弧度，以便于验证正确性）

6. 求 1000 以内的所有素数，并按每行 5 个的格式输出。

7. 已知 $xyz+yzz=532$。其中，x、y、z 都是一个整数数字，编程计算 x、y、z 的可能组合。

8. 四位同学中有一人做了好人好事：A 说不是我；B 说是 C；C 说是 D；D 说 C 胡说。已知有 3 个人说真话，一个人说假话。究竟是谁做了好人好事？

9. 一个旅游团由男人、女人和小孩共 20 人组成，到一家自助餐厅吃饭共花费 500 元。店家规定每个男人需花费 30 元、女人花费 20 元、小孩花费 15 元。请编程计算这个旅游团成员的可能组合。

10. 分别打印如下 5 种样式的图案。

```
0
01
012
0123
```

```
   0
  12
 345
6789
```

```
   0
  012
 01234
0123456
```

```
***************
*             *
*             *
*             *
***************
```

```
   *
  * *
 *   *
*     *
 *   *
  * *
   *
```

第8章　数　　组

📖学习目标

（1）熟练掌握数组的定义、基本操作；

（2）掌握字符数组与字符串的差别；

（3）逐步掌握与数组相关的常用算法。

📖知识点导图

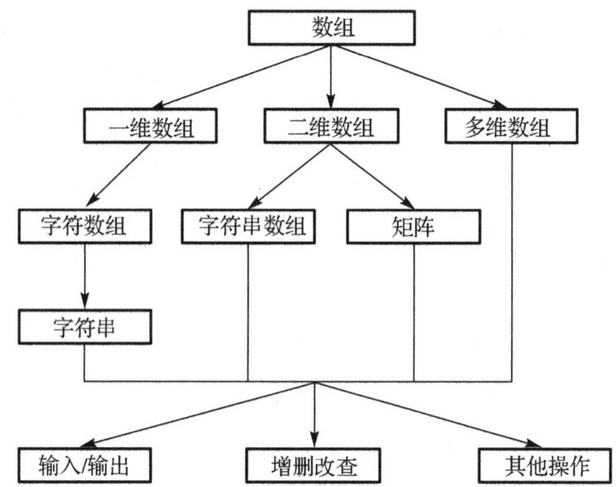

📖难点提示

（1）一维数组的应用及相关算法；

（2）二维数组的理解及应用。

在前面各章中，所涉及和处理的数据都比较简单，用C语言的基本类型（整型、浮点型、字符型）就可以清晰地对它们进行描述。但在实际应用中，需要处理的数据往往是复杂多样的：一方面，需要处理的数据量可能很大；另一方面，数据与数据之间可能存在一定的关系。用单一类型的、数量有限的几个变量来描述这些数据显得不恰当，也难以反映出数据之间的关系。

C 语言允许用户利用已有的数据类型来自定义新的数据类型——由若干基本数据类型按照一定的规则进行重组可构成复杂数据类型，即构造类型（或称组合类型），如数组类型、结构体类型、共用体类型等。构造类型的引入，使得 C 语言具有更强的描述现实世界复杂数据对象的能力，为解决更复杂的问题、设计更复杂的程序提供了更有效的技术支持。

数组是由相同类型的数据组成的序列，是一个有序集合，用统一的名称来标识，序列中的每一个数据称为数组的一个元素，数组元素通过其所在的位置序号（称为数组的下标）来区分。通过数组名和下标，就可以用统一的方式来访问数组中的每个元素。C 语言规定：数组元素的最小下标是 0。

根据数组中下标的个数（维数），数组可分为一维数组、二维数组、多维数组等；根据数组元素类型的不同，数组可分为字符数组、整型数组、浮点型数组、结构体数组等。

8.1 一维数组的概念

一维数组的声明

8.1.1 一维数组的声明

一维数组声明的一般格式如下：

```
类型名 数组变量名[ 整型常量表达式 ];
```

其中的[ ]表示这个变量是数组，“方括号”是数组的标识；方括号内的数值必须是整型常量或整型常量组成的表达式，这个值代表数组的容量，即最多可以容纳的元素个数，这个值绝对不能为非正整数（即不能小于等于 0）、绝对不能是变量或变量组成的表达式。

一个数组声明之后，必须能明确其元素的类型、名称和个数。例如：

```
#define  LEN  9
int  arr[ LEN+1 ];
```

表示声明了一个类型是整型、名称为 arr、容量是 10 的数组。

这个数组的 10 个元素依次是 arr[0]、arr[1]、arr[2]、…、arr[9]，目前这 10 个元素没有确定的值（因为还没有对它们赋值）。

一维数组的定义包含两个操作：一是声明数组、二是对数组元素赋初值。其中，声明仅是指定数组元素的类型、名称和数组的最多元素个数（即数组的容量）。

数组的定义有两种方式：

一是先声明后赋值。

对于前面的例子：

```
#define  LEN  9
int  arr[ Len+1 ];
```

如果仅声明了数组，那么以后就只能一个一个地赋值了。

对于上面的整型数组 arr，由于仅进行了声明，没有对其元素赋初值，接下来就只能使用类似下面的方式进行赋值：

```
arr[0]=0; arr[1]=1; arr[2]=2; arr[4]=4;arr[5]=5;arr[6]=100;arr[7]=200;
```

这样，声明和赋值是分两步进行的；其中的 arr[3]、arr[8]、arr[9]没有赋值，它们的值仍是任意的、不确定的。

二是声明的同时指定值，或者声明并初始化，即定义。有下面几种形式：

（1）在声明的同时指定所有元素的值。例如：

```
int a[6]={1,3,7,2,0,8};
```

此时，容量可以省略。因为通过实际值的个数可以确定其容量，如 int　a[ ]={1,3,7,2,0,8};。

（2）在声明的同时只指定部分元素的值。

若在声明的同时只指定部分元素的值，则数组的容量绝对不能省略。例如：

```
int  b[6]={1,3,7,2};
```

表明数组的容量是 6，仅指定了前 4 个元素的值；还有 2 个元素，默认值（或称缺省值）是 0。在这种情况下，只能缺省最后几个元素的值。若写成：

```
int  c[ ]={1,3,7,2};
```

则属于（1）的情况，是根据元素个数推导数组的容量。

（3）可以在声明的同时缺省所有元素的值。例如：

```
int  d[6]={  };
```

这种写法表明数组的容量是 6，所有元素都取默认值 0。其中，一对大括号是绝对不能省略的。因为若缺少大括号和赋值号则属于数组声明。

把数组的类型、名称、容量、实际元素个数及元素值称为数组的四要素。数组的声明必须能确定前三要素，数组的定义必须能完整地体现出四要素。

8.1.2　一维数组的地址

一维数组的地址

数组是一种静态的顺序存储结构。在内存中，数组的元素是按下标由小到大依次存储的。

数组名代表数组的首地址（即开始地址），且数组一经声明，这个地址就确定下来，不能改变（相当于一个地址常量）；根据首地址、类型、下标可以计算出该数组中任意一个元素的存储地址。

例如，有 int　d[6]={1,3,7,2}; 则&d[i]= &d[0] + i * sizeof(int)。其中，&d[0]等于 d、&是取地址运算符、&d[i]表示元素 d[i]的存储地址。数组 d 在内存中的存储示意图如图 8.1 所示。

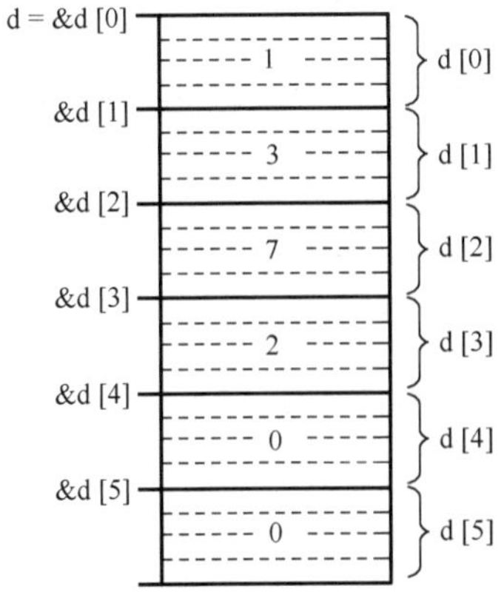

图 8.1　一维数组 d 的内存存储示意图

若数组 d 的首地址是 0x100200H（十六进制值），若每个数组元素（整型）占 4 个字节，那么：

d[0]元素的存储地址就是 0x100200H；

d[1]元素的存储地址就是 0x100204H；

d[2]元素的存储地址就是 0x100208H；

d[3]元素的存储地址就是 0x10020CH；

……

在实际应用中，将&d[i]= &d[0] + i * sizeof(int)常简写成&d[i]= &d[0] + i，后面的 i 必然是带单位的，即 i 是指 i 个整型量所占存储空间的字节数（因为存储单元是按字节编址的）。

8.1.3 一维数组的访问

一维数组的访问

一般来说，数组元素只能一个一个地单独访问，不能整体访问。因此，常借助循环对数组元素进行相关操作。

【例 8-1】一维数组的声明、赋值及访问。

```
//demo8_1.c
#include<stdio.h>
#include<stdlib.h>
int  main()
{
    int  i;
    int  a[5], b[5];          //声明了两个数组变量，未赋值、此时值不确定
    //a[5]={1,3,5,7,9};       //error
    //a ={1,3,5,7,9};         //error，因为声明与赋值分开了，整体赋值就是错误的
    a[0]=1, a[1]=3, a[4]=5; //right，但 a[2]、a[3]此时仍没值
    printf("please input 5 digit for array of a:");
    for(i=0; i<5; i++) scanf("%d",&a[i]);     //right。使用循环、一个个单独
                                                //输入来获取值
    //b=a;       //error，数组名代表数组的首地址，相当于一个整型常量，不能修改
    //&b[1]=&a[3];            //error，变量的存储地址也不能修改
    b[1]=a[3];                //right，在 a[3]已有值的前提下，可赋值给其他元素
    printf("a 数组的首地址是：%d\n",a);
    for(i=0; i<5; i++) printf("a[%d]的存储地址是%d ,值是%d\n",i,&a[i],a[i]);
    printf("\n\nValue array of b:\n");
    for(i=0; i<5; i++) printf("%d\t ",b[i]); //除 b[1]外，其他都是任意值
    printf("\nValue array of a:\n");
    for(i=0; i<=5; i++)    printf("%d\t",a[i]);
    /*因为数组 a 的容量是 5，因而数组 a 的下标只能是 0～4。当 i 取 5 时，虽然程序编译
      没有报错，但已属于数组下标越界错误
    */
    printf("\n");
    return  0;
}
```

程序运行结果如图 8.2 所示。

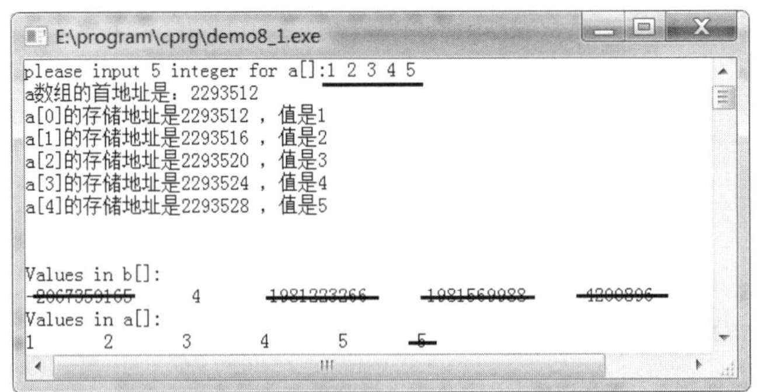

图 8.2　例 8-1 程序运行结果

> **【目的】**
>
> 演示数组的声明、数组元素的赋值、访问、输出。
>
> **【思考】**
>
> 使用一维数组，输入并存储 10 名学生的体重，计算体重的平均值，统计高于平均值的人数。

8.1.4　一维数组的基本操作

数组的基本操作主要包括对数组增加元素、删除元素、修改指定元素的值、遍历数组、查找指定值的元素等。其中，增删改属于动态操作（即数组的元素个数或值发生了变化）。遍历和查找属于静态操作。

【例 8-2】 在数组的指定下标处插入一个元素。

一维数组的基本操作

【算法描述】

首先需要判断是否有足够的空间存放新元素，即原数组是否满；再考虑指定的下标是否合法（过大过小都是错误的）；接下来需要将数组尾到该插入位置之间的所有元素依次向后移动一个位置（注意方向、以免发生覆盖），以空出一个位置供存放待插入的元素；再将新元素赋值到指定的下标处；最后输出数组中的所有元素（注意：插入操作完成后，数组的实际元素个数要加一）。

```
//demo8_2.c
#include<stdio.h>
#include<stdlib.h>
int main()
{
    int a[10]={1,3,5,6,4,8,2},length=7, x;
    int i,k;
    printf("input x,k:"); scanf("%d%d",&x,&k);  fflush(stdin);
    if(k>length || k<0 || length>=10)
    {   //输入的 k 值不合法、数组已满则不能进行插入操作
        printf("k is invalid or overflow!\n");
        return  -1;
    }
    else                        //上面加了 return，则此处的 else 可省略
    {   //k 值合法，可以进行插入操作
```

```
        for(i=length-1;i>=k;i--)  a[i+1]=a[i];  //后移
        a[i+1]=x;
        printf("new array is:");  for(i=0;i<length+1;i++)
        printf("%d,",a[i]);
        printf("\n");
    }
    return  0;
}
```

程序运行结果如图 8.3 所示。

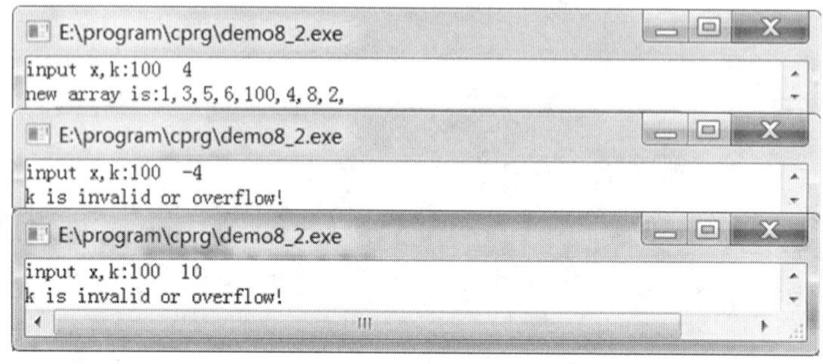

图 8.3　例 8-2 程序运行结果

【程序解析】

使用下面的表格描述在下标为 4 的元素之前插入 100 时，循环移动若干元素的示意图。

下标	初值	移动 2	移动 8	移动 4	终值
0	1	1	1	1	1
1	3	3	3	3	3
2	5	5	5	5	5
3	6	6	6	6	6
4	4	4	4	4↓	100
5	8	8	8↓	4	4
6	5	2↓	8	8	8
7		2	2	2	2

操作过程中，需要注意相关元素移动的方向：先将最后一个元素向后移动一个位置、以便“空出”该元素原来占据的位置，再移动倒数第二个元素、以便“空出”该元素原来占据的位置，……目的在于防止发生覆盖。

【注意】

本例中，在设计算法时应考虑 k 值的合法性。

【目的】

演示一维数组的插入操作。

【思考】

（1）从数组中删除指定下标或值的元素。

（2）从数组中删除指定下标范围内的多个元素。

（3）删除一个非递减序列中值相同的元素（重复值仅保留一份）。

【例 8-3】求一个正整数的所有因子。

【问题分析】

本例的算法与例 7-12 一致，难点在于如何确定数组的适当容量和计数因子的个数，且后者更重要（即数组中实际元素的个数）。因为因子的个数只能在试探的过程中根据模运算的状态来递增，且只能在试探完毕后才能确定实际因子的个数和各个因子的值。

数组存储因子

```
// demo8_3.c
#include<stdio.h>
#include<stdlib.h>
int  main()
{
    int  factor[100],x,i, count=0;
                                    //count 是计数器，也是目标数组实际元素的个数
    printf("input  x=");    scanf("%d",&x);
    for(i=1; i<=x; i++)    if(x%i==0)  factor[count++]=i;
    for(i=0; i<count; i++)
    {
        if(i%8==0) printf("\n");  //每行输出 8 个因子
        printf("%d\t",factor[i]);
    }
    printf("\nCount=%d\n",count);
    return  0;
}
```

程序运行结果如图 8.4 所示。

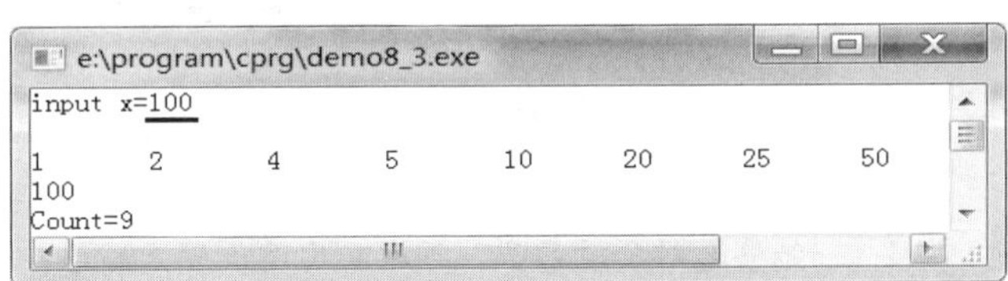

图 8.4　例 8-3 程序运行结果

【程序解析】

在 for(i=1; i<=x; i++)　if(x%i==0)　factor[count++]=i;语句中，count 起到了两方面的作用：它既代表当前因子的下标，也代表数组当前实际元素的个数，既作为下标又作为计数器。

【目的】

演示数组元素的赋值和计数。

【思考】

从这道题拓展到“求一个正整数的所有质因子”，如何实现？

该问题有两种解答方法：

一是判断得到的因子是不是素数。

二是在得到一个质因子后，就将被除数缩小到此时的商，且继续用这个质因子进行试探，即通过循环把该质因子的所有倍数都从这个整数中剔除；然后才能使用下一个整数进行试探。

例如，对于 100 这个整数：

100%2，等于 0、是质因子（需做标记），商是 50。继续对这个质因子进行模运算。

50%2，等于 0、是质因子（已标记），商是 25。继续对这个质因子进行模运算。

25%2，不等于 0、不是质因子。此时除数增加 1，得除数 3，用 3 进行试探。

25%3，不等于 0、不是质因子。此时除数增加 1、得除数 4，用 4 进行试探（实际上不需要）。

25%4，不等于 0、不是质因子。此时除数增加 1、得除数 5，用 5 进行试探。

25%5，等于 0、是质因子（需做标记），商是 5。继续这个质因子进行模运算。

5%5，等于 0，是质因子（已标记），商是 1，可以停止。

所以，100 的质因子有 2、5。

这种解答方式涉及的知识不仅包括模运算、因子、计数器，还包括质因子的概念、技巧等。虽然算法难度增加，但与判断因子是否是素数的算法相比，效率显著提高。

根据上述实例，得到更一般化的算法的描述：以 i=2 作为最小的除数开始进行模运算，若能整除，则继续以 i 为除数进行模运算（此时需用商做新的被除数），直到被除数不含 i 的倍数为止，且仅保留一份这时的除数 i（这点很重要且是难点）；若不能整除，则除数 i 自增 1，再用新的 i 重复前面的步骤，直到可用来进行模运算的 i 都试探过为止。

按照上述算法思想，写出了下面 3 种大同小异的代码：

```
//假定第一个因子为 1，它当然不是质因子、是为了方便而设置的
int x,factor[100]={1},len=1;      //①
printf("input x="); scanf("%d",&x);
int i=2;
while(i<=x){
    if(x%i==0){     //能整除则是质因子，再判断质因子 i 是否已存储
        if(factor[len-1]!=i)        //② i 不在数组中，则 i 是新质因子
            factor[len++]=i;        //③
        x/=i;       //商做新的 x，这个操作很关键
    }
    else i++;                       //④ 不能整除则 i 自增 1
}
//输出时，忽略下标 0 处的因子 1
for(i=1;i<len;i++)                  //⑤
    printf("%d\t", factor [i]);
```

第一种方式（即上面的这十多行代码）是“存储了 1 这个虚假的质因子”。

第二种方式是“不存储 1 这个虚假的质因子”，对上述代码只需做几处修改即可：

将注释①前的语句修改成 int x,factor[100],len=0;

将注释②前的语句修改成 if(len==0 || factor[len-1]!=i)

将注释⑤前的语句修改成 for(i=0;i<len;i++)

上面的 if 语句中，len==0 || factor[len-1]!=i，这个逻辑表达式的次序不能颠倒，因为存在短路现象；否则，算法就存在 Bug。

第三种方式则是使用标记来判断质因子是否重复，与方式一对照，需做如下修改：

将注释①前的语句修改成 int x,factor[100],len=0,flag=0;

将注释②前的语句修改成 if(flag==0 || factor[len-1]!=i)

将注释③前的语句修改成{factor[len++]=i; flag=1; }

将注释④前的语句修改成{i++; flag=0; }

将注释⑤前的语句修改成 for(i=0;i<len;i++)

同样，上面的 len==0 || factor[len-1]!=i，这个逻辑表达式的次序也不能颠倒。

上面是同一算法的 3 种实现方式，虽然具体语句有一些差别，但本质是一致的。另外，本题的技巧性也很强。

【例 8-4】在数组中查找等于指定值的元素。

【问题分析】

查找的方向有两种：一是从头到尾进行查找；二是从尾到头进行查找。这两种方式循环变量的初值、终值正好相反。但不论选择哪个方向，都是逐个进行比较，即两者的本质是一致的；查找的结果有两种取值：一是找到了，输出真实下标，称为查找成功；二是未找到，输出-1，称为查找不成功。这种依序逐个进行比较、查找的方式称为顺序查找。

```
// demo8_4.c
#include<stdio.h>
#include<stdlib.h>
int  main()
{
    int a[10]={1,3,5,9,7,8,5,4,1,0},x;
    int i,found=-1;        //found=-1 事先假设未找到
    printf("input x=");scanf("%d",&x);fflush(stdin);
    for(i=0;i<10;i++)
        if(a[i]==x){found=i;break;}
    printf("found=%d\n",found);
    return  0;
}
```

顺序查找

程序运行结果如图 8.5 所示。

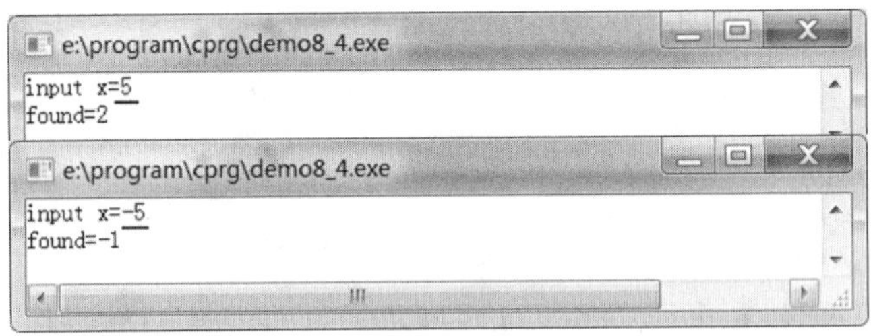

图 8.5 例 8-4 程序运行结果

【目的】

演示数组的顺序查找。

【思考】

（1）查找指定元素在一个数组中是否出现多次，存储并返回它们的下标。

（2）如何在一个有序数组中实现查找操作（有序数组既可以使用顺序查找，也可以使用高效的查找算法，如折半查找）。

8.2　一维数组应用举例

集合运算

8.2.1　集合运算

通常，使用数组来存储集合的元素，即用数组模拟集合。那么如何实现集合的并、交、差等运算？下面通过实例进行说明。

【例 8-5】实现两个集合的交集运算。

为了简化算法，仅考虑两个集合中的元素均递增排列的情况。

【问题分析】

集合的并、交、差运算，是根据给定的两个集合，求出第三个集合。刚开始时，结果集合中的元素值、元素个数都是未知的，随着运算的进行，其元素个数逐渐增加。所以，算法的关键在于如何比较元素、如何确定结果数组中元素的值及个数。

【通用算法】

第一步，已知两个源数组 a、b（假定两数组的元素均递增排列），声明目标数组 result。设置 3 个整型变量 i、j、len（计数器），开始时 i=j=len=0，i、j 分别指向两个源数组的第一个元素，len=0 表示目标数组当前的元素个数。

第二步，把当前的 a[i]与 b[j]进行比较，两者必然存在如下 3 种关系之一：

若 a[i]小于 b[j]，则决定 i、j、result[len]、len 如何变化。

若 a[i]等于 b[j]，则决定 i、j、result[len]、len 如何变化。

若 a[i]大于 b[j]，则决定 i、j、result[len]、len 如何变化。

上述 3 个关系必须使用 if...else 的嵌套实现，各子句决定着 i、j 何时增加 1、将当前的 a[i]还是 b[j]赋值给 result[len]、len 增加 1 等。

重复第二步，直到数组 a 或者 b 处理完为止。

最后，输出数组 result 的所有元素。

```
//demo8_5.c
#include<stdio.h>
#include<stdlib.h>
int  main()
{
    int  a[10]={1,2,4,6,7,8,9,11,12,13}; int  lenA=10;
    int  b[8]={2,3,4,5,6,8,12,14}; int  lenB=8;
    int  result[10];            //result 的容量必须足够大
    int  i=0, j=0, len=0;
    while(i<lenA&& j<lenB)
    {
        if(a[i]<b[ j]) i++;
        else if(a[i]>b[ j]) j++;
        else   //必须使用 if…else 的嵌套，绝不能仅使用单分支或双分支
        {
            result[len++]=a[i];
```

```
            i++;  j++;
        }
    }
    for(i=0;i<len;i++) printf("%d,",result[i]);
    return  0;
}
```

程序运行结果如图 8.6 所示。

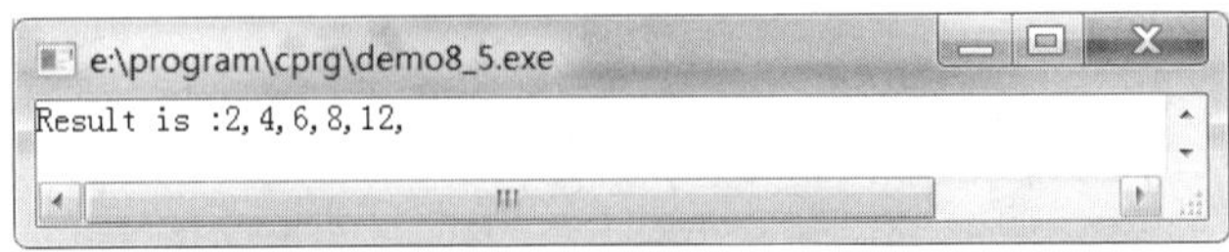

图 8.6　例 8-5 程序运行结果

【程序解析】

针对上面的数据，程序按下述次序进行执行：

初始：i=0、j=0、len=0；

第 1 次执行循环体：由于 a[0]小于 b[0]，所以执行 if 的子句，使得 i=1。此时 i=1、j=0、lem=0。

第 2 次执行循环体：由于 a[1]等于 b[0]，所以执行 else 中嵌套的 else 子句，使得 result[0]=2、len=1、i=2、j=1。此时 len=1、i=2、j=1。

第 3 次执行循环体：由于 a[2]大于 b[1]，所以执行 else 中嵌套的 if 子句，使得 j=2。此时 len=1、i=2、j=2。

第 4 次执行循环体：由于 a[2]等于 b[2]，所以执行 else 中嵌套的 else 子句，使得 result[1]=4、len=2、i=3、j=3。此时 len=2、i=3、j=3。

第 5 次执行循环体：由于 a[3]大于 b[3]，所以执行 else 中嵌套的 if 子句，使得 j=4。此时 len=2、i=3、j=4。

……

通过比较当前的 a[i]与 b[j]，从而决定是 i 增 1、还是 j 增 1、还是 i 和 j 以及 len 三者同时都增 1。当某一个数组的元素被处理完毕时，整个循环结束，也就得到了结果数组 result。

【目的】

演示使用数组来存储集合，实现交集运算。

【思考】

（1）如果两个源数组中的元素都是杂乱的，上面的程序如何修改？

（2）参照通用算法实现并集、差集运算。

8.2.2　排序算法

在讲述排序算法之前，先看一下在一个数组中挑选出最小值的算法。

【例 8-6】求一维数组的最小值及其下标。

```
//demo8_6.c
#include<stdio.h>
#include<stdlib.h>
#define N 10
int  main()
{
    int  a[N],i;
    int  minNo;
    for(i=0;i<N;i++) scanf("%d",&a[i]);
    fflush(stdin);
    minNo=0;
    for(i=1;i<N;i++)
        if(a[minNo]>a[i]) minNo=i;
    printf("minValue=%d\nminNo=%d\n",a[minNo],minNo);
    return  0;
}
```

程序运行结果如图 8.7 所示。

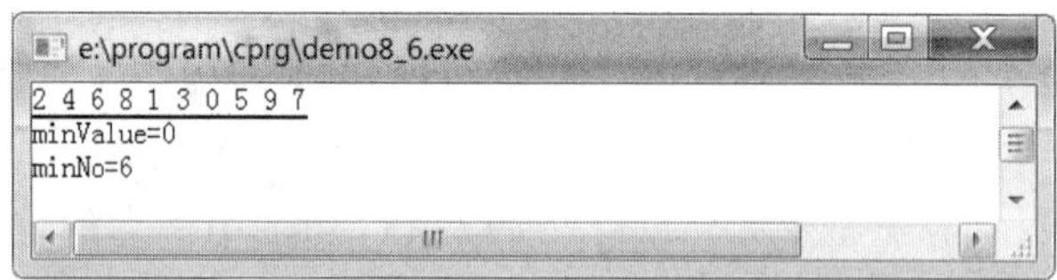

图 8.7　例 8-6 程序运行结果

【程序解析】

求最值的算法与第 7 章的例 7-2 一致，只是本例中使用数组作为存储结构，求出了最小值的下标、也就得到了最小值。

【目的】

演示求数组中最值的方法。

【思考】

仅用一个一重循环求出一维整型数组中的最大、最小值，最大、次大值。需要考虑算法可能存在的 Bug 问题（如第一个元素就是最值，则存在 Bug）。

【例 8-7】对一个整型数组进行选择排序。

选择排序的算法可以这样简单概括：每次从 $n-i+1$ 个元素中选出一个最小的，放到下标为 $i-1$ 的位置（i 可取值 $1\sim n$）。重复这个步骤 $n-1$ 次，就可以得到一个非递减有序的序列。

每次选出最小值的过程称为一趟选择。（为什么是 $n-1$ 次，而不是 n 次选择呢？因为第 n 次时只剩下一个元素，不需要选择）

针对序列 a[10]={1,3,4,2,8,5,6,7,0,9}，图 8.8 演示了每趟选择、交换后的结果。

第 i 趟	从下标[$i-1$, $n-1$]中选择	交换元素的下标	每趟选择后的序列
初始			1, 3, 4, 2, 8, 5, 6, 7, 0, 9
1	[0, 9]	0, 8	0, 3, 4, 2, 8, 5, 6, 7, 1, 9
2	[1, 9]	1, 8	0, 1, 4, 2, 8, 5, 6, 7, 3, 9
3	[2, 9]	2, 8	0, 1, 2, 4, 8, 5, 6, 7, 3, 9
4	[3, 9]	3, 8	0, 1, 2, 3, 8, 5, 6, 7, 4, 9
5	[4, 9]	4, 8	0, 1, 2, 3, 4, 5, 6, 7, 8, 9
6	[5, 9]	无交换	0, 1, 2, 3, 4, 5, 6, 7, 8, 9
7	[6, 9]	无交换	0, 1, 2, 3, 4, 5, 6, 7, 8, 9
8	[7, 9]	无交换	0, 1, 2, 3, 4, 5, 6, 7, 8, 9
9	[8, 9]	无交换	0, 1, 2, 3, 4, 5, 6, 7, 8, 9

图 8.8　每趟选择、交换后的结果

```
//demo8_7.c
#include<stdio.h>
#include<stdlib.h>
#define N 10
int  main()
{
    int  a[N],t;
    int  i, j, min;            //min存储最小值的下标
    for(i=0;i<N;i++)   scanf("%d",&a[i]);
    fflush(stdin);
    printf("\n\n\n");
    for(i=1;i<N;i++)           // i控制选择的趟数；只有一个元素时不需选择
    {
        min=i-1;               //假设最小值的下标
        for( j=i; j<N; j++)    // j控制每趟的比较次数
            if(a[min]>a[ j]) min=j;
        if(min!=i-1)           //若上面进行了替换，则下标i-1处不是最小值
        {
            t=a[min]; a[min]=a[i-1]; a[i-1]=t;   //交换
            printf("进行了交换操作的两元素，其下标分别是 %d,%d\n",i-1,min);
        }
        else  printf("无交换,");
        printf("第%d趟选择后的序列: ",i);
        for(j=0; j<N; j++) printf("%d, ",a[ j]);
        printf("\n\n\n");
    }
    printf("得到的有序序列是: ");
    for(i=0;i<N;i++) printf("%d, ",a[i]);
    printf("\n");
    return  0;
}
```

【程序解析】

程序中，使用了一个二重循环。外层循环是选择的趟数，内层循环是选出最小值的一趟选择。要注意各循环变量的初值和终值。

程序中，交换操作后的输出语句，else 语句以及 else 下面的 3 条语句，是为了清晰观察哪两个元素进行了交换，交换后的中间结果是怎样的而附加的，可以将它们删除。

排序是程序设计中经常要实现的功能。排序方法很多，常用的还有冒泡排序、快速排序等。

> 【目的】
> 演示选择排序算法。
> 【思考】
> （1）使用选择排序（改写上述代码），得到一个非递增的序列。
> （2）查阅资料，了解、掌握冒泡排序。

8.2.3 筛选法

所谓筛选法就是像筛子一样，将不满足条件的过滤掉，剩下的即是所求的。

【例 8-8】使用筛选法求 2～100 中的素数。

筛选法求素数

【算法思路】

先假定 2～100 中所有的数都是素数，即将数组 a[101]中下标从 2 到 100 共 99 个元素全赋值为 1。

使得 a[i]的下标 i 与整数 i 建立映射，即 a[i]的值代表了整数 i 的性质。这也是本例的一个重要技巧。

接下来，进行数组元素值的修改：

第一趟将下标是 2 的倍数的数组元素修改为 0；即将下标是 4，6，8，…，的数组元素修改为 0。因为 2 的倍数肯定不是素数（2 除外）。

第二趟将下标是 3 的倍数的数组元素修改为 0；即将下标是 6，9，12，…，的数组元素修改为 0。

第三趟将下标是 5 的倍数的数组元素修改为 0（4 不是素数，所以除外）。

……

最后输出值为 1 的数组元素对应的下标，它们必定都是素数。

```
//demo8_8.c
#include<stdio.h>
#include<stdlib.h>
#define N 100
int  main()
{
    int  i, j,count=0,a[N+1];
    for(i=2;i<N+1;i++)  a[i]=1;        //先假设全是素数
    for(i=2;i<N+1;i++)
        if(a[i]==1)                    //先要判断 a[i]是否被筛选过了
        {
            j=i;
            for( j+=i; j<N+1; j+=i) a[ j]=0; //i 的倍数都不是素数
        }
    for(i=2;i<N+1;i++)
        if(a[i])                       //等价于 a[i]!=0
        {
```

```
            printf("%5d",i);
            count++;
            if(count%10==0) printf("\n");
        }
    return 0;
}
```

程序运行结果如图 8.9 所示。

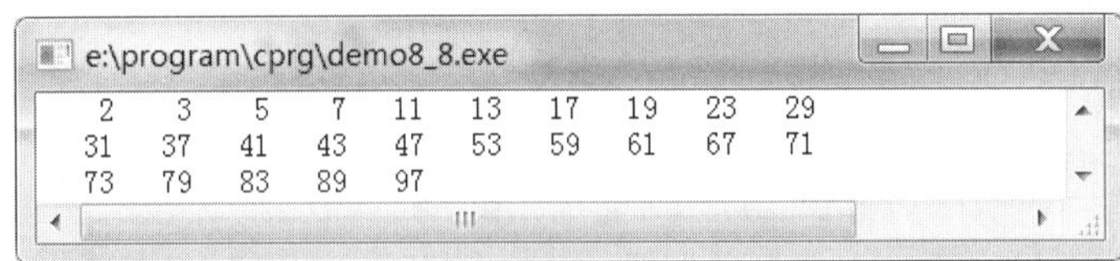

图 8.9　例 8-8 程序运行结果

> **【目的】**
> 演示什么是筛选法、假设及标记的作用、整数与下标的映射。

【例 8-9】约瑟夫问题，又称 Joseph 环。n 个人围成一圈，按顺时针的方向依次编号为 1、2、3、…、n，从编号为 1 的人开始，按顺时针方向进行报数，报到 m 的人出列；接着从他下面的一个人开始，重新从 1 开始报数，报到 m 的人出列……照此规律，问最后出列的是编号为几的人？

【算法思路】

用一个一维数组存储 n 个人的编号，且下标与编号相对应（即 a[0]=1,a[1]=2,…,a[n−1]=n）。

按 1，2,…，m 的方式报数，报到 m 的出列；此时，需要将出列的这个元素删除，采取的方式是将对应数组元素的值赋值为 0（虚拟地删除，且以后报数时需要跳过它）。

当数到了数组尾时，需要调头重新从下标 0 开始（形成环），这可以采用模运算实现。

约瑟夫问题

```
//demo8_9.c
#include<stdio.h>
#include<stdlib.h>
#define Max 100
int main()
{   int n, m,i, j, k, p;
    int count=0, a[Max];
    printf("Input n,m:");
    scanf("%d%d",&n,&m);  fflush(stdin);
    for(i=0;i<n;i++) a[i]=i+1;
    k=0;                                //开始报数时第一个人的下标
    for(i=0;i<n;i++)
    {
        j=0;                            //报数 1,2,...,m，即计数
        while(j<m)
        {
            if(a[k]!=0) { j++; p=k; }   //p 暂存当前报数者的下标
            k=(k+1)%n;
            //k 是下一个报数者可能的下标，使用模运算实现“环”
```

```
        }
        count++;
        printf("%5d",a[p]);  a[p]=0;       //报 m 的人出列，虚拟删除
        if(count%10==0) printf("\n");     //每行输出 10 个数
    }
    return  0;
}
```

程序运行结果如图 8.10 所示。

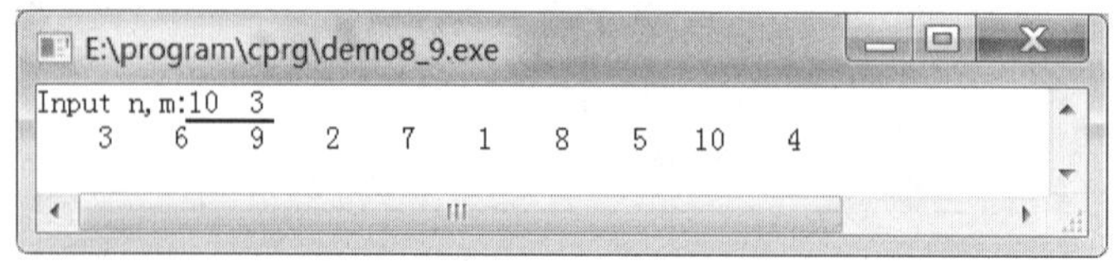

图 8.10　例 8-9 程序运行结果

【程序解析】

程序运行后，最后一个输出值——4 就是最后出列人的编号。

【目的】

演示使用筛选法、模运算解答经典的 Joseph 问题。

【思考】

类 Joseph 问题：红黑球各 15 个摆成一圈，从 1 开始数数，按顺时针方向数到 m 时拿出该球，接着从下一个球开始重新从 1 数数；依此规律，共拿出 15 个球，若想每次拿出的总是红球，问这 30 个球该如何摆放。

8.3　字符数组与字符串

字符数组的概念

8.3.1　字符数组的概念

所谓字符数组是指数组中元素的类型都是字符型的。在实际应用中，字符数组是使用最多的，如各种字符（文本）编辑处理软件。

字符串是一种特殊的字符数组，可以说字符串必然是字符数组，字符数组不一定构成字符串。构成字符串的唯一特征是字符数组中包含特殊的字符——'\0'，称为字符串结束标记符。

字符串的定义通常写成如下形式：

```
char  stra[ ]={"english"};  //串长是 7，实际占 8 个字节，因为最后的'\0'字符也需存储
char  strb[ ]="english";   //串长是 7，实际占 8 个字节，这种形式最常用
char  *pstr= "english";    //一个字符指针指向一个字符串常量
```

上面的两个字符数组 stra、strb，方括号中若指定整型常量的话绝对不能小于 8，否则就是错误的。因为字符串中包含有 7 个字符，最后还有一个不可见的特殊字符——结束标记'\0'，它也要占用一个字节的存储空间。因此，字符串变量在定义时，一般不指定相关字符数组的容量。若定义有

```
char  s1[ ]="english", s2[10 ]="english";
```

则 s1、s2 这两个字符数组在内存中的存储示意图分别如图 8.11 所示。

字符数组s_1

下标	0	1	2	3	4	5	6	7
值	e	n	g	l	i	s	h	\0

字符数组s_2

下标	0	1	2	3	4	5	6	7	8	9
值	e	n	g	l	i	s	h	\0	\0	\0

图 8.11 s1、s2 在内存中的存储示意图

再如：

```
char  str[ ]={ 'a', '0', 'b', 'c', '7', '\t', '\0', 'd', '9'};
```

这个数组的元素个数是 9，容量自然也是 9。但是，从第一个字符开始、连续的'a'、'0'、'b'、'c'、'7'、'\t'、'\0'形成了一个字符串，即"a0bc7\t"，串长是 6，该字符串占用的字节数是 7。

字符'\0'的 ASCII 码值是 0。因此，上面的字符数组也可以写成：

```
char  str[ ]={ 'a', '0', 'b', 'c', '7', '\t', 0, 'd', '9'};
```

8.3.2 字符串的输入/输出

对字符串来说，可以使用 scanf( )、printf( )配合格式控制符%s 进行整体输入/输出；也可以使用专用函数 gets( )、puts( )进行整体输入、输出。但两者还是有差别的，请看下面的例子。

【例 8-10】演示字符串的输入、输出。

字符串的输入/输出

```
//demo8_10.c
#include<stdio.h>
#include<stdlib.h>
int  main()
{
    int  i;
    char  str1[ ]={0,'a','b','c',0,0,'d','e',0};
    char  str2[ ]="Love!";
    char str4[ ]={ 'a', 'b', 'c', 'd' }; //str4 是一个字符数组，不是字符串
    char  str3[10];
    printf("%s\n",str1);              //str1 是数组名、数组的首地址
    /* printf()函数与格式控制符%s 组合在一起的意思是输出字符串(遇到字符'\0'为止),
       这个输出的结果是空串，因为 str1[0]=0 即是'\0'。空串的串长为 0
    */
    puts(&str1[1]);                   //该地址代表从第 2 个字符开始的字符串
    printf("%s\n",&str1[1]);          //该地址代表从第 2 个字符开始的字符串
    printf("%s\n",&str1[6]);          //该地址代表从第 7 个字符开始的字符串
    for(i=0;i<9;i++) printf("%c",str1[i]);  //注意这个输出结果
    printf("\n%s\n",str2);
    /*格式控制符使用%s，后面的参数是数组名或者地址（指针），则输出从这个地址开始的
      字符串*/
    puts(str2);
    printf("input string for str3:");
    gets(str3);   puts(str3);
    printf("\nstr4=%s\n",str4);
    return( 0 );
}
```

程序运行结果如图 8.12 所示。

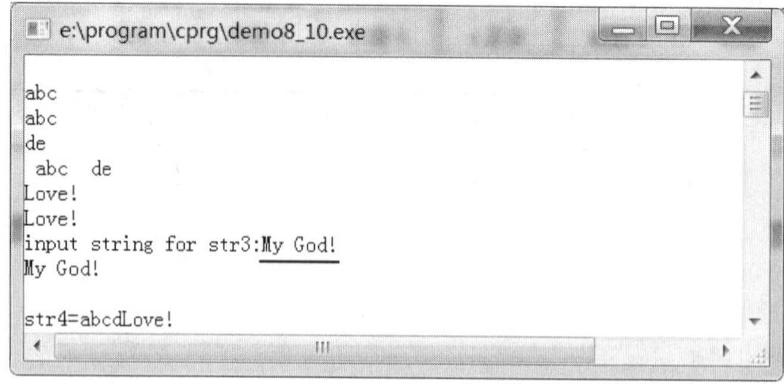

图 8.12　例 8-10 程序运行结果

【程序解析】

当一个字符数组中不含字符'\0'，但仍按字符串输出时，则很可能会输出乱码。上面的例子中，字符数组 str4 的值是 4 个非空字符（非字符串），输出这 4 个字符后会继续输出，直到碰到'\0'为止。哪里才是'\0'呢？并不知道，所以输出的内容是“乱码”。

> **【注意】**
>
> 在使用 scanf( )和%s 配合输入字符串时，输入空格或按下【Enter】键，字符串的输入就结束了，且这个空格字符或回车符会自动转换成'\0'，作为字符串的结束。
>
> 而使用 gets( )输入字符串，仅在按下【Enter】键时，字符串的输入才结束。
>
> 使用 puts( )输出字符串，其最后隐含着 printf("\n");。
>
> **【目的】**
>
> 演示字符数组与字符串的差别。

8.3.3　字符串应用举例

【例 8-11】统计一个字符串中各个英文字母（不区分大小写）出现的次数。

统计字母出现次数

```
//demo8_11.c
#include<stdio.h>
#include<stdlib.h>
int  main()
{
    char  str[80];
    int  i=0,num[26]={ 0 };          //26 个字母字符的个数初始化为 0
    gets(str);
    while(str[i]!=0)                 //对于字符串必须牢记其结束符'\0'
    {
        if(str[i]>='a' && str[i]<='z')
            num[str[i]-'a']++;       //技巧，将数组 num 的下标与字母的序号对应起来
        else if(str[i]>='A' && str[i]<='Z')
            num[str[i]-'A']++;       //统计时字母不区分大小写
        i++;
    }
    for(i=0;i<26;i++){
        printf("%c :%d\n",'A'+i,num[i]);
```

```
        if((i+1)%4==0) printf("\n");
    }                                       //按每行 4 个的格式输出
    return  0;
}
```

程序运行结果如图 8.13 所示。

```
E:\program\cprg\demo8_11.exe
Today is sunday.We will go to the zoo at 12 o'clock.

A :3        B :0        C :2        D :2
E :2        F :0        G :1        H :1
I :2        J :0        K :1        L :3
M :0        N :1        O :7        P :0
Q :0        R :0        S :2        T :4
U :1        V :0        W :2        X :0
Y :2        Z :1
```

图 8.13　例 8-11 程序运行结果

【程序解析】

通过 num[str[i]–'a']和 num[str[i]–'A']，在数组的下标和字母字符在字母表中的序号之间巧妙地建立起了映射关系，使得字母字符 a 和 A 出现的次数放在了数组中下标为 0 的位置，字符 b 和 B 出现的次数放在了数组中下标为 1 的位置……

【目的】

演示字符串的结束标记、字母字符与其在字母表中的序号两者间的映射技巧。

【思考】

输入一个十进制的正整数，求其二进制对应的数字串，统计其中字符 0、1 的个数。

【例 8-12】统计一个字符串中英文单词的个数。

统计单词个数

【问题分析】

首先，假定字符串中仅有英文字母和空格（减小算法难度）。

单词之间的分隔靠若干空格。通过对空格进行判断，可以辨别一个单词的结束、一个单词还没开始、一个单词还没结束等。下面举例说明，如字符串"this　is　a　good book"。

通过分析，可得出如图 8.14 所示的规律。

当前字符是字母	前一个字符是空格	处理
Ture	Ture	单词个数加1
Ture	False	单词持续中
False	Ture	新单词未开始
False	False	

图 8.14　字母前后空格的含义

```
//demo8_12.c
#include<stdio.h>
#include<stdlib.h>
```

```
int  main()
{
    char  str[100];
    char  BLANK=' ';                  //空格字符
    int  i=0, cur, count=0;           //cur=0 表示当前字符不是字母，count 是计数器
    int  pre=1; //在开始统计前，pre=1 假设前一个字符是空格，起标记的作用
    gets(str);                        //要求输入的字符串仅包含字母和空格
    while(str[i])                     //等价于 str[i]!=0
    {
        cur=(str[i]>='a'&&str[i]>='z' || str[i]>='A'&&str[i]>='Z'); //标记
        if(cur && pre) count++;
        else if(cur && !pre);         //空语句，与图示中的分析相对应
        else if(!cur && pre);         //
        else if(!cur && !pre);        //这 3 条 else 语句可以省掉
        pre=(str[i]==BLANK);          //准备下一个 pre
        i++;
    }
    printf("count=%d\n",count);
    return  0;
}
```

程序运行结果如图 8.15 所示。

图 8.15　例 8-12 程序运行结果

【目的】

演示问题的分析方法；分析英文单词间的分隔符、规律、标记的多重含义。

【思考】

（1）若要存储并输出每个单词，程序该如何修改？

（2）当输入的字符串中还包含标点符号时，程序如何修改？

8.4　二维数组的概念

二维数组的概念

数组名后跟有两个方括号的称为二维数组。例如：

```
int  arrA[3][4];
```

表示声明了一个 3×4 的二维数组。

由于二维数组有两个下标，所以在声明后必须能确定这两个常量，即确定二维数组的行数和列数。第一个值是行数、第二个值是列数，行数×列数就是二维数组的容量（元素总数）。通过二维数组的行号和列号来确定对应的唯一元素。由此可见，二维数组与数学上的矩阵（行列式）能很好地映射。

二维数组的元素一般是按行顺序存储的。

对于 int　arrA[3][4]; 这条语句仅声明了一个二维数组，这种格式的声明必须同时指定行数和列数，此处声明了一个拥有 12 个元素的二维数组。这些元素依次是 arrA[0][0]、arrA[0][1]、arrA[0][2]、arrA[0][3]、arrA[1][0]、arrA[1][1]、arrA[1][2]、arrA[1][3]、arrA[2][0]、arrA[2][1]、arrA[2][2]、arrA[2][3]。由于此时对数组 arrA 的元素未赋值，所以它的 12 个元素的值都是不确定的。

该数组中任意元素 arrA[i] [j]的存储地址等于&arrA[0][0]+(i*4+j)*sizeof(int)。

这个数组在内存中的存储示意如图 8.16 所示。

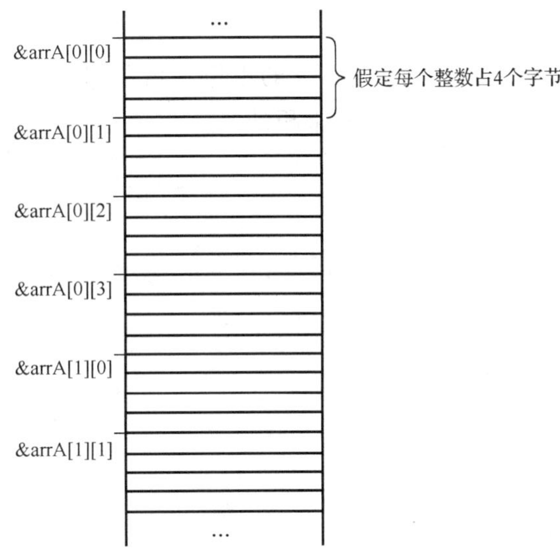

图 8.16　二维数组在内存中的存储示意图

若声明二维数组的同时进行初始化，则可以写成下面几种形式：

```
int  arrB1[3][4]={1,2,3,4,7,6,7,8,9,10,11,12};      //①依次赋值
int  arrB2[3][4]={  {1,2,3,4}, {7,6,7,8}, {9,10,11,12}  };
                                                    //②按行列清晰地赋值
int  arrB3[ ][4]={1,2,3,4,7,6,7,8,9,10};            //③省略行数
```

对于 arrB3，可以通过元素的个数计算出行数为 3（即 10 除以 4 向上取整，等于 3；只允许第一维的容量省略），所以数组的容量是 12，前 10 个元素已明确指定值，最后 2 个元素的值缺省、均为 0。

```
int  arrB4[3][4]={
    {1,2,3,4} ,
    {7,6},          //该行最后两个元素的值均为 0
    {7}             //该行最后 3 个元素的值均为 0
};                  //④这样按行书写清晰
int  arrB5[ ][4]={
```

```
    {1,2,3,4} ,
    {7,6},        //该行最后两个元素的值均为 0
    {7}           //该行最后 3 个元素的值均为 0
};                //⑤按行书写，行数省略
```

一般使用二重循环来对二维数组中的每个元素进行访问。

由于二维数组的元素是按行序依次连续存储的，所以可以把二维数组看作是一个一维数组，这个一维数组的每个元素又是一个一维数组。

8.5　二维数组应用举例

由于二维数组与数学上的矩阵（或行列式）能产生良好的映射关系，所以，常用二维数组来存储矩阵。

【例 8-13】求两个矩阵的乘积。

【问题分析】

根据数学知识，一个 $m \times k$ 的矩阵 $\boldsymbol{A}$ 与 $k \times n$ 的矩阵 $\boldsymbol{B}$ 相乘，得到的是一个 $m \times n$ 的矩阵 $\boldsymbol{C}$；$\boldsymbol{C}$ 的每一个元素是 $\boldsymbol{A}$ 与 $\boldsymbol{B}$ 中多个对应元素乘积的和。

矩阵乘积

```
//demo8_13.c
#include<stdio.h>
#include<stdlib.h>
int  main()
{
    int  A[3][4]={
        {1,2,3,4},
        {1,2,1,2},
        {-1,-2,1,2}
    };
    int  B[ ][7]={
        { 1, 2, 3, 4, 7},
        {-2,-1,-0, 1, 2},
        {-1,-1, 2, 2, 1},
        {-2,-1, 0, 1, 2}
    };
    int  C[3][7];
    int  i, j, k;
    for(i=0;i<3;i++)
    {
        for( j=0; j<7; j++)
        {
            C[i][ j]=0;              //C[i][j]的值是乘积的和
            for(k=0;k<4;k++)  C[i][ j]+=A[i][k]*B[k][ j];
        } //end for
    } //end for
    for(i=0;i<3;i++)
```

```
    {
        for( j=0; j<7; j++)  printf("%7d",C[i][ j]);
        printf("\n");            //按行输出
    } //end for
    return  0;
}
```

程序运行结果如图 8.17 所示。

```
e:\program\cprg\demo8_13.exe
   -14     -7      9     16     22      0      0
    -8     -3      5     10     16      0      0
    -2     -3     -1     -2     -6      0      0
```

图 8.17　例 8-13 程序运行结果

> **【目的】**
>
> 演示矩阵的存储及乘法运算、三重循环的执行过程。
>
> **【思考】**
>
> 如何求一个矩阵的转置矩阵？

【例 8-14】 输出如图 8.18 所示的矩阵。

```
1  2  3  4  5  6
6  1  2  3  4  5
5  6  1  2  3  4
4  5  6  1  2  3
3  4  5  6  1  2
2  3  4  5  6  1
```

特殊矩阵

图 8.18　例 8-14 的矩阵

【算法思路】

通过观察发现有如此规律：第 i 行第一个元素的值等于上一行最后一个元素的值，第 i 行其他元素的值等于上一行前 n-1 个元素的值，即 a[i][0]=a[i-1][n-1]和 a[i][j]=a[i-1][j-1]。

```
//demo8_14.c
#include<stdio.h>
#include<stdlib.h>
#define N 6
int main()
{
    int  a[N][N];
    int  i,j;
    for( j=0; j<N; j++)  a[0][ j ]=j+1;     //初始化第 0 行
    for( i=1; i<N; i++)
    {
        a[i][0]=a[i-1][N-1];                //每行第一个元素的值
```

```
        for( j=1; j<N; j++) a[i][ j ]=a[i-1][ j-1 ];
                                            //除行首外，其他元素的值
    }
    for( i=0; i<N; i++)                     //输出
    {
        for( j=0; j<N; j++)  printf("%4d",a[i][j]);
        printf("\n");
    }
    return 0;
}
```

本题还有其他解法，下面列举了 5 种：

（1）将第 i 行的内容分成两部分：这一行上 0～i–1 列的值为 n–i+1～n（即每行的前半部分的值），i～n–i 列的值为 1～n–i（即每行的后半部分的值）。为了简便，引入变量 k、k 的初值为 1、每次增加 1。主要代码如下（替换上面的粗体部分）：

```
for(i=0;i<N;i++)
{
    for(k=1, j=i; j<N; j++)    a[i][ j]=k++;  //即一行上后半部分元素的值
    for( j=0; j<i; j++)        a[i][ j]=k++;  //即一行上前半部分元素的值
}
```

（2）将方法（1）中的变量 k 替换掉，i～n–1 列的值是 j–i+1（即一行上后半部分元素的值）；0～i–1 列的值是 j–i+1+n（即一行上前半部分元素的值）。主要代码如下：

```
for(i=0;i<N;i++)
{
    for(j=i; j<N; j++) a[i][j]=j-i+1;          //即一行上后半部分元素的值
    for( j=0; j<i; j++)   a[i][j]=j-i+1+N;     //即一行上前半部分元素的值
}
```

（3）将方法（2）中的两个并列的循环合并成一个条件表达式。

```
for(i=0;i<N;i++)   for(j=0; j<N; j++)     a[i][j]=j<i? j-i+1+N: j-i+1;
```

（4）将方法（3）中的条件表达式简化。

```
for(i=0;i<N;i++)   for(j=0; j<N; j++)     a[i][j]=(j-i+N)%N+1;
```

（5）上面的方法都是考虑元素的值，下面考虑列下标。

```
for(i=0;i<N;i++)       for(j=i; j<i+N; j++)  a[i][j%N]=j-i+1;
```

【目的】

演示针对问题的特点如何进行分析以及一题多解。

【例 8-15】 求解幻方问题。幻方是一种古老的数字游戏，n 阶幻方就是把 整数 $1\sim n^2$ 排成 $n\times n$ 的方阵，使得每行上所有元素的和、每列上所有元素的和以及两条对角线上所有元素的和都是同一个数 S，S 称为幻方的幻和。

【算法描述】

幻方

奇数阶幻方的构造方法简单、有规律可循。

各数在幻方中的位置可以这样确定：

首先把 1 放在最上一行正中间的方格中，然后把下一个整数放置到右上角，如果已到达最上一行，下一个整数就放在最后一行，就好像它在第一行

的上面；如果已到达最右端，则下一个整数放在最左端，就好像它在最右一列的右侧。当到达的方格中填上数值后，下一个整数就放在刚填写上数码的方格的正下方，依此循环，直到填满所有方格。下面是三阶幻方的填充过程，如图 8.19 所示。

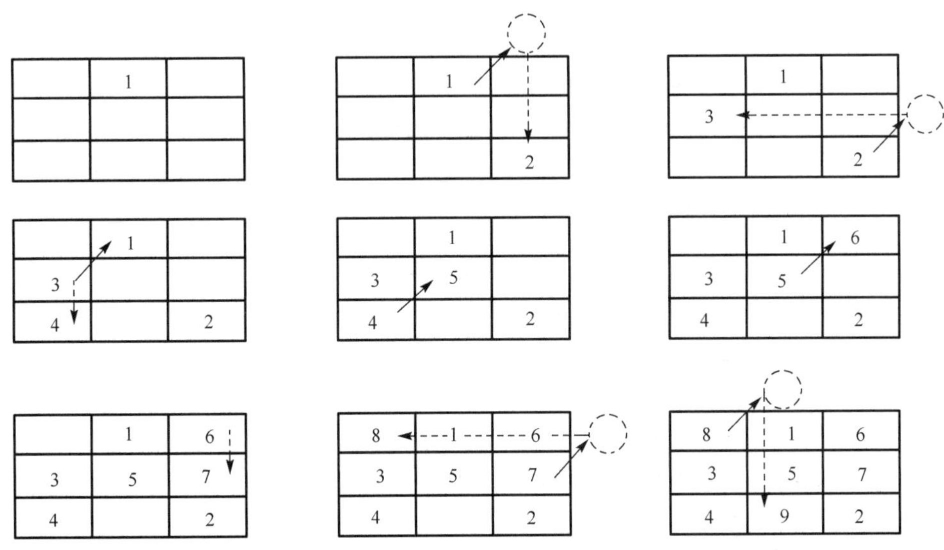

图 8.19　三阶幻方填充示意图

三阶幻方的填充过程也可以这样描述：

（1）在第一行的正中间填入 9 个数中最小的数 1。

（2）往右上方填入一个比上一个数递增 1 的数。

（3）如右上方无格，填入与右上方对应的格。

（4）如遇到右上方有数或右上方无对应格时，填入下一格。

（5）此方法最后填的数一定是第三行的正中间。

具体程序如下：

```
//demo8_15.c
#include<stdio.h>
#include<stdlib.h>
#define MAX 15
int main(){
    int m,mm,i,j,k,ni,nj;
    int magic[MAX][MAX]={0};
    printf("please enter m=");  scanf("%d",&m);
    //m 应该是大于 2 的奇数，不能小于 0 或偶数。
    if(m<=0 || m%2==0){  printf("Error.\n"); return -1; }
    mm=m*m;
    i=0;    j=m/2;
    for(k=1;k<=mm;k++){
        magic[i][j]=k;
        //求右上方方格的坐标
        if(i==0)                    //若已是最上一行
            ni=m-1;                 //下一个位置应该在最右端
```

```
        else
            ni=i-1;
        if(j==m-1)                //若已是最右端
            nj=0;                 //下一个位置在最左端
        else
            nj=j+1;
        //判断右上方方格是否已有数
        if(magic[ni][nj]==0){     //右上方无数
            i=ni;
            j=nj;
        }
        else                      //右上方已填上数
            i++;
    }
    //显示填充的结果
    for(i=0;i<m;i++){
        for(j=0;j<m;j++)
           printf("%4d",magic[i][j]);
        printf("\n");
    }
    return 0;
}
```

【目的】

演示幻方（特殊矩阵）的解法。

习　　题

一、选择题

1. 若有定义 int a[10];，则对数组 a 的元素引用正确的是________。

   A. a[10]　　B. a[4.5]　　C. a(0)　　D. a[10-10]

2. 对一维字符数组 str，初始化正确的语句是________。

   A. char str[10]=(0);　　B. char str[10]=( );

   C. char str[10]='0';　　D. char str[10]={'0'};

3. 以下程序段执行后，变量 i 的值是________。

```
int  i, a[ ]={8,7,6,5,4,3,2,1};   i=a[a[2]];
```

   A. 4　　B. 3　　C. 2　　D. 1

4. 以下程序段执行后，输出结果是________。

```
int  n=10,i=0, j,a[10];
do{
    a[i]=n%2;      i++;        n=n/2;
}while(n>0);
for( j=i-1; j>=0; j--)printf("%d",a[ j]);
```

   A. 1000　　B. 1010　　C. 1100　　D. 1110

5. 对于以下定义，叙述正确的是________。

```
char str1[ ]="abcdef", str2[ ]={'a','b', 'c','d','e','f'};
```

A. 数组 str1 和数组 str2 等价

B. 数组 str1 和数组 str2 的字符数相等

C. 数组 str1 所含字符的数目大于数组 str2 所含字符数目的数目

D. 数组 str1 所含字符的数目小于数组 str2 所含字符数目的数目

6. 以下语句中不正确的是________。

A. char　str1[10];str1="Cprogram";　B. char　str2[5]={'C','p','r','o','g'};

C. char　str3[20]={"Cprogram"};　D. char　str4[5]="Cprog";

7. 以下程序段执行后，输出结果是________。(以下□表示空格)

```
char  str[10]={ 'a', 'b', 'c', '0', 0, '\0', 'a', 'b'};
printf("%s\n",str);
```

A. abc0　　B. abc0ab　　C. abc0□□ab　　D. 编译错误

8. 以下程序段执行时，若输入 ABC<回车>，输出结果是________。

```
char str[ ]="0123456789";
gets(str);     printf("%s",str);
```

A. ABC　　B. ABC56789

C. ABC3456789　　D. ABC456789

9. 对二维数组的声明，正确的是________。

A. int a[2][ ];　　B. float a(2,7);

C. double a[2][7];　　D. float a(2)(7);

10. 以下不能对二维数组 a 进行正确初始化的是________。

A. int a[2][3]={0};　　B. int a[][3]={{1,2},{0}};

C. int a[2][3]={{1,2},{3,4},{5,6}};　D. int a[][3]={1,2,3,4,5,6,7,8};

11. 下列语句中，能对二维字符数组进行正确定义的是________。

A. char ch[ ][ ]={'a','b','c','d','e','f'};

B. char ch[2][3]='a','b';

C. char ch[ ][3]={'a','b','c','d','e','f'};

D. char ch[ ][ ]={{'a','b','c','d','e','f'}};

12. 若有 int a[3][4];，则对数组 a 的元素引用非法的是________。

A. a[2][2*1]　　B. a[1][3]　　C. a[4-2][0]　　D. a[0][4]

13. 以下程序段执行后，输出结果是________。

```
int  a[4][4],i, j,k;
for(i=0;i<4;i++)  for(j=0; j<4; j++) a[i][j]=i-j;
for(i=1;i<4;i++)
for(j=i+1; j<4; j++)
   {k=a[i][ j];  a[i][j]=a[j][i]; a[j][i]=k;}
for(i=0;i<4;i++)
{  printf("\n");
   for(j=0;j<4;j++)  printf("%4d",a[i][j]);
}
```

A.
```
 0  -1  -2  -3
 1   0  -1  -2
 2   1   0  -1
 3   2   1   0
```
B.
```
 0   1   2   3
-1   0   1   2
-2  -1   0   1
-3  -2  -1   0
```
C.
```
 0  -1  -2  -3
 1   0   1   2
 2  -1   0   1
 3  -2  -1   0
```
D.
```
 0   1   2   3
-1   0  -1  -2
-2   1   0  -2
-3   2   1   0
```

14. 以下程序段执行后，输出结果是________。

```
int  i,a[4][4]={{1,3,5,7},{2,4,6},{8,9}};
printf("%d%d%d%d\n",a[0][1],a[1][1],a[2][1],a[3][1]);
```

A. 1280　　B. 1400　　C. 3490　　D. 不确定

15. 以下程序段，运行时若输入　2　4　6<回车>，则输出结果是________。

```
int  a[3][2]={0},i;
for(i=0;i<3;i++)       scanf("%d",a[i]);      //&a[i][0]
printf("%3d%3d%3d\n",a[0][0],a[0][1],a[1][0]);
```

A.　2　0　0　　B.　2　0　4　　C.　2　4　0　　D.　2　4　6

二、填空题

1. 若有字符串定义：char str[ ]=" Chenzhen is 中国人";，则数组 str 在内存中所占的字节数是________，该字符串的串长是________。若 char str[ ]="He is\tstrong."，它的串长是________。

2. 以下程序段执行后，输出结果是________。

```
char  str[10]="1a2b3c4d";
int  i,x=0;
for(i=0;str[i]>='0' && str[i]<='9' && i<8;i+=2) x=10*x+str[i]-'0';
printf("%d\n",x);
```

3. 以下程序段的功能是实现字符串的复制，请补全代码。

```
char  str[ ]= "no zuo no die", ch[20];
int  j=0, i=0;
while(str[i] ){ch[ j]=________;  j++;}
ch[ j]=0;
```

4. 以下程序段执行后，输出结果是________。

```
char  str[3][10]={"Bush",  "Kite",  "Tom"};
printf("\"%s\"\n",str[1]);
```

5. 以下程序段执行后，输出结果是________。

```
char  str[ ]="abc", s[3][4];
int  i;
for(i=0;i<3;i++)   strcpy(s[i],str);
for(i=0;i<3;i++)   printf("%s",&s[i][i]);
printf("\n");
```

6. 整型数组 a 中已存放着一个非递减序列。现输入一个整数 x，并将它插入到数组 a 中合适的位置，使得 a 仍是一个非递减序列。

```
#include<stdio.h>
#include<stdlib.h>
int  main()
{
int  a[ ________ ]={0,10,20,30,40,50,60,70,80,90},x,i=0,k;
    scanf("%d",&x);
    while(i< ________ )
        if(x>a[i]) { ________ ;}
        else ________ ;
    for(k=9;k>=i;k--) ________ ;
        ________ =x;
    for(k=0;k<11;k++) printf("%5d",a[k]);
    printf("\n");
    return  0;
}
```

7. 下面这个程序的输出结果是________，该程序的功能是________。

```
#include<stdio.h>
#include<stdlib.h>
int  main()
{
    int  a[ ]={-1,2,-3,4,9,8,-7,10,-4,7};
    int  i=0, j=9,t;
    while(i< j)
    {
        while(i< j ) if(a[ j]>=0 ) j--;else  break;
        while(i<j) if(a[i]<0 ) i++;else  break;
        if(i< j){int  t=a[i];  a[i]=a[j];a[ j]=t;}
    }
    for(i=0;i<10;i++) printf("%d" ,a[i]);
    return  0;
}
```

8. 以下程序的功能是将字符串 t 的内容连接到字符串 s 的后面，构成一个新字符串 s，请补全代码。

```
#include<stdio.h>
#include<stdlib.h>
int  main()
{
    char  s[30]="abcdefg",t[ ]="1234";    int  i=0, j=0;
    while(s[i]!='\0')  ________ ;
    while(t[ j]!='\0') {s[i+j]=t[ j]; j++;}
    ________ ;
    printf("%s\n",s);
    return  0;
}
```

9. 以下程序是将字符串 str 中的所有字符'a'用'*'替换，请补全代码。

```
#include<stdio.h>
#include<string.h>
#include<stdlib.h>
int  main()
{
```

```
        int  i;  char  str[80];
        gets( ________ );
        for(i=0;i< ________ ;i++)
            if(str[i]!='a')  ________ ;
            else  ________ ;
        ________ (str);
        return 0;
    }
```

10. 以下程序的功能是求矩阵每行上的最大值，请补全代码。

```
    #include<stdio.h>
    #include<stdlib.h>
    #define  M  10
    int  main()
    {
        int  x[M][M];
        int  n,i, j;    int  max[M];
    printf("Enter a integer(<=10):\n");  scanf("%d",&n);
        printf("Enter %d data on each line for the array x\n",n*n);
    for(i=0;i<n;i++)   for( j=0; j<n; j++) scanf("%d",&x[i][ j]);
    for(i=0;i<n;i++) max[i]= ________ ;
    for(i=0;i<n;i++)
        for( j=1; j<n; j++)
            if( ________ ) ________ ;
    for(i=0;i<n;i++)printf("%d\n",max[i]);
        return  0;
}
```

三、编程题

1. 输入 10 个整数，统计其中正数、0、负数的个数。

2. 将一个字符串的串值逆置。

3. 在某单位的面试会上，按如下规则对应聘人进行评分：7 名评委给一位应聘人打分，统计时去掉一个最高分和一个最低分，其余 5 个分数的平均值就是该同志的最后得分。请编程实现。

4. 输入一个十进制正整数，求它对应的二进制值。

5. 输入一个十进制正整数，求它对应的十六进制值。

6. 求指定字符在一个字符串中出现的所有位置（下标）。

7. 使用筛选法求解礼炮响声（题目见例 7-13）。

8. 对 $n \times n$ 的矩阵，求四条边上元素的和、两条主对角线上元素的和。

9. 利用二维数组计算并打印杨辉三角形。

10. 将一句英文中的各单词逆置，如“I am a student”转换成“I ma a tenduts”。

第 9 章　指　　针

📖学习目标

（1）理解内存的大小及地址；
（2）理解地址与指针的关系；
（3）掌握指针变量的定义与引用；
（4）熟练掌握指针与一维数组、字符串的关系；
（5）逐步掌握指针数组；
（6）理解指向数组的指针。

📖知识点导图

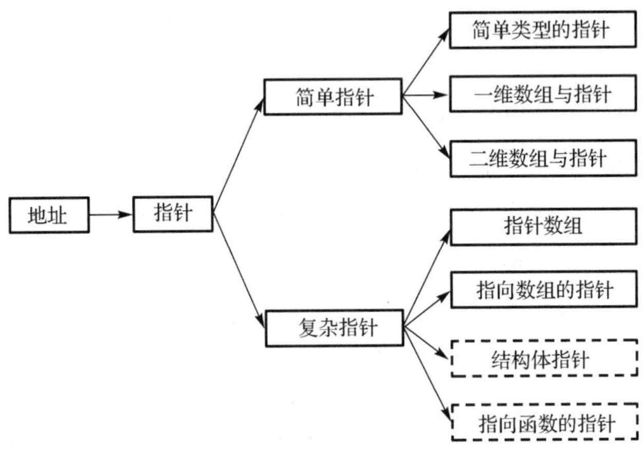

📖难点提示

（1）指针类型与基类型、值之间的关系；
（2）通过指针访问二维数组；
（3）指针数组与指向数组的指针之间的差别。

指针是 C 语言的重要数据类型，也是 C 语言的精华。利用指针可以灵活地使用数组和字符串，可以定义复杂的数据结构，可以实现内存空间的动态分配，可以得到函数的多个返回值，可以编制出简洁紧凑、功能强且执行效率高的程序。

9.1 内存地址与指针

计算机是如何来管理内存的呢？

内存地址与指针

内存通常被划分为许多单元，这些单元称为存储单元或内存单元，每个存储单元都有唯一的编号，且是以字节为单位来编号的，这个编号称为存储单元的地址，简称存储地址。

内存、存储单元、存储单元的地址以及存储的数据之间的关系如图 9.1 所示。

一个程序在运行时，计算机要为它的所有数据和程序代码分配相应的存储单元。代表数据的变量会被放置在一定的存储单元中，通过变量名来获取它的值，本质上是通过变量的地址找到对应存储单元的位置，再通过这个位置来获取其中的值。或者说，程序员一般是通过变量名来获取变量的值，而计算机总是通过变量的存储地址来获取变量的值。或者说前者是表象，后者是本质。实际上，程序员也可以通过地址来获取对应存储单元中的值，这个地址就是指针。

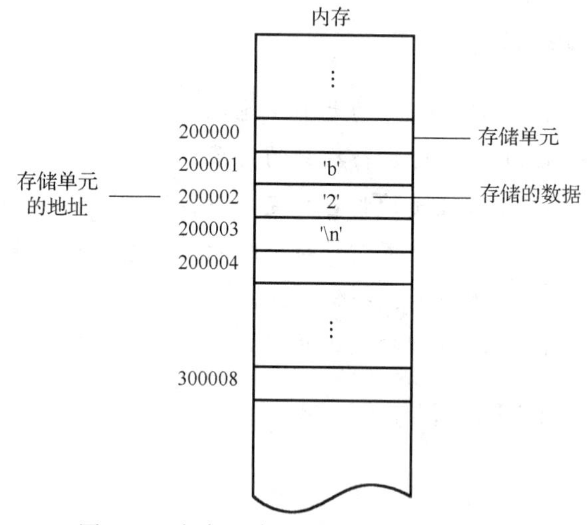

图 9.1 内存、存储单元、存储单元的地址以及存储的数据之间的关系

图 9.2 描述了指针、指针变量、指针变量的地址、指针变量的值之间的关系。其中，p 是一个字符指针，300008 是 p 的存储地址，p 的值是 200002，是一个地址，且是字符变量 c 的存储地址，c 的值是'2'。

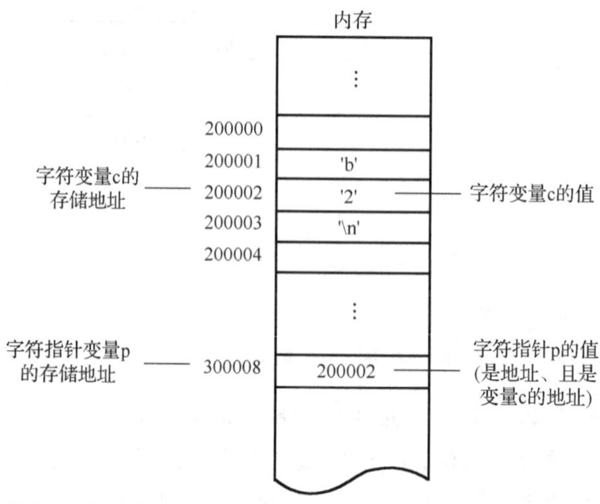

图 9.2 指针、指针变量、指针变量的地址、指针变量的值之间的关系

通常，把内存单元的编号称为地址，把存储了地址的变量称为指针。这样，指针（的值）本质上就是存储单元的地址。

9.2 指针的定义与运算

9.2.1 指针变量的定义

任意类型的变量，一经声明，它本身的存储地址就确定下来了。例如：

```
int  i;
```

i 的值虽然未指定，但其存储地址是确定的，使用&i 来获得。一般我们只关心 i 的值是多少，至于 i 的存储地址是多少，我们一般不关心，也不知道它是多少，更不能指定它的存储地址是多少，因为内存的管理是由操作系统负责的。例如：

指针定义、空指针、空类型指针

```
int*p;       //写成 int  *p;或 int*  p; 都是可以的
```

表示声明了一个整型指针变量 p。p 的值只能是一个地址，且只能是一个整型数据（如整型变量）的地址。这里，由于未被赋值，其值就是不确定的。注意&p 与 p 的差异：&p 是变量 p 的存储地址，是确定的。

若有 int　i;　int　*p;之后，且 p=&i;，这样 p 的值就确定下来，是 i 的存储地址，通常称为指针 p 指向变量 i。接下来，就可以通过 p 来访问 i。对 i 进行运算，可以直接使用 i、也可以使用*p。

指针是一个动态的概念，它是一种构造的类型。

9.2.2 空指针与空类型指针

值为 0 的指针称为空指针。其表示形式为：

```
int *p=0;      或者     int *p=NULL;
```

其中，p 就是一个空指针。NULL 在 C 语言中已被定义为　#define　NULL　0。

p=NULL 与 p 没有被赋值，两者是不同的。定义空指针的作用主要表现在两方面：一是避免指针变量的非法引用；二是在程序中常作为状态进行比较运算。

若一个指针变量按如下方式进行声明：

```
void *p;
```

则 p 是一个空类型指针，是指一个指针的基类型是空，即 void，或者说它没有指向哪种具体类型的数据。使用时要进行强制类型转换，例如：

```
char  c=65;
char *pc=&c;         //基类型为字符的指针
void* p;             //声明空类型指针
p=pc;                //right，空类型指针 p 可指向其他类型的指针
pc=(char*)p;         //对 p 必须进行强制类型转换
```

9.2.3 指针运算

指针运算

内存的地址是按字节连续编号的。一个指针变量，当其指向一个确定的存储单元之后，可以与一个整型常量进行加减运算，得到的结果是另外某个存储单元的地址；指针也可以进行关系运算。例如：

int x; int *p=&x, *q；之后，q=p; p==q; p++; p+7; p-10;都是有意义的，且++、+、-是“带单位的”；但是 p+q; p+&x; 没有意义。再如：int i; int *pi=&i; char *pc;。

对于下面的单个语句：

（1）pc=&i;是错误的。这两个变量，pc 是字符指针、&i 是整型变量 i 的地址，两者的基类型不相同（前者的基类型是整型，后者是字符型）。

（2）pc=pi;或 pi=pc;也是错误的。因为 pc 是字符指针、pi 是整型指针，两者的基类型不相同，不能相互赋值。

（3）*pc=i;是错误的。因为在此之前，pc 还没有确定的指向，所以不能对*pc 赋值。

（4）pc=(char *)&i;是正确的。使用了强制类型转换之后，赋值号两边的基类型就一致了。

（5）pi=(int*)pc;是正确的。使用了强制类型转换之后，赋值号两边的基类型一致了。

从上面的例子可以看出：对指针变量进行赋值必须基类型一致。

若仅有 int *pi;，此时，并没有对 pi 进行赋值（即 pi 没有指向某个确定的存储单元），则对 pi、*pi 等的引用都是错误的。但可以使用 pi=(int *)malloc(sizeof(int));申请一个用于存储整数的存储空间，且将该存储空间的首地址赋值给 pi，这样 pi 就有了明确的指向，可以对*pi 进行操作。但是，pi++、--pi 没有实际的意义，因为运算后的地址是可以确定的，但相应存储单元中的值则毫无根据。

【例 9-1】演示指针运算。

```
//demo9_1.c
#include<stdio.h>
#include<stdlib.h>
int main()
{
    int i=150;
    int *pi=&i;
    char c;
    char *pc=&c;
    *pc=65;
    printf("%c\t",c); printf("%d\t",&c); printf("%c\t",*pc); printf("%d\n",pc);
    *pi=250;
    printf("%d\t",i); printf("%d\t",&i); printf("%d\t",*pi); printf("%d\n",pi);
    *pi=*pc;
    printf("%d\t",*pi); printf("%d\t",i); printf("%d\t",pi); printf("%d\n",pc);
    pi=(int*)pc;    //必须使用强制类型转换，因为基类型不同
    printf("%d\t",*pi); printf("%d\t",pi); printf("%d\t",*pc); printf("%d\n",pc);
```

```
    pc=(char*)&i;
    printf("%d\t",*pc);  printf("%d\n",i);
    return 0;
}
```

程序运行结果如图 9.3 所示。

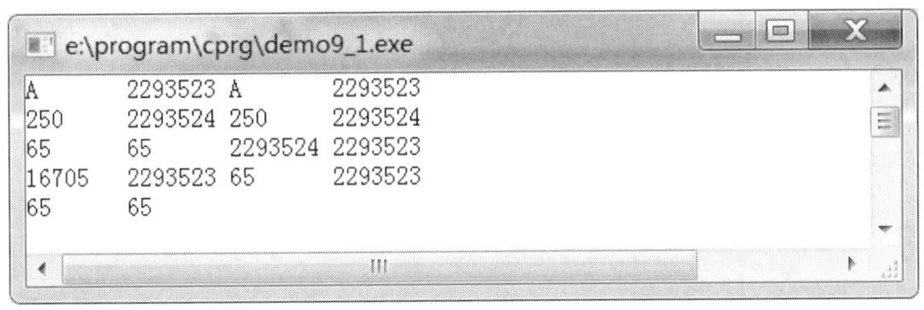

图 9.3　例 9-1 程序运行结果

> **【目的】**
> 演示指针变量的声明、定义、赋值等。

9.3　指针与数组

9.3.1　指针与一维数组

数组是一个静态的概念，数组名可看作是一个地址常量。数组一经声明，这个数组的存储地址就确定下来，这个地址不能被更改。因此，不能试图将一个地址（或者指针）赋给一个数组名；数组名之间也不能相互赋值。

指针是一个动态的概念，其值应该是一个基类型相同的变量的地址。

指针与一维数组

若有变量声明：

```
int  a[10], b[10];   int  *p;
```

对于下面的各语句：

（1）p=a; 意思是指针 p 指向数组 a 的开始位置（p 的值等于数组 a 的首地址）。其等价于 p=&a[0];，意思是指针 p 指向数组元素 a[0]的存储位置（即 a[0]的地址，这里也是 a 的首地址）。

（2）p=&a[7]; 意思是指针 p 指向数组元素 a[7]。

（3）p=a;printf("%d:",*p); 意思是输出 a[0]的值，没有错误；但此时数组 a 的元素还没有确定的值，使用*p 就没有意义了。

（4）b=a; b=p; 这两个赋值都是错误的，因为不能对数组名赋值。

（5）a=20000; p=18000; 也都是错误的。因为不能将一个数值型量赋给一个指针，除 p=0、p=NULL 之外。

【例 9-2】通过指针访问一维数组的元素。

```
//demo9_2.c
#include<stdio.h>
```

```
#include<stdlib.h>
int  main( )
{
    int  A[7]={ 0,1,2,3,4 };
    int  *pa=A;  //等价于 int  *pa; pa=A;即分两步，先声明指针变量、后赋值
    printf("%d\t",*pa);
    printf("%d\t",pa[2]);          //等价于 *(pa+2)，即取 pa+2 地址处的值
    printf("%d\n",*(A+2));         //即 A[2]
    pa=&A[2];                      //pa 指向 A[2]元素
    scanf("%d",pa);                //输入 A[2]的值，等价于 scanf("%d",&A[2]);
    printf("\n%d\n",pa[2]);        //pa[2]等于*(pa+2)，是 A[4]
    printf("%d\n",*++pa);          //即先 pa=pa+1; 再输出*pa，即 A[3]
    //printf("%d\n",*++A);
    for(pa=&A[1]; pa<A+8; pa++) printf("%d\t",*pa);
    return  0;
}
```

程序运行结果如图 9.4 所示。

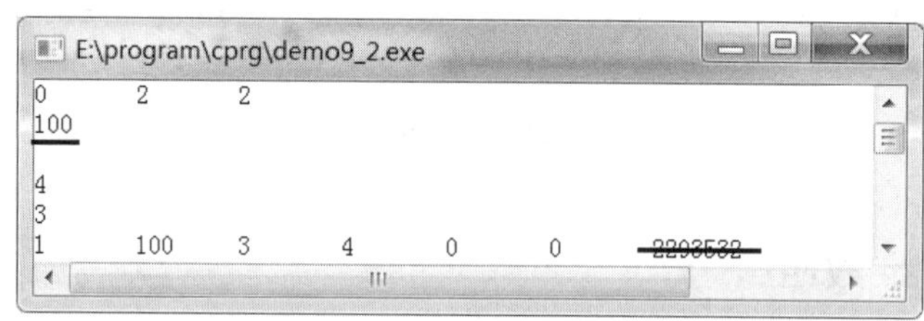

图 9.4　例 9-2 程序运行结果

【程序解析】

从上面的例子可以看出：指针变量与数组建立关系后，该指针可当作数组名来使用。

最后的 for 循环中，访问 pa[7]、即 A[8]，该元素在数组中并不存在，所以输出的结果是一个任意值，程序执行时虽然没有出现错误提示信息，但属于数组下标越界，仍是错误的。

【目的】

演示指针的运算、指针与数组的关系。

【思考】

针对上面的例子，每次操作后指针 pa 的值是哪个元素的地址，即指向谁？

9.3.2　指针与字符串

【例 9-3】使用指针访问字符串。

指针与字符串

```
// demo9_3.c
#include<stdio.h>
#include<stdlib.h>
int main(){
    char s[]={'w','o','r','k',0,'h','a','r','d'};
    char *ps=s;
    puts(ps);  puts(s);   putchar(*ps);      //注意 ps 与*ps 的差别
```

```
    printf("\n--------\n");
    printf("%s\n",ps);    printf("%s\n",ps);  printf("%c",*ps);
    printf("\n--------\n");
    ps=s+3;
    puts(ps);  puts(&s[3]);
    printf("--------\n");
    ps=&s[5];
    puts(ps);  puts(&s[5]);
    printf("--------\n");
    char *p="English";puts(p);
    //p[3]='t';       //error,  p 指向的是串常量，不能改变字符串常量的值
    char c='a';
    printf("%s\n",&c);
    return  0;
}
```

程序运行结果如图 9.5 所示。

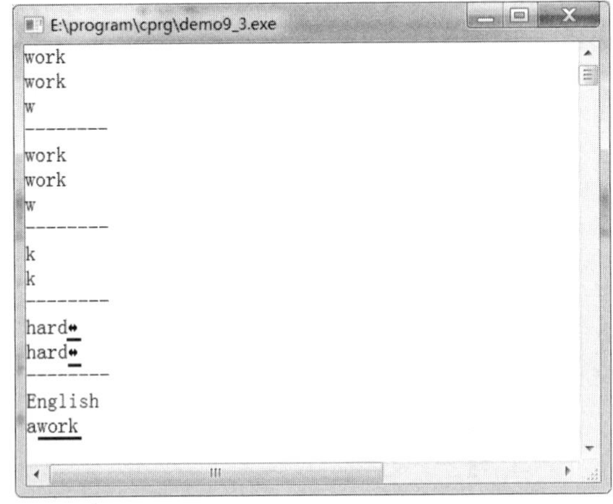

图 9.5　例 9-3 程序运行结果

【程序解析】

使用 puts( )函数或者%s 与 printf( )配合输出数组名、字符指针、字符变量的地址时，都是按字符串进行输出的，如程序中的 puts(ps)、puts(s)、printf("%s",ps)、printf("%s",s)、printf("%s",&ps[0])、printf("%s",&s[3]);等。若函数中的参数能构成字符串，则输出结果是准确的；若不能构成字符串，则输出结果是乱码，如输出结果中用横线标记的 3 处就是乱码。

特别要注意下面的情况：

```
char str[]="English";str[3]='t';      //改变数组元素的值是正确的
char *p="English";p[3]='t';           //error，企图改变指针指示的串常量中
                                      //某个字符的值是错误的
```

【目的】

演示指向字符的指针、字符指针与字符串的关系。

9.3.3　指针与二维数组

二维数组可以看作是一个一维数组，这个一维数组的每个元素又是一个一维数组。即把二

维数组的每行看成了一个元素。例如：

```
int a[3][4]={  {1,2,3,4}, {5,6,7,8}, {9,10,11,12}  };
```

数组 a 由 3 个“大元素”组成，每个“大元素”又由 4 个“小元素”组成。

数组名 a 是二维数组的首地址，a[0]则是其第一个元素，只不过它的值是一个地址，是第 0 行的首地址。a、a[0]、&a[0][0]三者在值上是相等的，但意义是不同的。其中，a[0]可写成*(a+0)，即*a；**a 就是 a[0][0]，但二维数组的名称 a 并不是二级指针；当然，a[1]就是*(a+1)，是第 1 行的首地址，也就是&a[1][0]；a[1]+1 等于*(a+1)+1，即是&a[1][1]；*(*(a+1)+1)、*(a[1]+1)则是 a[1][1]。二维数组名与指针的关系如图 9.6 所示。

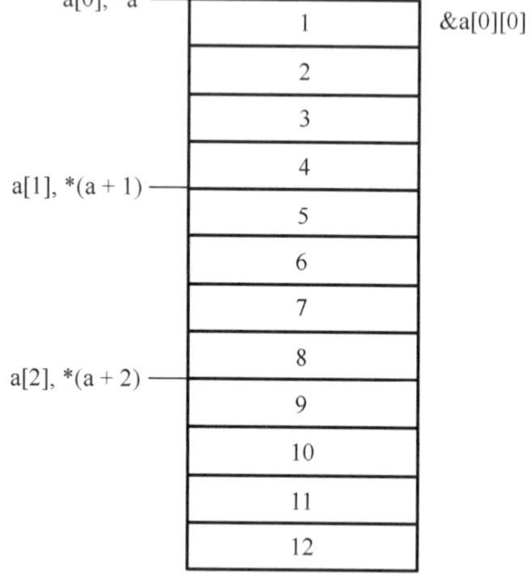

图 9.6　二维数组名与指针的关系

【例 9-4】 使用指针访问二维数组。

```
//demo9_4.c
#include<stdio.h>
#include<stdlib.h>
int  main( )
{
    int  a[3][4]=
    {
        {1,2,3,4},
        {5,6,7,8},
        {9,10,11,12}
    };
    int  *pa;
    int  i, j;
    //使用二重循环、指针的形式输出二维数组的元素
    for(i=0; i<3; i++)
    {
        for(j=0; j<4; j++) printf( "%4d",*(a[i]+j) );
        //即 a[i][ j ]，也可写成 *(*(a+i)+j)
        printf("\n");
    }
    printf("------------------\n");
    pa=&a[0][0];                        //即 pa=*a; 或者 pa=a[0];
    //下面的循环，把二维数组当作一维数组来看待
    for(i=0; i<12; i++)
    {
        if(i%4==0) printf("\n");
        printf("%4d",pa[i]);            //也可写成*(pa+i);
        //上面的语句也可写成 printf("%d ",*pa++);也就是先*pa,再 pa++，但意义不同了
    }
    printf("\n");
    //pa=a;是错误的，pa 是一级指针，a 是二维数组名，两者类型不匹配
    int  **p2a;
```

```
    //p2a=a;  错误
    return  0;
}
```

程序运行结果如图 9.7 所示。

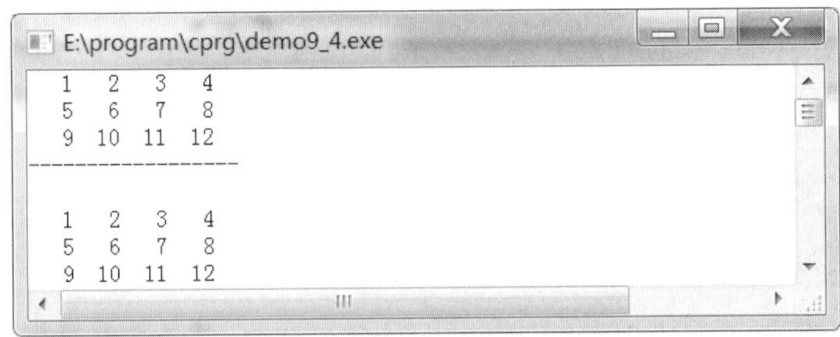

图 9.7　例 9-4 程序运行结果

【程序解析】

上面的例子中，指针变量 pa 是一个一级指针，它只能指向一个基类型相同的变量；一维数组的名称相当于一个一级指针。

在声明指针变量时仅带一个星号的变量称为一级指针，如 int　*pi、char　*pc; 。

类似 int　**p;这样带多个星号的叫多级指针。在这里，p 是二级指针，理解成 p 是指向一个一级指针的指针。例如：

```
int  **pp;  int  *p;  int  x=99;
```

经过 p=&x; pp=&p;，那么**pp 的值就是 x 的值。

【目的】

演示二维数组与一维数组、指针的关系。

9.4　指 针 数 组

所谓指针数组是指数组的每个元素都是指针型的。例如：

```
int a[7]={1,2,3,4,7}, b[3]={10,20,30};
int *p[4]={ a,b,&a[3],&b[1] };
```

上面对指针数组 p 进行了初始化，也就是 p[0]=a,p[1]=b,p[2]=&a[3],p[4]=&b[1]。数组 p 的 4 个元素都是指针，即地址。

对于一个指针数组，直观地来看，它是一个数组，数组中每个元素的值都是一个地址。

【例 9-5】演示指针数组的使用。

演示指针数组

```
//demo9_5.c
#include<stdio.h>
#include<stdlib.h>
int  main( )
{
    char  *name[]={"tom","petter","bush","rose","john"};
    int i, j;
```

```
    for(i=0;i<5;i++)      printf("%s\n",name[ i ]);
    int  a[4][3]={1,2,3, 4,5,6, 7,8,9, 10,11,12};
    int  *p[4]={ a[0],a[1],a[2],a[3] };
    for(i=0;i<4;i++)
    {
        for( j=0; j<3; j++)    printf("%4d",p[i][ j]);
        printf("\n");
    }
    return  0;
}
```

程序运行结果如图 9.8 所示。

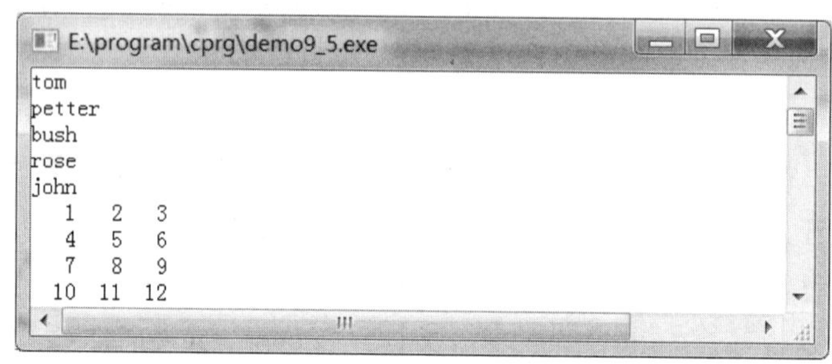

图 9.8　例 9-5 程序运行结果

【程序解析】

程序中 char　*name[ ]={"tom","petter","bush","rose","john"};表达式的意思如图 9.9 所示。

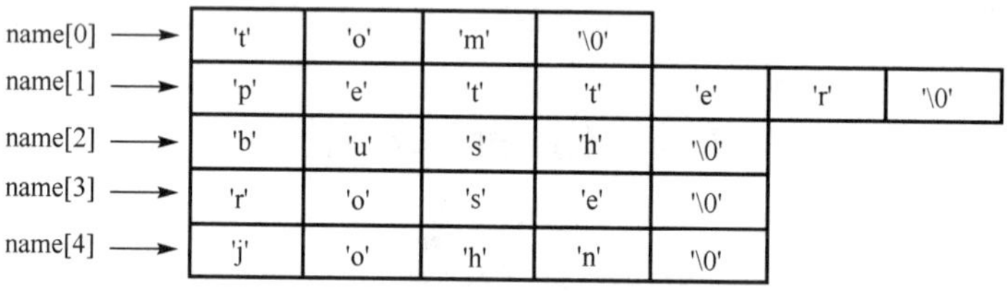

name[0] →	't'	'o'	'm'	'\0'			
name[1] →	'p'	'e'	't'	't'	'e'	'r'	'\0'
name[2] →	'b'	'u'	's'	'h'	'\0'		
name[3] →	'r'	'o'	's'	'e'	'\0'		
name[4] →	'j'	'o'	'h'	'n'	'\0'		

图 9.9　指针数组 name 指向若干字符串

name[0]是字符串常量"tom"的存储地址，name[1]是字符串常量"petter"的存储地址……可以使用 name[i]访问下标为 i 的字符串。但最好不要通过 name[i][j]访问第 i 个字符串中的第 j 个字符，因为各字符串的串长并不相等，或者说 name 并不是一个二维数组。

p[0] →	1	2	3
p[1] →	4	5	6
p[2] →	7	8	9
p[3] →	10	11	12

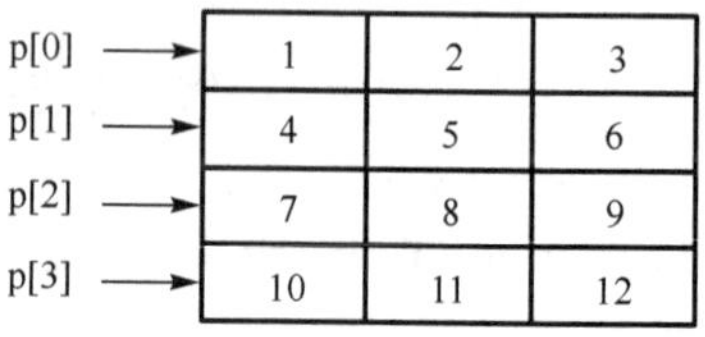

图 9.10　指针数组 p 指向二维数组

程序中 int　*p[4]={ a[0],a[1],a[2],a[3] };的赋值相当于 p[0]=a[0],p[1]=a[1],p[2]=a[2], p[3]=a[3] 或者 p[0]=&a[0][0], p[1]=&a[1][0], p[2]=&a[2][0], p[3]=&a[3][0]，或者说 p[0]指向二维数组的第 0 行、p[1]指向二维数组的第 1 行……如图 9.10 所示。

由于这里 12 个元素刚好被分成了 4 行 3 列，所以可以使用 p[i][j]访问每个元素。

【目的】

演示指针数组。

【技巧】

实际应用中，指针数组多用于描述字符串数组，即每个指针指向一个字符串。

【例 9-6】 演示 malloc( )函数的使用。

演示 malloc( )函数

```
//demo9_6.c
#include<stdio.h>
#include<stdlib.h>
int main(){
    int *p1,**p2,a=2;       //p2 是二级指针
    p1=&a; p2=&p1;
    printf("Value of a:%d,%d,%d\n",*p1,**p2,a);
    printf("Address of a:%d,%d,%d\n\n",p1,*p2,&a);
    int **pA;               //pA 是二级指针
    int i,j;
    pA=(int **)malloc(3*sizeof(int*));
    //申请存放 3 个整型指针的存储空间，返回第一个空间的首地址
    for(i=0;i<3;i++)
        pA[i]=(int *)malloc(4*sizeof(int));
        //申请存放 4 个整数的存储空间，返回首地址到 pA[i]
    for(i=0;i<3;i++)   for(j=0;j<4;j++)  pA[i][j]=i+j;
    printf("\n");
    for(i=0;i<3;i++){
        for(j=0;j<4;j++)       printf("%d\t",pA[i][j]);
        printf("\n");
    }
    return  0;
}
```

程序运行结果如图 9.11 所示。

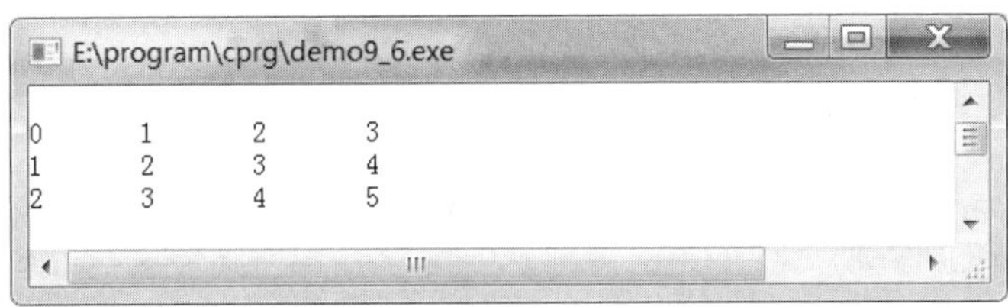

图 9.11 例 9-6 程序运行结果

【程序解析】

程序中动态申请的存储空间 pA 与 pA[0]、pA[1]、pA[2]，它们之间的关系如图 9.12 所示。

【目的】

演示二级指针、指针数组、malloc( )函数的使用和作用。

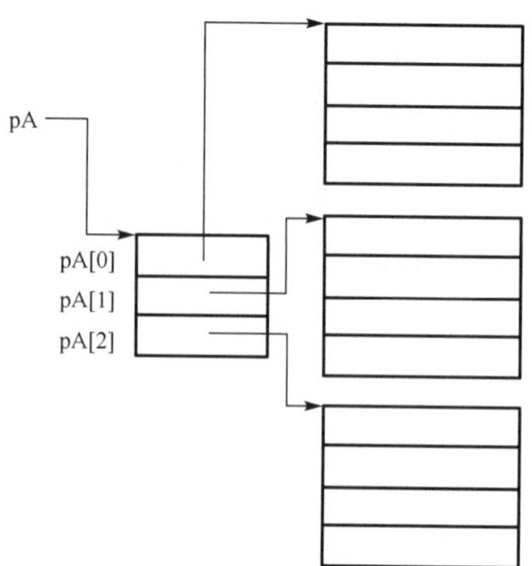

图 9.12　指针间关系

9.5　指向数组的指针

指向数组的指针又称行指针、数组指针。例如：

```
int (*p)[4];
```

其中，p 必须指向一个列数是 4 的整型二维数组，否则就是错误的。*(p+i)代表二维数组第 i 行的首地址。

【例 9-7】使用指向数组的指针。

指向数组的指针

```
//demo9_7.c
#include<stdio.h>
#include<stdlib.h>
int  main( )
{
    int  (*p)[4], i, j;
    int  a[3][4]={ 1,2,3,4,  5,6,7,8,  9,10,11,12 };
    p=a;        //要求 a 的列数必须是 4
    for(i=0;i<3;i++)
    {
        for( j=0; j<4; j++) printf("%4d",p[i][ j]);      //即 *(*(p+i)+j)
        printf("\n");
    }
    return  0;
}
```

程序运行结果如图 9.13 所示。

【程序解析】

对 int (*p)[4] = a; 来说：[ ]的优先级高于*，所以( )是必须要加的。如果写作 int *p[4]，则应该理解为 int *(p[4])，p 就成了一个指针数组，而不是二维数组指针。

在 int (*p)[4]中，圆括号中的*表明 p 是一个指针，它指向一个数组，数组的类型为 int

[4]，4 代表 4 行，这正是 a 所包含的每个一维数组的类型（每行上元素的个数）。所以，a+i 与 p+i 等效；a[i]与 p[i]、与*(a+i)、与*(p+i) 等效；a[i][j]与 p[i][j]、与*(a[i]+j)、与*(p[i]+j)、与*(*(a+i)+j)、与*(*(p+i)+j) 等效。

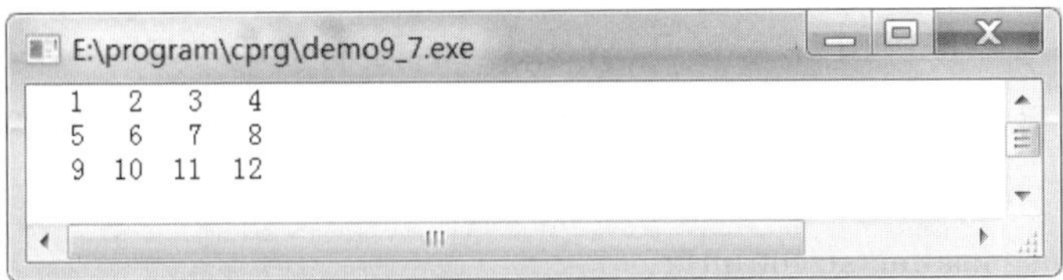

图 9.13 例 9-7 程序运行结果

> 【目的】
> 演示指向数组的指针。

习 题

一、选择题

1. 若有 int x=3,y=8； char c1='A',c2；int *pi,*pj；，以下语句正确的是________。

   A. pi=&x; y=*pi; B. pi=&x; pi+=10;
   C. pj=&c2;c2=c1; D. pi=&x; pj=pi;
   E. pi=&x;*pi=c1; F. pj=&c1; c2=*pj;
   G. pi=&y; pj=&c1;*pi=*pj; H. pi=&x;pj=&c1;pi==pj;

2. 若有声明 int a[10],*p=&a[2];，则对数组 a 的元素引用正确的是________。

   A. a[10] B. a[8.8] C. a(7) D. a[10-10]
   E. p[3] F. *(p+5) G. a[p-a] H. p[a+7]

3. 若有以下说明，则值为 5 的表达式是________。

```
int  a[10]={0,1,2,3,4,5,6,7,8,9},*p=a;
char  ch='5';
```

   A. a[ch-5] B. p[5] C. a[5] D. a[ch-'0']

4. 以下程序段执行后输出结果是________。

```
int i,sum=0,a[]={1,2,3,4,5,6,7,8,9,10},*pa=a;
for(i=0;i< 10;i++) sum-=*pa++;
printf("sum=%d\n",sum);
```

   A. sum=55 B. sum=-55 C. sum=45 D. sum=-45

5. 若有 int a[3][4];，则对数组 a 的元素引用非法的是________。

   A. a[2][2*1] B. a[2][3] C. a[4-2][0] D. a[2][4]
   E. *(a+2)+2 F. *(*(a+2)+2) G. a[2]+2 H. *(a[2]+2)

6. 以下程序段执行后输出结果是________。

```
int i,a[4][4]={{1,3,5},{2,4,6},{3,5,7}},*pa=&a[0][0];
printf("%d%d%d%d\n",*(pa+3),a[1][2],a[2][1],pa[13]);
```

```
return  0;
```

A. 0650　　B. 1450　　C. 5430　　D. 输出值不定

7. 以下程序段执行后输出结果是________。

```
char *s="abcde";   s+=2;   printf("%s\n",s);
```

A. cde　　B. c　　C. 字符 c 的地址　　D. 输出值不定

8. 若指针 p 已正确声明，要使 p 指向两个连续的整型动态存储单元，正确的语句是________。

A. p=2*(int *)malloc(sizeof(int));

B. p=(int *)malloc(2*sizeof(int));

C. p=(int*)malloc(2*4);

D. p=malloc(2*sizeof(int));

9. 能将 s 所指字符串正确复制到 t 所指存储空间的是________。

A. while(*t=*s){　t++;　s++;　}

B. for(i=0;t[i]=s[i];i++);

C. do{　(*t)++=(*s)++; }while(*s);

D. for(i=0,j=0;t[i++]=s[j++];);

10. 以下程序执行后输出结果是________。

```
#include<stdio.h>
#include<stdlib.h>
int  main( )
{
    char  ch[2][5]={"6937","8254"},*p[2];
    int i, j,s=0;
    p[0]=ch[0]; p[1]=ch[1];
    for(i=0;i<2;i++)
        for(j=0;p[i][j]>0;j+=2)   s=10*s+p[i][j]-32;
        printf("%d\n",s);
    return  0;
}
```

A. 69825　　B. 63825　　C. 6385　　D. 603825

二、编程题

1. 判断输入的一个字符串是否为回文。所谓回文是指顺读和倒读都一样的字符串，如：level、abccba、12321、123321。

2. 输入一个有效正整数，将其转换成数字字符串，如 1203 转换成"1203"。

3. 声明一个字符指针数组，用来存储 5 个学生的姓名并输出。

4. 将一个数字串转换成对应的汉字串，如"1203"对应成"壹贰零叁"。

5. 使用二级指针和 malloc( )函数，存储星期日 ~ 星期六这 7 个英文单词。

第 10 章　函　　数

📖学习目标

（1）理解函数的作用；

（2）熟练掌握函数的声明方法；

（3）逐步掌握函数参数的合理选取；

（4）逐步理解函数的调用过程；

（5）掌握变量的作用域和存储类型；

（6）理解带参数的 main( )函数（命令行参数）及作用；

（7）了解指向函数的指针；

（8）掌握常用算法的函数实现。

📖知识点导图

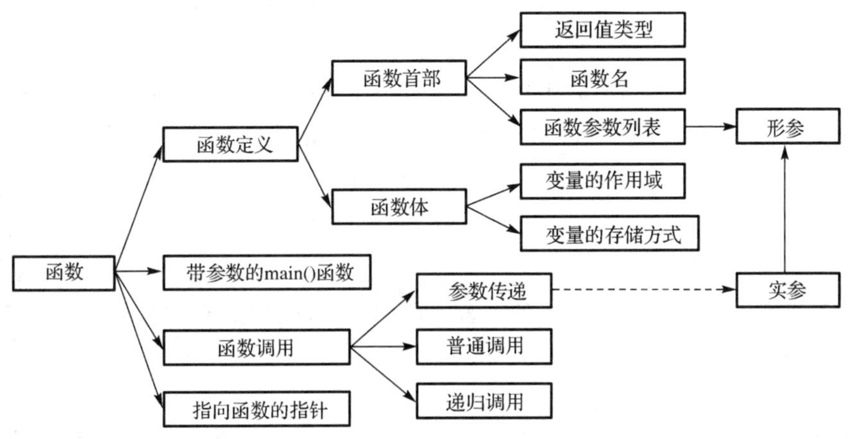

📖难点提示

（1）自定义函数的声明位置与作用域的关系；

（2）函数的参数类型和参数传递；

（3）递归函数的执行过程；

（4）static 型变量。

前面所写程序的代码，除包含头文件和宏定义之外，全部位于 main( )函数之中。这使得 main( )函数过于庞杂，理解程序的功能也过于困难，代码的重复率也比较高。使用函数、特别是自定义函数可以有效解决这些问题。

程序设计遵循“自顶向下、模块化、逐步求精”的设计原则。其中，模块化就是指一个较大的程序一般应分解成若干个模块，每个模块实现一个相对独立的功能，一个功能模块就是一个函数（一个函数中的代码一般不超过 20 行）。这样，一个 C 语言程序就由若干个函数构成。使用函数的目的就是实现程序模块化、代码重用。

主函数 main( )既是程序的入口，也是程序的出口，它可以调用其他函数；一个非主函数可以调用其他函数，也可以调用其自身。

函数可分为标准函数和用户自定义函数。前者常称为库函数，由 C 语言的编译系统提供；后者是由用户根据实际程序设计的需要而定义和使用。

10.1　函数的声明和定义

数学上的函数由函数的名称、自变量、表达式、计算的结果等共同组成。例如，一元二次函数 $f(x)=3x^2+2x-1$。在数学上，各部分的含义如下：

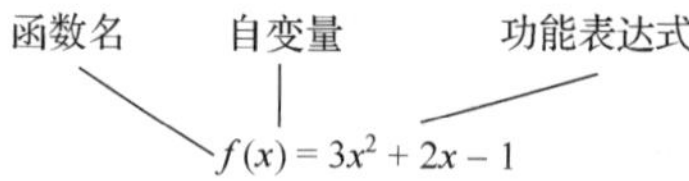

在 C 语言中，功能表达式应该改写成 3*x*x+2*x−1。各部分的含义如下：

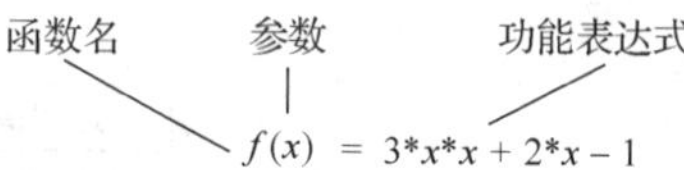

在 C 语言中，对于一个完整的函数，应该包括函数的类型和名称、参数（参数的类型、名称、个数）、函数体。其中，函数的类型（即函数运算结果的类型、返回值类型）、函数的名称、函数的参数，这三者组成了函数的首部。

10.1.1　函数的声明

函数的声明

函数的声明实际上就是指定函数的首部。函数的首部也称函数的原型。

函数声明的一般格式如下：

```
函数的类型 函数名( 参数列表 ) ;
```

其中，参数列表由零个或多个“类型名 参数名”组成，多个参数之间用逗号分隔。例如，若有函数声明：

```
int  fun1( );
```

则表明该函数的类型是整型（或者说函数运算的结果是整型），函数的名称是 fun1，该函数没有参数。若有函数声明：

```
int  fun2(int  x, int  y, char  c);
```

则表明该函数的类型是整型，函数名是 fun2，该函数有 3 个参数。该函数的声明还可以写成如下形式：

```
int  fun2(int , int  x, char);
```

或者

```
int  fun2(int , int, char);
```

也就是说，函数声明时不需要写参数名，写了也没有实际意义，所以称函数的参数为形式参数，简称形参。

在 C 语言中，一个程序内不允许出现同名的函数。例如：

```
void  display();
void  display(int x);
int   display();
```

这几个函数的名称相同，是不允许的。

在一个程序内，对于任意一个函数，只要指定了其函数原型，它的函数类型、函数名、参数的个数和类型就固定下来，必须“照章”使用。

特别强调：函数遵循“先声明后使用”的原则。

10.1.2　函数的定义

函数的完整定义包括函数的声明（函数首部）和函数体（即函数功能的实现部分）。例如：

函数的定义

```
double  calArea(double  r)  ———— 函数声明
{
    return  PI*r*r;             } 函数体
}
```

一个函数的函数体内允许出现另外一个函数的声明，通过这种方式限定了该函数的可使用区域（又称函数的作用域、生存期、生命周期等，如程序 demo10_1_3.c 中 calArea() 函数的声明）；不允许在一个函数的函数体内包含另一个函数的定义（如程序 demo10_1_4.c）。

【例 10-1】求圆的面积。

函数的声明及函数体的实现，有下面几种写法：

```
//①程序 demo10_1_1.c
#include<stdio.h>
#include<stdlib.h>
#define  PI  3.14
//calArea 声明与实现
double  calArea(double  r)
{
    return  PI*r*r;
}

int  main( )
{
    double  r, s;
    printf("Please
    input  r=");
    scanf("%lf",&r);
```

```
//②程序 demo10_1_2.c
#include<stdio.h>
#include<stdlib.h>
#define  PI  3.14
//calArea 先声明
double  calArea(double  x);
int  main( )
{
    double  r, s;
    printf("Please
    input  r=");
    scanf("%lf",&r);
    s=calArea( r );
    printf("s=%f\n",s);
    return  0;
}
```

```
//③程序 demo10_1_3.c
#include<stdio.h>
#include<stdlib.h>
#define  PI  3.14
int  main( )
{
    //calArea 在 main() 内声明
    double  calArea
    (double);
    double  r, s;
    printf("Please
    input  r=");
    scanf("%lf",&r);
    s=calArea( r );
    printf("s=%f\n",s);
    return  0;
```

s=calArea(r);
    printf("s=%f\n",s);
    return 0;
}
	//后实现 calArea
	double calArea(double ra)
	{
	    return PI*ra*ra;
	}
		}
		//calArea 必须在外实现
		double calArea(double rb)
		{
		    return PI*rb*rb;}

【程序解析】

（1）函数声明的位置

所有函数必须遵循先声明后使用的原则，且声明的位置决定了其生命周期。

在程序 demo10_1_1.c 中，calArea( )函数的声明与其功能实现（即函数体）一起完成，且放在其他所有函数之前。这样，calArea( )函数可以被其后的所有函数调用。

在程序 demo10_1_2.c 中，calAreaa( )函数是先声明后实现，且声明是在所有函数之前。其生命周期与 demo10_1_1.c 中的相同，是 demo10_1_1.c 的另一种实现方式。

在程序 demo10_1_3.c 中，calAreaa( )函数先声明后实现，且是在其他函数内（此题是在 maina( )内）声明的，函数的实现必须在所有函数外，即两者完全割裂开，则 calAreaa( )函数只能被其所属的函数调用，即其生命周期只局限于所声明的函数内。

（2）函数声明时的形参

函数在声明时使用的参数称为形式参数，简称形参，即参数的名称只是一个形式。

在 demo10_1_1.c 中，calAreaa( )函数的首部是 double calArea(double r)，表明该函数只有一个参数，类型是 double 型、参数名是 r。

在 demo10_1_2.c 中，calAreaa( )函数声明时首部使用的是 double calArea(double x)，表明该函数只有一个参数，类型是 double 型、参数名是 x；而在该函数的功能实现时使用的参数是 ra。所以，函数声明和函数实现时使用的参数名称是可以不同的，而只需参数的类型和个数相同。

在 demo10_1_3.c 中，calArea( )函数的首部是 double calArea(double)，表明该函数只有一个参数，类型是 double 型、参数名省略了，在该函数的功能实现时使用的参数是 rb。

综上所述，函数声明时的参数名只是一个形式，且可以省略形式参数的名称。

（3）函数的函数体

在上面 3 个程序的自定义函数 calArea 中，{return PI*r*r;}、{return PI*ra*ra;}、{return PI*rb*rb;}称为 calArea( )函数的函数体，即函数的功能实现部分。

（4）函数被调用时的实参

在上面 3 个程序的 main( )函数中，calArea(r)是函数的调用，其中的 r 就是实在参数，简称实参。

我们可以根据自己的习惯或实际需要，选用任意一种方式进行函数的声明和实现。但是，下面的程序代码是错误的。

```
//程序 demo10_1_4.c
#include<stdio.h>
#include<stdlib.h>
```

```
#define  PI  3.14
int  main( )
{
    double  calArea(double  r)
    {
        return  PI*r*r;
    } //在一个函数的函数体内嵌套另一个函数的定义，是错误的
    double  r, s;
    printf("Please input r=");        scanf("%lf",&r);
    s=calArea( r );
    printf("s=%f\n",s);
return 0;
}
```

任何时候都不能在一个函数内书写另一个函数的定义（函数体）。

> **【目的】**
> 演示函数声明的几种方法，函数声明的位置决定了其作用域（生命周期）。

10.2　函数的调用

函数调用

【例 10-2】以计算圆的面积为例，演示函数的调用过程。

```
//demo10_2.c
#include<stdio.h>
#include<stdlib.h>
double  PI=3.14;            //PI 是全局变量，是在所有函数外定义的
double  calArea(double  r)//函数的参数 r 相当于局部变量
{
    double  s;              //s 是 calArea()函数中的局部变量
    printf("in function r=%f\n",r);
    s=PI*r*r;
    return  s;
}
int  main( )
{
    double  r, s;           //r、s 是函数 main()中的局部变量
    printf("Please input r="); scanf("%lf",&r);
    s=calArea(r);           //函数被调用，此时在 r 前绝对不能再加类型 double
    printf("in main s=%f, r=%f\n",s,r);
    return  0;
}
```

程序的执行过程如图 10.1 所示。

【程序解析】

程序的执行过程用文字描述如下：程序从主函数 main( )开始从上向下依次执行；当执行到 calArea(r)这个函数调用语句时，程序会先进行现场保护（进栈，所谓保护现场是指记

下此时实在参数的值、程序当前的执行位置等）；再跳转到被调用函数的位置，进行参数传递；再执行 calArea( )函数的函数体，直到该函数的函数体执行结束（或碰到了 **return**( )语句）；再恢复现场（出栈），返回到刚才发生跳转的地方，继续向下执行，直到 main 函数执行结束。

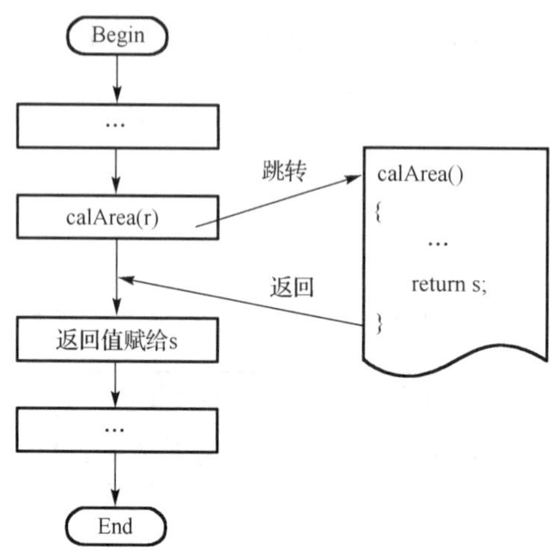

图 10.1　程序 demo10_2 的执行过程

一个函数内声明的变量属于局部变量，它的生命只局限于定义它的函数，外部是不可见的。例如，calArea( )函数中的 r、s，与 main( )函数中的 r、s，这两对变量没有任何直接关系，属于各自所在函数的局部变量。所以，不同函数内的同名变量，分别占驻不同的存储单元，不存在任何关系。

【目的】

演示函数调用的过程。

10.3　函数的参数和返回值

函数的原型规定了函数的返回值类型、名称、参数列表。参数是函数之间进行数据交流的主要途径。

函数的参数传递

10.3.1　函数的参数传递

函数在声明、定义时给出的参数称为形式参数；函数被调用时使用的参数称为实在参数。

函数被调用时，是实参向形参传递值，它们之间应该满足赋值兼容的原则，即实参与形参的类型完全相同或者实参能实现自动类型转换，再赋值给形参，最理想的情况当然是它们的类型完全相同。

例如，有函数原型 int　fun (int , double); 则下面几个函数调用：

fun(1, 2)、fun('a',100)、fun(3,8.8)，都是合法的；而 fun(3.4,99)，则是非法的，因为给定的参数 3.4 是浮点型的、但要求的参数是整型的，而浮点型是不能自动转换成整型的。

函数参数的传递通过函数的调用来实现。当函数被调用时，是实参向对应的形参传递数据，传递的数据可能是一个普通的值，也可能是一个地址值，分别称为传值和传址。

【例 10-3】 通过函数实现两个变量值的交换。

```
//demo10_3_1.c，下面这个函数虽没有语法错误，但不能实现交换功能
#include<stdio.h>
#include<stdlib.h>
void  swap(int  x, int  y)
{
    int  t;
    t=x; x=y; y=t;      //在这个函数内部，x、y 的值进行交换
    printf("in swap:x=%d  y=%d\n",x,y);
}                       //该函数调用结束，这里的 x、y 占有的存储空间也就释放了
int  main( )
{
    int  x=1,y=3;
    swap(x,y);          //实参向形参传递值，是单向的
    printf("in main:x=%d, y=%d\n",x,y); //main 中 x、y 的值未改变
    return  0;
}
```

【程序解析】

程序 demo10_3_1.c 中自定义函数 swap( )在被调用时、调用中、调用后，相关参数的变化情况如图 10.2 所示。

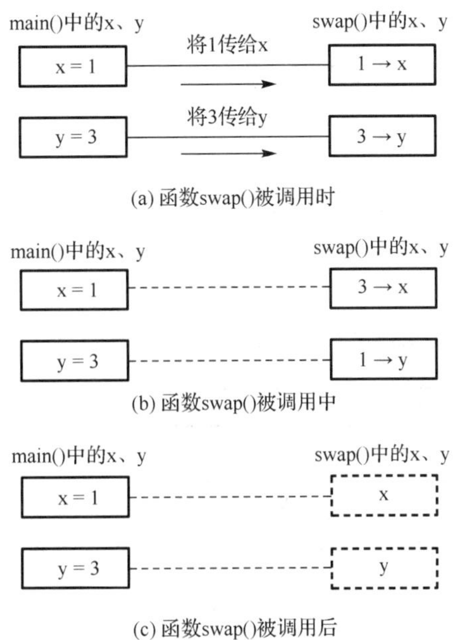

图 10.2　demo10_3_1.c 执行过程参数传递示意图

程序执行到调用 swap( )函数时，进行实参向形参的值传递，即将 1 传给 swap( )中的 x、

将 3 传给 swap( )中的 y；再执行 swap( )的函数体。在此过程中，swap( )中的 x 和 y 的值发生了变化；swap( )函数执行结束，在 swap( )内定义的所有变量的生命周期也就结束了，意味着 swap( )中 x 和 y 消失了。main( )中的 x、y 仍保持着原来的值。所以，这两组 x、y 分别占用不同的存储单元、具有不同的生命周期。

```
//demo10_3_2.c，能实现交换功能
#include<stdio.h>
#include<stdlib.h>
void  swap(int *x, int* y)    //参数是指针，即地址；地址不会变，但存储单元里
                              //的值可以改变
{
    int  t;
    t=*x;  *x=*y;  *y=t;                             //这里*x、*y的值交换了
    printf("in swap:*x=%d  *y=%d\n",*x,*y);        //输出存储单元内的值
    printf("in swap 地址:x=%d  y=%d\n",x,y);       //输出存储单元的地址
}
int  main( )
{
    int  x=1, y=3;
    printf("in main 地址:&x=%d  &y=%d\n",&x,&y); //输出地址
    swap(&x, &y);          //实参向形参传递的是地址，也是单向的
    printf("in main:x=%d, y=%d\n",x,y);
    return  0;
}
```

【程序解析】

程序 demo10_3_2.c 中参数传递和自定义函数 swap( )在被调用时、调用中、调用后，相关参数的变化情况如图 10.3 所示。

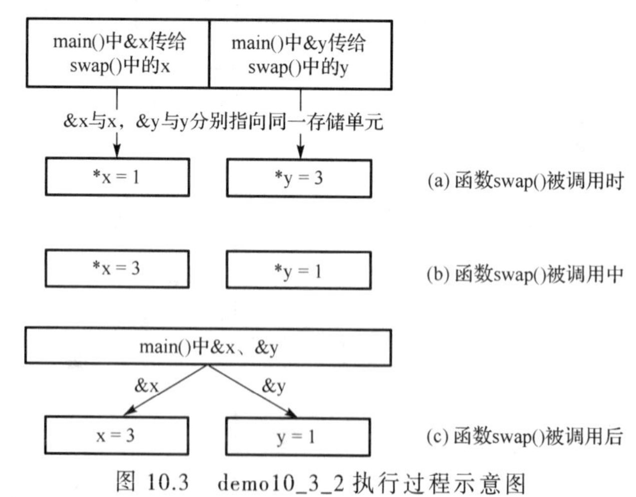

图 10.3　demo10_3_2 执行过程示意图

在 swap( )函数被调用时，是将 main( )中 x、y 的存储地址传递给 swap( )中的指针型变量 x、y，使得 swap( )中的指针 x、y 分别指向 main( )中的两个变量的存储单元，即两组变量分别指示的是同一组存储单元（这可以通过输出的地址值看到），使得交换两个存储单元中的

值就是交换 main( )中 x、y 的值。

所以，无论是传值还是传址，传递都是单向的，即只能是实参传递给形参。传值意味着两组参数分别对应不同的存储单元。传址则意味着相关参数指示着同一存储单元，指示的存储单元是不可改变的，即存储单元的地址是不能改变的，但存储单元中存储的内容可以改变，从而通过传址达到了改变值的效果。

```
//demo10_3_3.c 与 demo10_3_2.c 具有一样的功能，只是 main()中多用了两个指针变量
#include<stdio.h>
#include<stdlib.h>
void swap(int  *x, int*  y)
{
    int  t;
    t=*x;   *x=*y;  *y=t;
}
int  main(  )
{
    int  x=1,y=3;
    int *px, *py;  px=&x,  py=&y;  //多用了 2 个指针变量
    swap(px, py);       //参数传递时，参数的类型一定要匹配，必须是整型指针
    printf("in main:x=%d, y=%d\n",x,y);
    return  0;
}
```

使用指针实现交换

下面的程序 demo10_3_4.c，编译虽不存在错误，但会发生运行时错误。

```
//demo10_3_4.c
#include<stdio.h>
#include<stdlib.h>
void swap(int *x, int* y)                    //参数是指针型的，也就是地址
{
    int  *t;
    //t=(int *)malloc( sizeof(int) );        //去掉前面的注释符号，程序就没错了
    *t=*x; *x=*y; *y=*t;
}
int  main(  )
{
    int  x=1,y=3;
    swap(&x, &y);  //参数传递时参数的类型一定要匹配。是取 x、y 的地址
    printf("in main:x=%d, y=%d\n",x,y);
    return  0;
}
```

【程序解析】

demo10_3_4.c 的自定义函数 swap( )中的指针变量 t，仅进行了声明，没有赋值，即指针 t 的指向是不确定的，因而不能使用*t。只有经 malloc( )函数运算后，t 才指向了一个确定的存储单元，才能使用*t。

【目的】

演示形式参数和实在参数的作用及差别、传值和传址的差别。

10.3.2 函数的返回值

函数的返回值

一个函数的函数体中可以有，也可以没有 return；甚至可以出现多个 return，但最多只会有一个 return 起作用。例如：

```
void  fun1(  ){
    printf("This is a example.\n");
    //return  ;
}   //该函数没有 return，若有、则只能是 return;，其后不能有任何值
int  fun2(  ){
    int  x=8;
    return  x;  //依语句的先后次序，该 return 有效。碰到 return，该函数的执行就结束
    x=888;      //该语句开始后面的所有语句永远不会被执行
    return  x;  //该函数有多个 return，但这个 return 永远是无效的
}
fun3( int  x ){
    if(x>0)    return  1;
    else   return  0;
}   //该函数将会依 if 后的表达式而选择执行某一个 return
```

一个函数没有指定其类型时，默认是 int 型的，如上面的函数 fun3，默认是整型的。

在有些编译器中，主函数 main( )前的 int 允许省略，甚至允许 main( )是 void 空类型的。

当 return 语句中表达式的类型与函数首部指定的类型不一致时，以函数首部的类型为准。例如：

```
int  fun4(  ){
    return  65.8;
}
```

函数 fun4 的类型是整型，但 return 返回的是一个浮点型，最终结果应以整型为准，即函数的类型。所以，该函数被调用后的返回值应该是整数 65。

对于语句 return 表达式;，也可以写成 return (表达式);的形式。例如，return 65.8;可写成 return(65.8);，而 return ;则可写成 return( );。

一个函数被调用之后，其 return 最多只能返回一个值。要想通过函数调用得到多个新值或者改变多个量的值，只有两种方法：一是使用全局变量；二是使用指针型参数。但前者是不提倡使用的，因此，只能通过后者来实现。所以，凡想通过函数调用得到一个或多个新值，相关参数就只能使用指针型的。

10.3.3 指针作函数参数

指针作函数参数
求最值下标

【例 10-4】求数组的最大、最小值的下标。

【解题思路】

先调用随机函数生成一个具有 n 个元素，且无重复值的数组；再求最大、最小值并保存相关下标；最后输出最大、最小值的下标。

求最值的算法在前面的章节已多次讲述，不再赘述；本题的难点在于如何通过一个函数的一次调用而得到多个返回值。由于 return 最多只能返回一个值，要想返回多个值，只能通过函数的参数来实现。所以，本题实现求最值下标的自定义函数的参数列表中至少要指定两个指针型参数，这是解决问题的关键。

通过自定义函数 findMaxMin( )来求解最大最小值的下标，该函数需要指定多少个参数呢？这样考虑：在哪里找最值呢？从数组之中；这个数组的名称是什么、有多少个元素呢？数组的名称是一个地址（即指针）。所以，确定一个数组需要掌控数组的首地址和元素个数这两个值。因此，本函数需要 4 个参数，分别是：数组的首地址、数组的元素个数、最大值对应下标的指针、最小值对应下标的指针。

findMaxMin( )函数的首部如下：

`void  findMaxMin(int *a, int n, int *ma, int *mi)` 或者

`void  findMaxMin(int a[ ], int n, int *ma, int *mi)` 或者

`void  findMaxMin(int *, int, int *, int *)` 或者

`void  findMaxMin(int a[ ], int , int *, int *)`

自定义函数 findMaxMin( )中 4 个参数的次序没有先后之分，但最好遵循一定的次序——已知条件在前，未知的在后。

```
//demo10_4.c
#include<stdio.h>
#include <stdlib.h>
#include<time.h>
void  findMaxMin(int *a, int n, int *ma, int *mi)
                                        //求数组 a 中最大、最小值的下标
{
    int  i;
    *ma=*mi=0;                          //假设
    for(i=1;i<n;i++)
        if(a[*ma]<a[i])    *ma=i;      //a[i]等价于*(a+i)
        else if(a[*mi]>a[i])    *mi=i;
}
int  findX(int *a, int  n, int  x)     //查找数组 a 中是否存在 x
{
    int  i=0;
    while(i<n&&x!= *(a+i))    i++;     //  *(a+i)等价于 a[i]
    if(i>=n)   return  -1;
    else   return     i;
    //没找到时返回值是-1，因为数组元素的下标不可能是-1；找到了，返回其下标
}
void  createRndArray(int *a, int  n) //随机生成元素值不重复的数组 a
{
    int  i, x;
    srand(time(0));                     //以当前时间作为随机数种子
    for(i=0;i<n; )                      //只给定了 for 中的两个表达式
    {
```

```
        x=rand( )%100;                    //产生一个值在[ 0,100 ) 之间的随机整数
        if( findX(a,i,x)<0) { a[i]=x; i++;}
        //在数组 a 中不存在 x，则将其插入到数组的尾部，保证数组中无重复值
    }
}
//主函数 main()
int main( )
{
    int a[10], n=10;
    int ma, mi, i;
    createRndArray(a, n);
    for(i=0;i<n;i++) printf("%d, ",a[i]);
    printf("\n");
    findMaxMin(a, n, &ma, &mi);
    printf("Index of max、min is :%d, %d\n",ma,mi);
    return 0;
}
```

程序运行结果如图 10.4 所示。

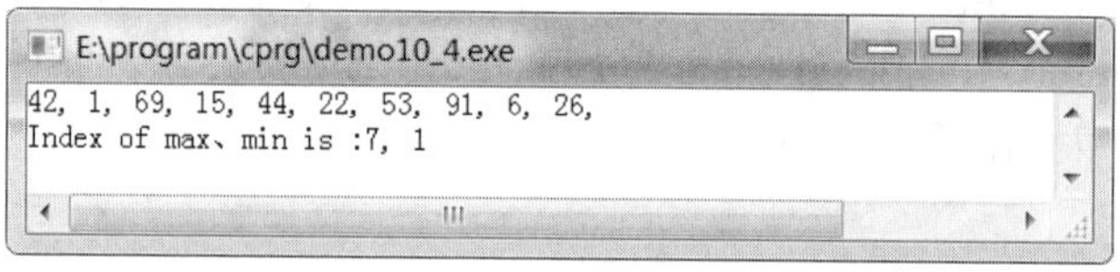

```
E:\program\cprg\demo10_4.exe
42, 1, 69, 15, 44, 22, 53, 91, 6, 26,
Index of max、min is :7, 1
```

图 10.4　例 10-4 程序运行结果

【程序解析】

函数 findMaxMin( )的功能是求数组 a 中最大、最小值的下标。其首部 void findMaxMin(int a[10], int n, int *ma, int *mi)，数组的容量写上 10 是多余的；所以常写成 void findMaxMin(int a[ ], int n, int *ma, int *mi)的形式。用数组名做形参时方括号绝对不能省略，因为数组名就是数组的首地址。实际应用中，常用指针代替数组名做参数，即 void findMaxMin(int *a, int n, int *ma, int *mi)。

函数 findX( )的功能是：在具有 n 个元素的数组 a 中，查找 x 是否存在。该函数的首部也可以写成 int findX(int a[ ], int n, int x)。

函数 createRndArray( )的功能是：随机生成一个具有 n 个元素且无重复值的数组 a。

程序中各函数的调用关系如图 10.5 所示。

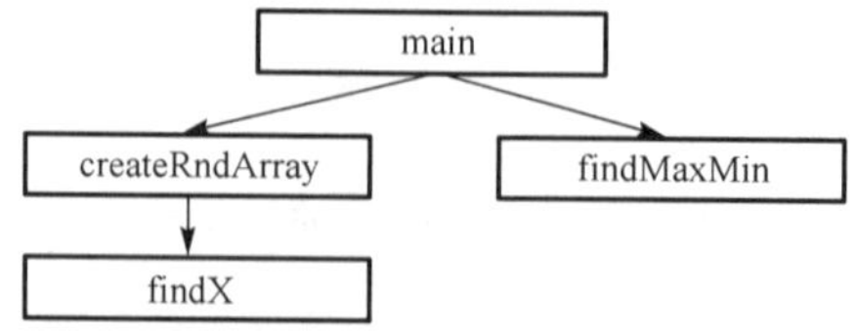

图 10.5　程序中各函数的调用关系

【目的】

演示标准函数的调用、自定义函数的使用，使用指针作函数的参数。

【例 10-5】求一个正整数的所有因子。

【问题分析】

求一个正整数的所有因子，通过函数来实现。这个函数应该设置几个参数？

根据题意可知：已知条件是“任意的一个正整数”，需要得到的结果是“它的所有因子”。前者必然要作为函数的一个参数，否则，要么给该正整数指定固定的值，要么函数缺少求解的对象（如果这样，自定义函数就不存在通用性）；求解得到的所有因子必然要用一个数组来存储，这必须包含两个信息：一是数组名；二是数组的实际元素个数。

求因子

因此，设计的自定义函数至少包含两个参数：第一个参数是给定的任意正整数，即求谁的因子；第二个参数是存储因子的数组（或指针），即求出的所有因子存放到哪里。这个数组的元素个数即是因子的个数，它可以作为函数的返回值，也可以作为第三个参数且必须是指针型（因为它事先未知）。

因此，这个函数的首部可以定义成：

```
int  calFactor(int x, int *array);    或者
void  calFactor(int x, int *array, int *n);
```

下面以后者为例，进行程序代码的编写。

```
//demo10_5.c
#include<stdio.h>
#include<stdlib.h>
#include<time.h>
//产生一个(1,1000]的随机整数
int createRnd()
{
    int x;
    srand(time(0));                 //保证每次运行程序能得到不同的随机数
    do
    {
        x=rand()%1000+1;
    }
    while(x==1);

}
//求 x 的所有因子
void  calFactor(int  x, int  *a, int * n)
{
    int  i;
    a[0]=1;
    *n=1;                           //整数 1 肯定是任何整数的因子
    for(i=2; i<=x; i++)
        if(x%i==0)
        {
            a[*n]=i;
            (*n)++;                 // *n 需加括号
        }
}
```

```
void display(int *a,int n)
{
    int i=0;
    do                                  //此循环按指定格式输出所有因子
    {
        printf("%-5d ",a[i]);           //宽度为 5，左对齐
        i++;
        if(i%5==0) printf("\n");        //每行输出 5 个
    } while(i<n);
    printf("\n");
}
int  main( )
{
    int  x, n, a[100];
    x=createRnd();                      //产生(2,1000]中的一个随机正整数
    calFactor(x, a, &n);
    printf("Factors of %d are:\n",x);
    //n 是因子的总个数，注意实参与形参的对应
    display(a,n);
    return  0;
}
```

程序运行结果如图 10.6 所示。

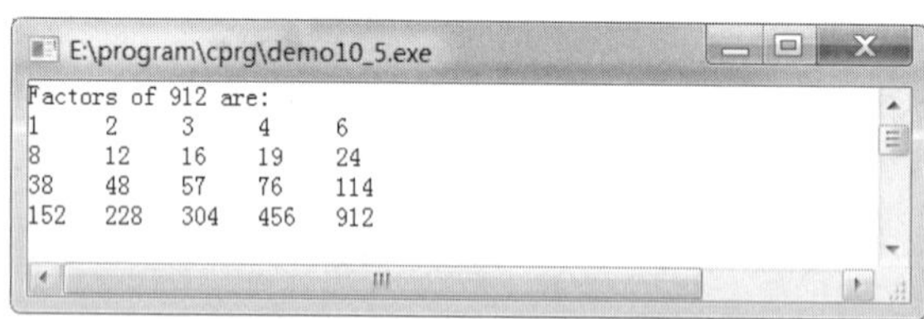

图 10.6 例 10-5 程序运行结果

【目的】

演示如何确定函数参数的个数以及参数的类型。

【思考】

（1）求一个正整数的所有质因子。

（2）删除一个数组中指定的元素。

（3）删除一个数组中值相同的元素。

（4）删除一个数组中从下标 start 开始连续的 len 个元素。

（5）求两个集合的并、交、差。

【例 10-6】实现矩阵的旋转变换，如图 10.7 所示。

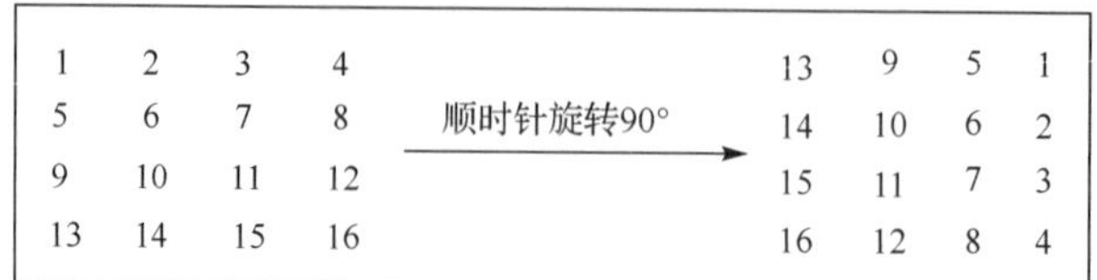

图 10.7 矩阵旋转

矩阵旋转方法一

【问题分析】

问题的关键就是找出新、旧两个矩阵行列号（二维数组下标）间的映射关系。下面给出两种求解的方法。

（1）将二维数组（矩阵）当作一维数组来看待，考虑新旧两个一维数组下标间的关系。

先将两个二维数组映射成对应的一维数组，再计算值相等的两个元素下标之间的数学关系。为便于寻找下标间的关系，画出如表 10.1 所示的转换结果。分析、总结规律，得出表达式。

表 10.1　矩阵变换的下标关系

原矩阵的元素值	原矩阵对应一维数组 A 的下标 p	结果矩阵对应一维数组 B 的下标 k
1	0	3
2	1	7
3	2	11
4	3	15
5	4	2
6	5	6
7	6	10
8	7	14
…	…	…

得出的表达式是：k=(4*p+3-p/4)%16；其中 p=0,1,2…15。

> **注意：**
> p、k 之间的关系表达式可能不只一个，只要能得到正确结果即可。

```
//demo10_6_1.c
#include<stdio.h>
#include<stdlib.h>
void  rotate(int *A, int  rank)
{
    int  p, k;
    int * B=(int*)malloc(rank*rank*sizeof(int));
    //申请 rank*rank 个存储空间，返回该存储区域的首地址
    for(p=0;p<rank*rank;p++)
    {
        k=(4*p+3-p/4)%16;              //下标关系式
        B[k]=A[p];                     //即 A[p]赋给 B[k]
    }
    for(k=0;k<rank*rank;k++)
        A[k]=B[k];                     //即最终结果仍存于原一维数组
    free(B);                           //释放辅助的动态存储空间
}
int  main(  )
```

```
{
    int  matrix[4][4], i, j, n=1;
    for(i=0;i<4;i++)   for( j=0; j<4; j++)  matrix[ i ][ j ]=n++;
    rotate(&matrix[0][0],4);      //第一个参数是原矩阵中第一个元素的存储地址
    for(i=0;i<4;i++)
    {
        for( j=0; j<4; j++)    printf("%4d",matrix[ i ][ j ]);
        printf("\n");
    }
    return  0;
}
```

（2）考虑原二维数组的元素 a[i] [j]与新二维数组的元素 b[newI][newJ]下标间的关系。画出新旧两个二维数组下标间的对应关系，如表 10.2 所示。

表 10.2　矩阵变换的下标关系图

二维数组的元素值	行下标 i	列下标 j	新行下标 newI	新列下标 newJ
1	0	0	0	3
2	0	1	1	3
3	0	2	2	3
4	0	3	3	3
5	1	0	0	2
6	1	1	1	2
7	1	2	2	2
8	1	3	3	2
…	…	…	…	…

经分析得出新旧二维数组下标间的关系：newI=j;　newJ=3–i;

根据上述关系式可写出如下的程序。

矩阵旋转方法二

```
//demo10_6_2.c
#include<stdio.h>
#include<stdlib.h>
void  rotate(int  a[][4], int  b[][4])
//二维数组名做形式参数，务必指定二维数组的列数
{
    int  i, j, newI, newJ;
    for(i=0;i<4;i++)
        for( j=0; j<4; j++)
        {
            newI=j;
            newJ=3-i;
            b[newI][newJ]=a[ i ][ j ]; //把 a[i][j]放入 b 数组中对应下标处
        }
}
```

```
int  main( )
{
    int  a[4][4],  b[4][4], i, j, n=1 ;
    for(i=0;i<4;i++)   for( j=0; j<4; j++)    a[i][j]=n++;
    rotate(a,b);
    for(i=0;i<4;i++)
    {
        for( j=0; j<4; j++)    printf("%4d",b[i][j]);
        printf("\n");
    }
    return  0;
}
```

【目的】

演示二维数组与一维数组的关系、二维数组作函数的参数。

【思考】

若将本例的矩阵逆时针旋转 90°，下标间的关系如何呢？

【例 10-7】使用引用型参数实现交换操作。

在 C++编译器中，允许使用变量的引用。变量的引用就是变量的别名，其本质还是指针，但用法比指针要简单。

```
//demo10_7.cpp 在 CodeBlocks 中要使用引用必须将文件存储为*.cpp。
#include<stdio.h>
#include<stdlib.h>
//声明引用型形式参数，这里的&不是地址运算符、而是引用的专属标记
void swap( int&  x, int&  y)
{
    int  t;
    t=x;  x=y;  y=t;
}
int  main( )
{
    int  x=1, y=3;
    swap(x, y);                //实参。注意：实参与形参的对应关系、写法
    printf("%d,%d\n",x,y);
    return  0;
}
```

引用型参数

【目的】

演示函数使用引用型形参，实现改变实参的目的。

【技巧】

（1）实参向形参传递值时，应该满足赋值兼容的原则（所谓赋值兼容简单理解成实参能向形参进行自动类型转换）。

（2）要想通过函数调用改变实参的值，则必须使用指针型形参；要想通过函数调用返回多个值，也必须使用指针型形参。

（3）当形参是数组类型时，将其定义成指针类型也是可以的；反之，则不一定。

（4）使用引用型参数能达到改变实参的效果。但引用型参数是 C++的特性。不能使用数组的引用，因为数组根本就不存在引用的概念。

10.3.4 带参数的 main( )函数

带参数的 main( )函数

以前，我们使用的主函数 main( )都是不带参数的，实际上它是可以带参数的。

带参数的 main( )函数其首部形如：

```
int  main(int  argc, char* args[]);
```

它的第一个参数是整型；第二个参数是字符串数组，称为命令行参数。因此，只有指定了这两个参数的值（准确地说是指定第二个参数的值），才能体现出带参数的 main( )函数的价值。

【例 10-8】演示带参数的 main( )函数及其运行方法。

```
//demo10_8.c
#include<stdio.h>
#include<stdlib.h>
int  main(int  argc, char *args[  ])
{
    int  i;
    printf("argc=%d\n",argc);
    for(i=0;i<argc;i++)
        printf("%s\n",args[i]);
    return  0;
}
```

在 CodeBlocks 中编辑、编译后，生成了 demo10_8.exe 可执行文件（其完整文件名是 e:\program\c_prg\ demo10_8.exe）。

带参数的 main( )函数，其运行步骤、方法如下：

（1）打开 DOS 命令提示符窗口。单击“开始”按钮，在出现的“搜索程序和文件”文本框中输入 cmd（见图 10.8）；并按【Enter】键，打开 DOS 命令提示符窗口，如图 10.9 所示。也可选择点击“开始”→“所有程序”→“附件”→“命令提示符”命令打开 DOS 命令提示符窗口。

图 10.8　打开 DOS 命令提示符窗口的方法

（2）进入 demo10_8.exe 文件所在的文件夹（如 e:\program\cprg），然后输入 demo10_8□file1□□file2□□□file3 并按【Enter】键，即可得到运行结果（图中画线部分为输入的内容），如图 10.10 所示。

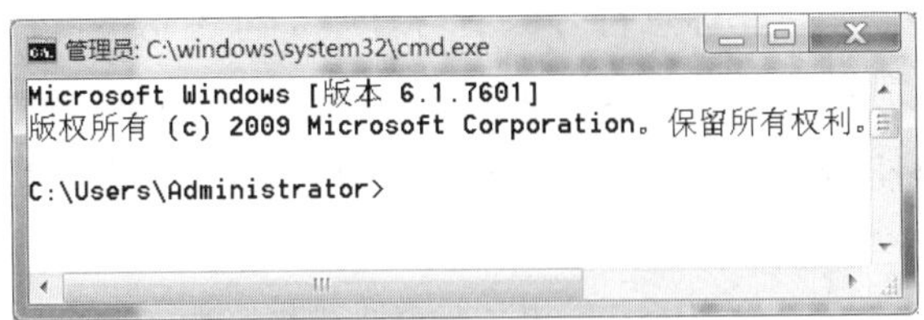

图 10.9　DOS 命令提示符窗口

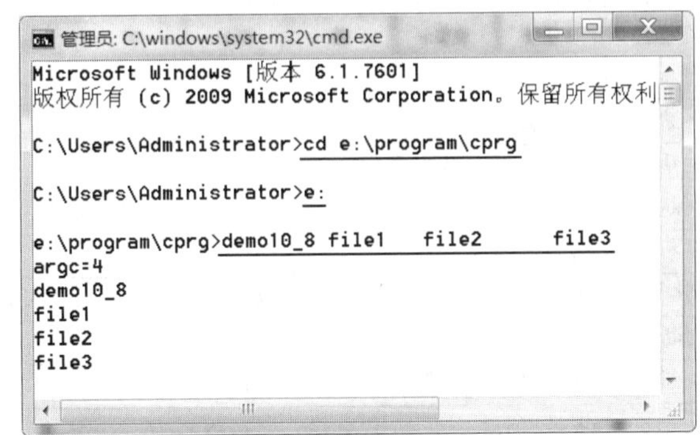

图 10.10　在命令提示符窗口运行带命令行参数的程序

从程序的运行方式、输入、运行结果可以看出，main( )函数有 2 个参数：第一个参数是 argc，其值是 4，是系统根据字符串数组的大小自动计算出来的；第二个参数是一个字符串数组，各数组元素依次是 args[0]、args[1]、args[2]、args[3]，值依次是字符串 demo10_8.exe（即可执行程序的文件名）、file1、file2、file3。也就是说，在命令提示符下运行时，输入命令行参数，程序执行时会根据输入的内容，自动分割和获取字符串数组的大小、值（在命令行中，各字符串数组元素的值只能以空格来分隔）。若字符串数组中某字符串含有空格，则需要用双引号将该串值括起来，如图 10.11 所示。

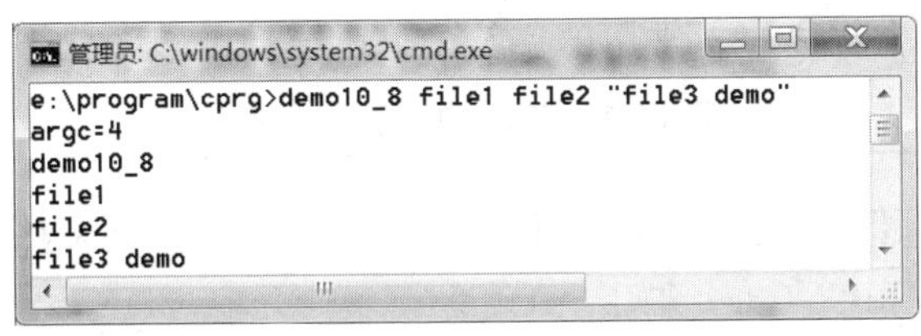

图 10.11　串值含空格的命令行参数

10.4　常用库函数介绍

C 语言编译器提供了大量的库函数，下面对常使用的部分字符函数、字符串函数、类型转换函数的用法做一些介绍。

字符函数

10.4.1　字符函数

在设计程序时，经常需要判断一个字符是字母字符（又分大小写）还是数字字符，是标点符号还是非标点符号，是可打印字符还是不可打印字符，是否为控制字符等。这些字符的类别可以通过其 ASCII 码来判断（使用自定义函数），但 ASCII 码不便记忆。因此，C 语言编译器提供了相应的库函数供用户调用。常用的字符类别判断函数如表 10.3 所示。

表 10.3　常用字符类别判断函数

函数原型	函数功能
int isascii(int ch)	判断 ch 是否是 ASCII 字符，即判断字符 ch 的 ASCII 码是否在[0,127]内，返回 1 代表是、返回 0 代表否
int isalpha(int ch)	判断 ch 是否是字母字符
int isdigit(int ch)	判断 ch 是否是数字字符
int isalnum(int ch)	判断 ch 是否是字母或数字字符
int islower(int ch)	判断 ch 是否是小写字母
int isupper(int ch)	判断 ch 是否是大写字母
int ispunct(int ch)	判断 ch 是否是标点符号，即除字母、数字空格以外的所有可打印字符
int iscntrl(int ch)	判断 ch 是否是控制字符，即判断 ch 的 ASCII 码是否在[0,31]内
int isgraph(int ch)	判断 ch 是否是可打印字符，即判断 ch 的 ASCII 码是否在[33,126]内
int isprint(int ch)	判断 ch 是否是可打印字符、含空格，即判断 ch 的 ASCII 码是否在[32,126]内

上面的这些库函数具有共同的特征：功能是“判断是否是……”，函数名是“is……”，返回值类型是 int。我们从中要学到的是“若自定义函数的功能是判断……则函数名称使用 is……函数的返回值类型用 int”。

还有两个函数：int toupper(int ch)、int tolower(int ch)则是将 ch 转换成对应的大小写字母字符，返回其 ASCII 码。例如，toupper(65)、toupper(97)的结果都是 65，代表'A'。

使用上面的这些函数时，应该在源程序中包含头文件 ctype.h。

10.4.2　字符串函数

字符串函数

字符串是最常见的数据之一，常用的字符串处理函数如表 10.4 所示。

表 10.4　常用的字符串函数

函数原型	函数功能
char*strcat(char*str1,char*str2)	将串 str2 连接到串 str1 的后面，原 str1 最后的\0 被去掉；返回新串 str1
char*strchr(char*str,int ch)	在串 str 中定位字符 ch 第一次出现的位置；返回在 str 中以 ch 为第一个字符的子串
int strcmp(char*str1,char*str2)	比较两个字符串的大小：若 str1 大于 str2，则返回值是 1；若 str1 小于 str2，则返回值是-1；若 str1 等于 str2，则返回值是 0
int stricmp(char*str1,char*str2)	忽略大小写比较两个串的大小。与上面的 strcmp 类似
char*strcpy(char*des,char*res)	把 res 指示的串复制到 des 中，返回 des
int strlen(char*str)	统计串 str 中字符的个数（即串长，不含字符串结束标记），返回值是一个整数
char*strstr(char*str1,char*str2)	定位串 str2 在 str1 中第一次出现的位置；找到了则返回值是在 str1 中去掉 str2 之前的内容后剩余字符组成的串，否则返回值是空指针 NULL
int strncmp(char *str1, char *str2, int maxlen);	比较两个字符串的前 maxlen 个字节的大小。如果前 maxlen 字节完全相等，返回值是 0；不等则返回首次不等时的 str1[i]-str2[i]
char * strncat(char *dest, const char *src, int len)	将字符串 src 的前 len 个字符连接到 dest 串的后面。不需考虑 dest 所占空间的多少、不会发生溢出
char*strncpy(char *dest, const char * src,int len)	将字符串 src 的前 len 个字符复制到 dest 中。不需考虑 dest 所占空间的多少，不会发生溢出

在使用函数 strcat( )、strcpy( )时，必须考虑参数 str1( )指示的存储区域是否有足够的空间存储结果串，即要求 str1 的容量足够大；而 strncat( )、strncpy( )则不需考虑 dest 所占空间的大小。

上面的库函数中，函数的参数均使用了字符型指针，实际上使用字符数组也是可以的，但函数的返回值类型只能使用字符型指针。

使用字符串处理函数时，应该在源程序中包含头文件 string.h。

【例 10-9】 几个常用字符串函数的使用。

```
//demo10_9.c
#include<stdio.h>
#include<stdlib.h>
#include<string.h>                                    //字符串函数所属的头文件
int  main( )
{
    char  str1[100 ]="c program.";
    printf("Length of str1:%d\n",strlen(str1)); //只能对字符串求串长
    char  str2[]="ab\tcd\\e";                      //含转义字符，它只能算一个字符
    printf("str2:%s,length:%d\n",str2,strlen(str2));
    char str3[]="c programmer";
    printf("Compare:%d\n",strcmp(str1,str3));    //比较对应字符的 ASCII 码
    char *pStr="english";
    printf("concat:%s\n",strcat(str1,pStr)); //串连接。str1 的容量必须足够大
    char  str6[20]="121234a1234b";
    char*subStr="1234a";
    printf("result of strstr:%s\n",strstr(str6,subStr));   //定位子串
    printf("result of strchr:%s\n",strchr(str6,'a'));      //定位字符 a
    return  0;
}
```

程序运行，结果如图 10.12 所示。

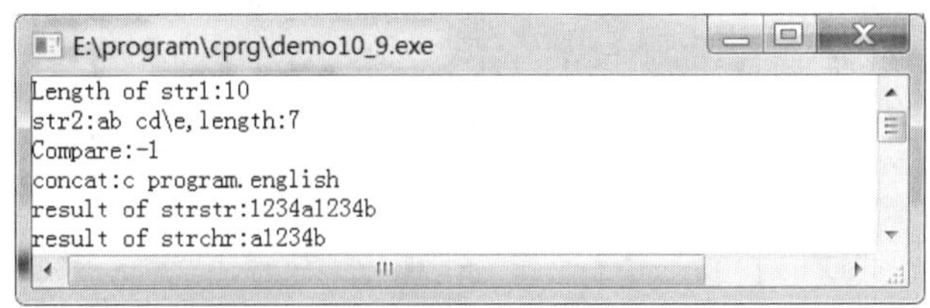

图 10.12　例 10-9 程序运行结果

【程序解析】

使用函数 strlen( )的前提是其参数必须能构成字符串（即不应对不能构成字符串的字符数组使用该函数）；串 str2 中含有转义字符（以\开头、紧跟一个符号构成的字符都称为转义字符），一个转义字符的长度始终是 1，与其输出结果是什么没有关系；函数 strcmp( )的两个参数都必须构成字符串，串比较就是比较对应字符的 ASCII 码，结果只能是-1、0、1 三者之一。

> 【目的】
> 演示几个常用字符串函数的用法。

10.4.3 字符串函数的实现

字符串函数的实现

虽然 C 语言编译系统提供了大量的系统函数供用户直接使用，但用户也需要了解其实现算法。下面以使用频率最高的两个函数 strlen( )、strcmp( )为例，介绍其实现方法。

【例 10-10】串长、串比较函数的实现。

【问题分析】

（1）求串长：就是计数从下标为 0 的字符开始，直到结束标记之前的字符个数。

（2）串比较：就是两个字符串分别从下标 0 处的字符开始，依次比较对应的字符，即对应的两个字符做减法运算，若差等于 0，则表示当前两个字符相等，需要继续比较下一对字符，比较过程中若差值不等于 0，则分辨出大小；若两个串都结束了，差值仍等于 0，则两个字符串相等。

```
//demo10_10.c
#include<stdio.h>
#include<stdlib.h>
#include<string.h>
int funStrlen(char *str)               //实现库函数 strlen()的功能
{
    int len;
    for(len=0; str[len]; len++) ;      //str[len]等价于 str[len]!=0
    return len;
}
int funStrcmp(char*s1,char*s2)         //实现库函数 strcmp()的功能
{
    int i=0,flag=0;                    //i 是计数器，flag 是标记
    int len1,len2;
    len1=funStrlen(s1), len2=funStrlen(s2);
    while(i<=len1 && i<=len2)
    {
        if(s1[i]>s2[i])
        {
            flag=1;
            break;
        }
        else if(s1[i]<s2[i])
        {
            flag=-1;
            break;
        }
        else i++;
    }
```

```
    return flag;
}
int  main( )
{
    char  str1[]="My god.";
    printf("length of str1 :%d\n",funStrlen(str1));
    char*str2="country.";
    char*str3="construction";
    int flag=funStrcmp(str2,str3);
    if(flag>0) printf("str2 > str3\n");
    else if(flag<0) printf("str2 < str3\n");
    else printf("str2 = str3\n");
    return  0;
}
```

程序运行结果如图 10.13 所示。

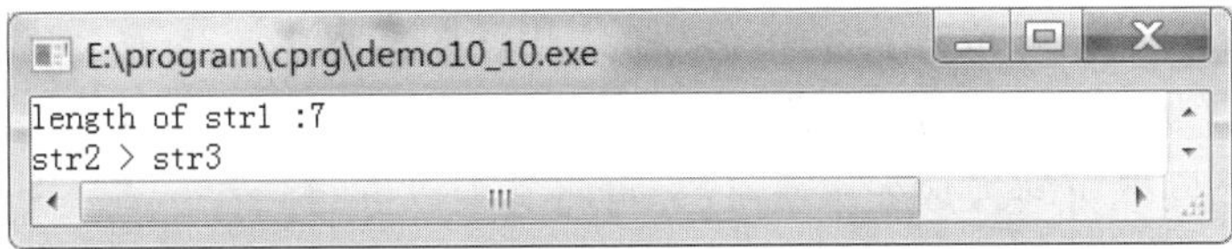

图 10.13　例 10-10 程序运行结果

【目的】

演示两个标准函数的自我实现；必须牢记字符串的结束标记'\0'。

【思考】

（1）本例中若既不使用自定义函数 funStrlen( )，也不使用系统函数 strlen( )，funStrcmp( )函数该如何修改？

（2）使用自定义函数实现两个串的复制、连接功能。

10.4.4　类型转换函数

类型转换函数

类型转换函数主要实现字符串与整数、与浮点数之间的相互转换，如表 10.5 所示。

表 10.5　常用类型转换函数

函数原型（首部）	函 数 功 能
double atof(const char*str)	把字符串转换成双精度浮点数。串值若是合法的浮点数字符串，则转换准确；否则返回值为 0.0 或发生截取
int atoi(const char*str)	把字符串转换成整数
long atol(const char*str)	把字符串转换成长整数
char*itoa(int value,char*str, int radix)	把整数转换成指定进制的字符串 str，返回字符串值。radix 必须是 2～36 之间的进制
char*ltoa(long value,char*str, int radix)	把长整数转换成指定进制的字符串 str,返回字符串值。radix 必须是 2～36 之间的进制
char*ultoa(long value, char*, int radix)	把无符号长整数转换成指定进制的字符串 str，返回字符串值。radix 必须是 2～36 之间的进制

例如，atoi("123")返回值是整数 123；atoi("123.48")返回值是 123。而 atoi("12d3.e8")返回值是 12；atoi("a12d3.e8")返回值是 0。

使用上面的这些类型转换函数时，应该在程序中包含头文件 stdlib.h。

10.5 递　归

10.5.1 递归的概念

所谓递归就是指一个函数直接或间接地调用它自己。

数学上递推数列的表达式就是递归的一种表现形式。例如：

著名的斐波那契数列 $F_1=1, F_2=1, F_n=F_{n-1}+F_{n-2}(n>=3)$，求阶乘 $n!=(n-1)!\times n$。

上面两个递推表达式体现的是显性递归；有些则是隐性的递归，例如，求数组中值最大的元素，求两个正整数的最大公约数等，可使用递归法求解。

下面以求阶乘为例，描述递归的思想。

求解 $n!$，这个问题可转换成先求$(n-1)!$、再将其乘以 n 得到；

求解$(n-1)!$，可转换成先求$(n-2)!$，再将其乘以$(n-1)$得到；

递归的概念

……

求解 2!，可转换成先求 1!、再将其乘以 2 得到；

求解 1!，这个问题已经很简单了，它等于 1。

再倒过来看：从 1!可得出 2!，从 2!可得出 3!，…，从$(n-1)!$可得出 $n!$。

从上面的描述可以得出递归求解的一般思路：将一个问题不断缩小成同类的小问题（即问题的性质不变、只是规模缩小），直到可轻易得出结果；再逆向逐层返回，直到最顶层；最后得到结果，问题得到解决。

递归的本质仍是循环，包括问题规模缩小时的循环、返回时的循环。

用递归来解决问题的关键在于：递归表达式是什么，递归终止的条件是什么，递归的返回位置在哪里。

递归函数比较简洁，但递归过程可能很复杂。递归的执行过程将花费大量的时间和空间（空间是指内存空间）。

10.5.2 递归举例

求 n!

【例 10-11】使用递归，编程求解 $n!$。

```
//demo10_11.c
#include<stdio.h>
#include<stdlib.h>
int  calFac(int  n)
{   int  f;
    if(n==1 || n==0)  f=1;
    else  f= n*calFac(n-1) ;
    return  f;
```

```
}
int  main( )
{
    int  n,fac;
    printf("input n=");
    scanf("%d",&n);    //输入一个不小于 0 的整数。但 n 不能太大，为什么
    fac=calFac(n);
    printf("%d!=%d \n",n,fac );
    return  0;
}
```

程序运行结果如图 10.14 所示。

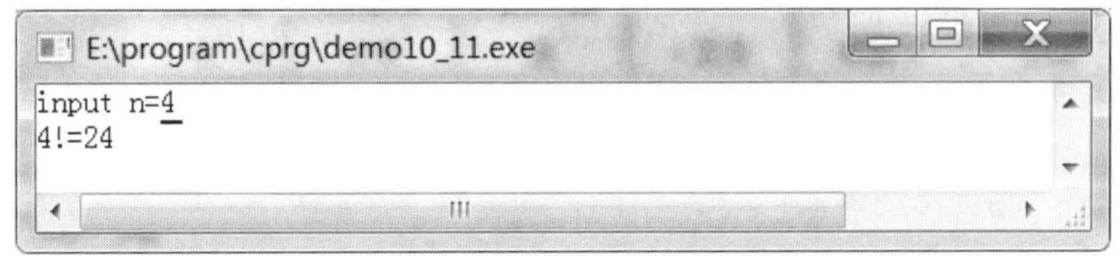

图 10.14　例 10-11 程序运行结果

【程序解析】

程序从 main( )函数开始执行，假定输入的 n 值等于 4，执行到"f=calFac(4);"时，应该先执行右侧的 calFac(4)，它是一个函数调用，导致程序发生跳转，转向执行自定义函数 calFac( )。

在调用 calFac( )函数时，由于参数 n 等于 4，则执行 else 子句中的"f= 4*calFac(3);"，它是一个赋值语句，所以先计算赋值号右侧的 calFac(3)，这又是函数调用，所以继续调用 calFac( )函数。

这次调用，参数 n 等于 3，同样是执行 else 子句中的"f= 3*calFac(2);"，它是一个赋值语句，所以先计算赋值号右侧的 calFac(2) ，这又是函数调用，所以继续调用 calFac( )函数。

这次调用，参数 n 等于 2，同样是执行 else 子句中的"f= 2*calFac(1);"，它是一个赋值语句，所以先计算赋值号右侧的 calFac(1)，这又是函数调用，所以继续调用 calFac( )函数。

这次调用，参数 n 等于 1，执行 if 子句"f=1;"，这条语句执行完毕后，执行"return f;"；return 执行后，本次函数调用结束，返回到上次发生跳转的地方——"f= 2*calFac(1);"，执行乘法和赋值，执行完毕后，继续向下执行、执行"return f;"，这次调用就结束，继续向上返回、返回到"f= 3*calFac(2);"，的位置执行……

直到返回到最上层"f= 4*calFac(3);"的位置，求得 f，接下来是"return f;"，整个递归调用过程结束，返回到主函数中，执行主函数中的 f=calFac(4)中的赋值语句以及其后语句，直至主函数结束。

图 10.15 所示为 n=4 时，函数 calFac( )递归调用的示意图。

【目的】

演示函数的递归调用过程。

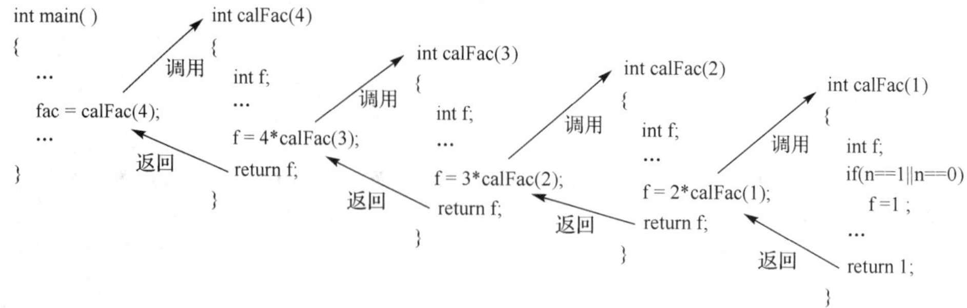

图 10.15　calFac(4)的递归调用过程

【例 10-12】 已知斐波那契数列：$F_1=1$，$F_2=1$，$F_n=F_{n-1}+F_{n-2}(n\geqslant 3)$，请采用递归的方式求解 F_n。

```
//demo10_12.c
#include<stdio.h>
#include<stdlib.h>
double  CalFibonacci(int  n)
{
    double  f;
    if(n==1||n==2)  f=1;
    else  f=CalFibonacci(n-1)+CalFibonacci(n-2);
    return  f;
}
int  main( )
{
    int  i, n;
    printf("input  n=");
    scanf("%d",&n);
    long  t1=time(NULL);        //获取从 1970 年 1 月 1 日 0 时到当前的毫秒数
    for(i=1; i<=n; i++)
        printf("F%-2d=%f\n",i,CalFibonacci(i));
    long t2=time(NULL);
    printf("It spends\t%ld\tseconds.\n",t2-t1); //计算递归调用花费的时间
    return  0;
}
```

斐波那契数列

程序运行结果如图 10.16 所示。

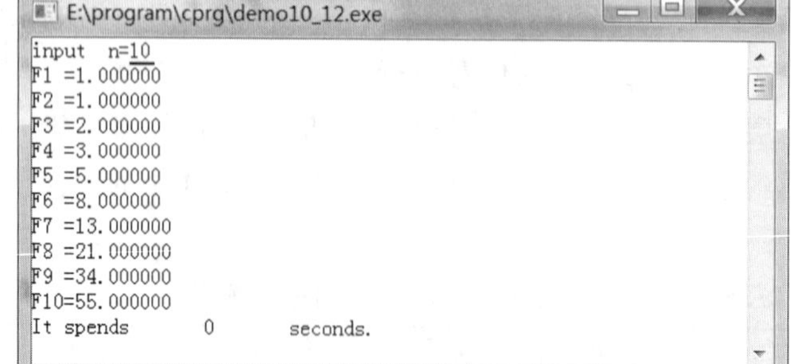

图 10.16　例 10-12 程序运行结果

【目的】

演示函数的递归调用过程、程序的运行速度。

【思考】

（1）试分别输入 n=40、60，观察程序的输出结果、递归调用花费的时间。

（2）假设你现在正在爬楼梯，楼梯有 n 级。每次你只能爬 1 级或者 2 级，那么你有多少种方法爬到楼梯的顶部？

【例 10-13】 使用递归法求解两个正整数的最大公约数。

【算法思路】

本题使用辗转相除法求最大公约数，即 c=a%b;a=b;b=c;，重复这三步，直到余数等于 0 为止。

```
//demo10_13.c
#include<stdio.h>
int  funGcd(int  a, int  b)
{
    if(b==0)  return  a;
    else{
        int  result=funGcd(b,a%b);
        return  result;
    }
}
int  main( )
{
    int  a, b;
    printf("input a,b:");
    scanf("%d%d",&a,&b);
    printf("GCD of %d and %d is :%d \n",a,b,funGcd(a,b));
    return  0;
}
```

求最大公约数

程序运行结果如图 10.17 所示。

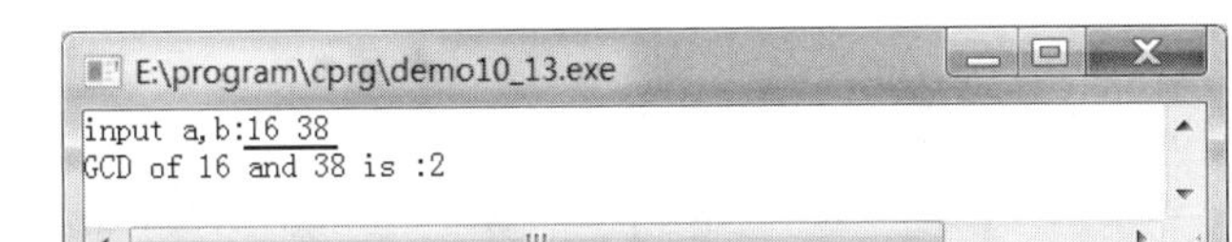

图 10.17　例 10-13 程序运行结果

【目的】

演示使用递归法求最大公约数。

【思考】

程序中需要比较、交换 a 和 b 的值，保证 a>b 吗？

【例 10-14】 王小二自夸刀工不错，有人放一张大的煎饼到砧板上，问：饼不离开砧板，切 100 刀最多能分成多少块？

【问题分析】

令 $f(n)$为切 n 刀最多能分成的块数，按图 10.18 所示方法进行切分。由图 10.18 得出：

$$f(1)=1+1=2$$
$$f(2)=1+1+2=4$$
$$f(3)=1+1+2+3=7$$
$$f(4)=1+1+2+3+4=11$$

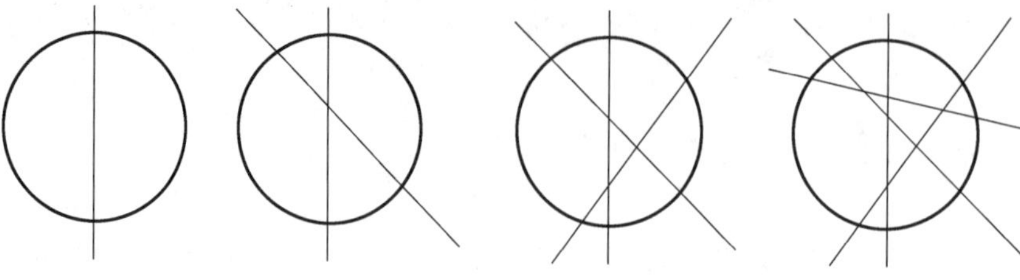

王小二刀工实例

图 10.18　n=1～4 的切法

分成最多块的切法是让每两条线都有交点。问题的关键在于找出递归表达式，经分析得到的递归表达式如下：

$$\begin{cases} f(0)=1 & (n=0) \\ f(n)=n+f(n-1) & (n>0) \end{cases}$$

使用归纳法不难证明该表达式的正确性。

```
//demo10_14c
#include<stdio.h>
#include<stdlib.h>
int  funCut(int  n)
{
    if(n==0)       return  1;
    else  return  n+funCut(n-1);
}
int  main( )
{
    int  n=100;
    printf("pieces=%d\n",funCut(n));
    return  0;
}
```

程序运行结果如图 10.19 所示。

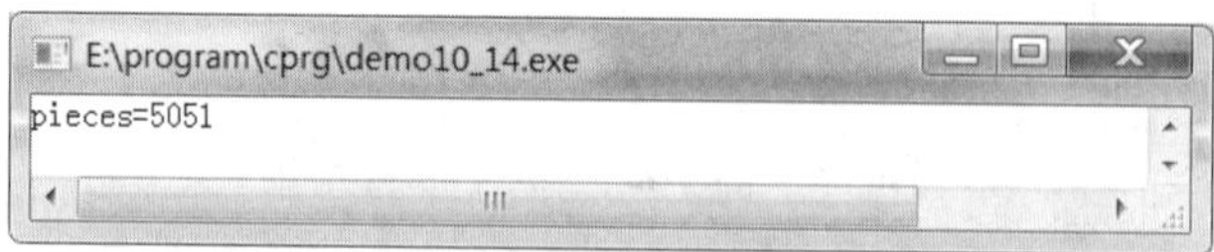

图 10.19　例 10-14 程序运行结果

【目的】

演示如何求解递归表达式。

【例 10-15】 求解汉诺塔问题。汉诺塔（Hanoi）又称河内塔。问题源于印度一个古老传说的益智游戏。大梵天创造世界的时候做了三根金刚石柱子，在一根柱子上从下往上按照大小顺序摞着 64 片黄金圆盘。大梵天命令婆罗门把圆盘从下面开始按大小顺序重新摆放在另一根柱子上，并且规定，在

汉诺塔

整个过程中小圆盘上不能放大圆盘，在三根柱子之间一次只能移动一个圆盘。

【问题分析】

假设有 n 片圆盘，移动次数是 $f(n)$，则有 $f(1)=1$，$f(2)=3$, $f(3)=7$，且 $f(k+1)=2\times f(k)+1$。不难证明 $f(n)=2^n-1$。

当 n=64 时，为完成这项任务，假如每秒钟手工移动一次，共需多长时间呢？计算一下：需要 18 446 744 073 709 551 615 s，这大约是 5 845.54 亿年。

因此，在用计算机模拟这个问题时，n 的取值应该较小。

【算法思路】

为了叙述的方便，用 1～n 表示 n 个盘片的序号，最上面的（最小）盘片序号为 1，最底下的（最大）盘片的序号为 n；三根柱子分别为 A、B、C。这样考虑：

（1）将前 n–1 个盘片从第一根柱子移到第二根柱子上，即 A->B。

（2）将第 n 号盘片从第一根柱子直接搬到第三根柱子上，即 A->C。

（3）将 n–1 个盘子从第二根柱子移到第三根柱子上，即 B->C。

问题的关键转化成了如何实现第（1）、（3）步，我们发现（1）、（3）步所涉及的问题是相似的，且问题的规模减小了，变成了 n–1 个盘子的移动。

重复（1）、（2）、（3）步骤；n 不断地减小，直到 n 等于 1，此时，问题就简单明了了。

```
//demo10_15.c
#include<stdio.h>
#include<stdlib.h>
int  step=1;  //全局变量，计步器
//将第 n 号盘直接移动到目标柱上
void  move(int  n, char  from, char  to)
{
    printf("step%3d: ",step);
    printf("move No.%d from %c to %c.\n",n,from,to);
    step++;
}
//递归函数
void  hanoi(int  n, char  a, char  c, char  b)
{
    if(n==1) move(n,a,c); //只有一个盘，直接从 a 搬到 c
    else
    {
        hanoi(n-1,a,b,c);  //将 n-1 个盘从 a 借助 c 都移到 b 上
        move(n,a,c);       //将 a 上的一个盘直接搬到 c 上
        hanoi(n-1,b,c,a);  //将 n-1 个盘从 b 借助 a 都移到 c 上
    }
}
int  main( )
```

```
{
    int  n;
    printf("input n=");    scanf("%d", &n);
    hanoi(n, 'A', 'C', 'B');      //将 n 个盘从 A 柱借助 B 柱移到 C 柱上
    return  0;
}
```

下面以 n=3 来演示移动的过程，如图 10.20 所示。

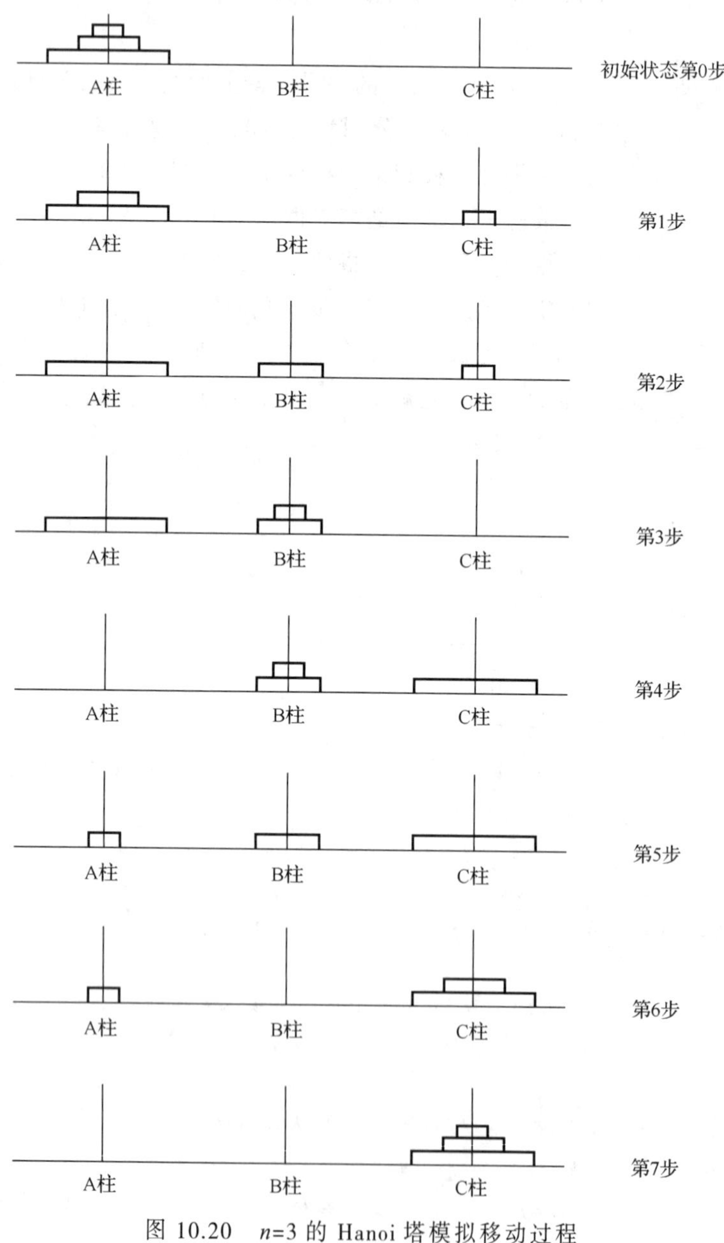

图 10.20　n=3 的 Hanoi 塔模拟移动过程

n=3 时程序运行结果如图 10.21 所示。

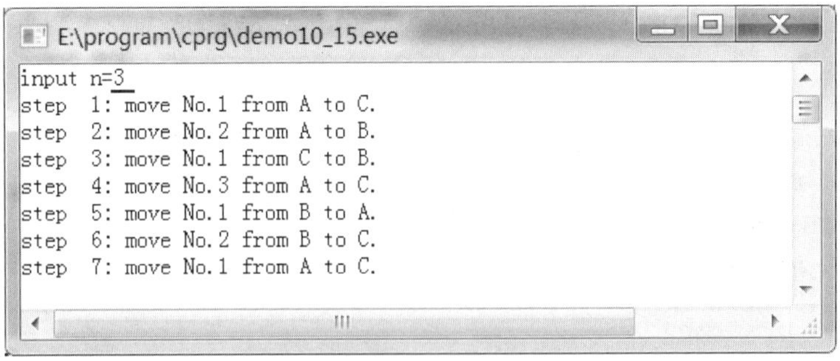

```
E:\program\cprg\demo10_15.exe
input n=3
step  1: move No.1 from A to C.
step  2: move No.2 from A to B.
step  3: move No.1 from C to B.
step  4: move No.3 from A to C.
step  5: move No.1 from B to A.
step  6: move No.2 from B to C.
step  7: move No.1 from A to C.
```

图 10.21　例 10-15 程序运行结果

【目的】

演示函数递归调用的过程，特别需要注意递归调用的开始位置、返回位置。

【思考】

使用 time(0)获取当前时间，计算 n=10、15、20 时，完成移动需要花费的时间。

10.6　变量的作用域和存储类型

10.6.1　变量的作用域

一个变量声明时所处的位置，决定了它的作用域（也称生存期、生命周期），即它的有效使用区域。

在一个语句块内（复合语句）或者一个函数内定义的变量，称为局部变量，它的有效范围只局限于该语句块或函数内，别的位置是不能访问这些变量的。

不同语句块、不同函数内的同名变量是不同的变量。因为它们占用不同的存储空间，因而不会相互影响。

在所有函数之外定义的变量称为全局变量。它的有效范围是从定义该变量的位置开始到本程序执行结束。

【例 10-16】变量的作用域。

变量的作用域

```
//demo10_16.c
#include<stdio.h>
#include<stdlib.h>
int  a=1, b=2;                      //定义了 2 个全局变量
//该函数的功能是交换全局变量的值
void  swap( )
{
    int  t;                         //① t 是局部变量
    t=a; a=b; b=t;
}
int  main( )
{
    int  t=8;                       //② 局部变量 t
```

```
    swap();    printf("Global a=%d,b=%d\n",a,b);
    {
        printf("a=%d, t=%d\n",a,t);  //全局变量 a，前面②处的局部变量 t
        int  a=48,t=88;              //③ 定义局部变量 a，t
        printf("Local a=%d, t=%d\n",a,t);
    } //这一语句块内的局部变量 a、t 生命期到此结束
    a=148; t=168;                    //修改的是全局变量 a，②处的局部变量 t 的值
    printf("a=%d, t=%d\n",a,t);
    return  0;
}
```

程序运行结果如图 10.22 所示。

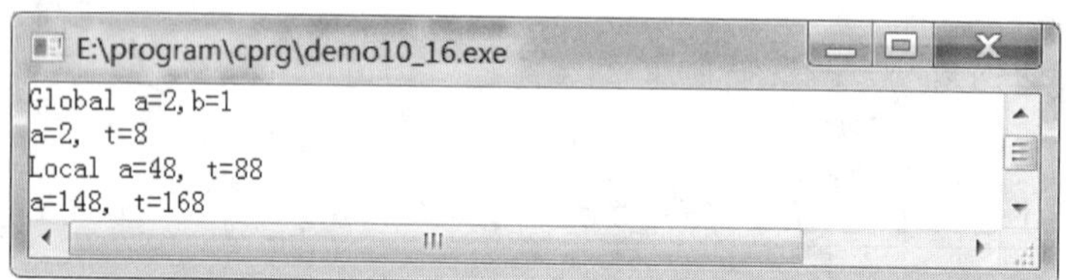

图 10.22　例 10-16 程序运行结果

【目的】

演示全局变量、局部变量的作用域。

【注意】

尽量不要使用全局变量，因为在其作用域内的任何函数、任意位置都可以修改它的值，从而有可能造成误操作，且增大了函数之间的耦合性。

函数的形式参数属于局部变量，其作用域只局限于其所在的函数。

【例 10-17】 形参、局部变量的作用域。

形参、局部变量的作用域

```
//demo10_17.c
#include<stdio.h>
#include<stdlib.h>
int fun1(int x)
{
    int a=1;
    //int x=2;              //这个 x 与形参同名、同作用域，所以是错误的
    {
        int a=100,x=200;    //right
    }
    return a;
}
int main()
{
    int x=fun1(88);
    {
        int x=0,y=2;
        printf("local x=%d\n",x);
    }
```

```
    printf("x=%d\n",x);
    return 0;
}
```

程序运行结果如图 10.23 所示。

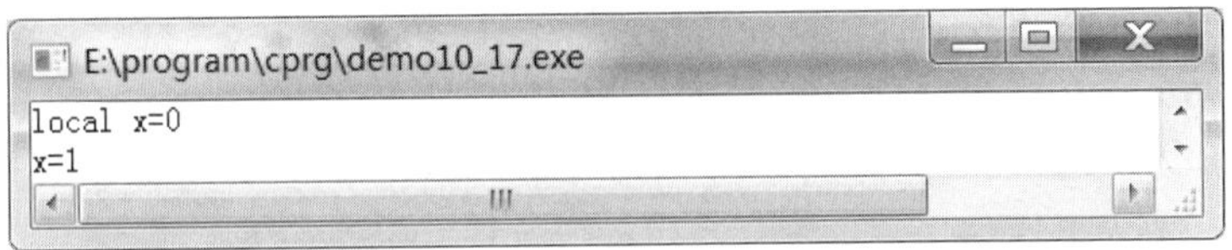

图 10.23　例 10-17 程序运行结果

【例 10-18】函数的返回值是指针的情况。

```
#include<stdio.h>
int* fun2(){
    int i=1;
    int *t=&i;
    return t;
}
int *fun3(){
    int a[]={1,2,3,4};
    int *t;
    t=a;
    return t;    //return a;
}
int main(){
    int *t2=fun2();
    printf("right?\n");
    printf("*t2=%d\n",*t2);
    int *t3=fun3();
    printf("right?\n");
    printf("*t3=%d,\t*(t3+1)=%d\n",*t3,*(t3+1));
    return 0;
}
```

函数的返回值是指针

程序运行结果如图 10.24 所示。

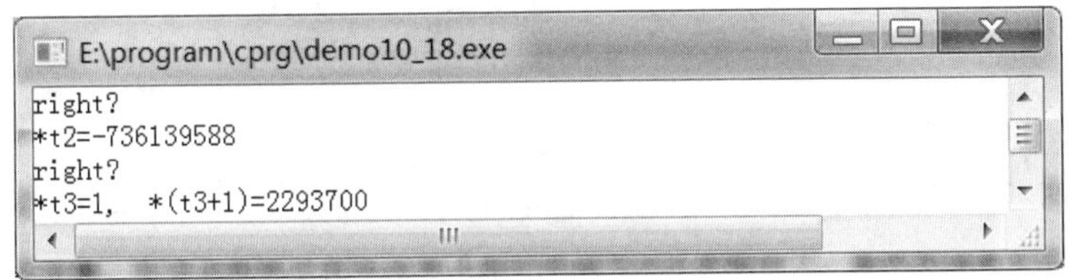

图 10.24　例 10-18 程序运行结果

【程序解析】

对于自定义函数 fun2()、fun3()，程序编译、运行虽然没有出现错误，但实际上是错误的。因为一个函数内的局部变量，在该函数执行完毕后其占用的存储空间也就释放了，虽然存储单元还在，但存储单元内的内容可能已经面目全非了（每次执行得到的结果可能都不同）。也就是说：通过 return 返回一个具体的值是可以的（如 demo10_17.c 中的函数 fun1( )）；而返回一个局部变量的指针则是错误的（如本例中的函数 fun2( )、fun3( )）。

所以，上面的两个函数需要修改。修正后的代码如下：

```
//demo10_18_1.c
#include<stdio.h>
#include<stdlib.h>
int* fun2(){
    int i=1;
    int *t=(int*)malloc(sizeof(int));//申请存储空间
    *t=i;
    return t;
}
int *fun3(){
    int a[]={1,2,3,4};
    int *t=(int*)malloc(sizeof(a)); //申请多个存储空间，把这里的 a 改成 int 则出错
    int i;
    for(i=0;i<4;i++) t[i]=a[i];
    return t;
}
int main(){
    int *t2=fun2();
    printf("right!\n");
    printf("*t2=%d\n",*t2);
    free(t2);                                   //释放指针指示的存储空间
    int *t3=fun3();
    printf("right!\n");
    printf("*t3=%d,%d,%d ,%d \n",*t3,*(t3+1),*(t3+2), *(t3+3));
    free(t3);
    return 0;
}
```

程序运行结果如图 10.25 所示。

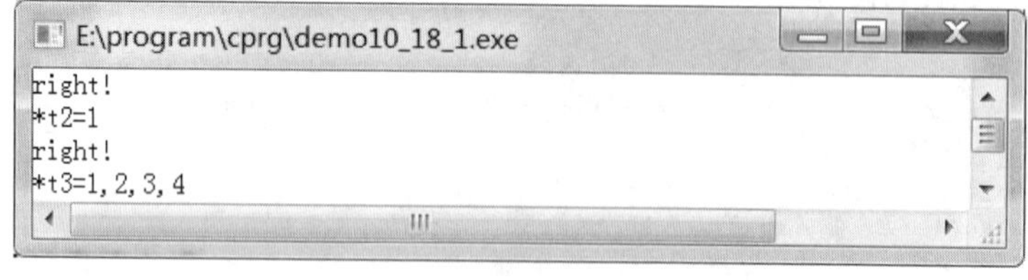

图 10.25　例 10-18 程序运行结果

【程序解析】

程序 demo10_18_1.c 中自定义函数 fun2( )内的 int *t=(int*)malloc(sizeof(int));语句，目的是申请存放一个整数的存储空间且返回该空间的首地址。自定义函数 fun3( )内的 int *t=(int*)malloc(sizeof(a)); 语句，可改成 int *t=(int*)malloc(4*sizeof(int));，其作用是申请存放

4 个整数的连续存储单元，返回该区域的首地址。主动申请的存储空间，若不通过 free() 函数主动释放则一直被占驻，直到程序运行结束。

> 【目的】
> 演示函数返回值类型是指针的情况。

10.6.2　变量的存储类型

变量的存储类型

变量的存储类型分为 4 种：auto、static、extern、register。其本质是编译系统把不同存储类型的变量分配到内存的不同存储区域。

一个变量只能按一种存储类型声明。

1. auto（自动）型变量

以前，在函数内定义的变量默认都属于 auto 型变量，所以在声明、定义该存储类型的变量时，把 auto 这个关键字省略了。它们都存储在动态存储区，特点是它的生命周期结束，其所占用的存储空间就自动释放，该变量也就不存在了。

2. static（静态）型变量

static 型变量的特点是其所属函数执行结束后，该变量所占用的存储空间并没有释放，当所属函数再次被调用时，该变量被激活且其值等于上一次该函数调用结束时的值，这种类型的变量占驻的存储空间一直到所在程序执行结束才被释放。

全局变量、静态变量都被编译系统安排在静态存储区存储。这两种类型的变量在声明时，若没有赋值，它们将具有缺省值 0（数值型量的缺省值为 0，字符串的缺省值为空串）。

【例 10-19】使用 static 型变量实现阶乘运算。

```
//demo10_19.c
#include<stdio.h>
#include<stdlib.h>
int  calFac(int  n)
{
    static  int  fac=1;           //此处的局部变量 fac 是 static 型变量
    fac*=n;
    int  p=1;
    p++;
    printf("p=%d,",p);            //p 是 auto 型变量
    printf("\tfac=%d.\n",fac);    //对比自动型变量 p 与静态型变量 fac 的差别
    return  fac;
}
int  main(  )
{
    int  n=5, i;
    int  mfac;                    //main()函数中的 n、i、mfac 都是 auto 型变量
    for(i=1;i<=n;i++)
    {
        mfac=calFac(i);
        printf("%d!=%d\n",i,mfac);
```

```
    }
    return  0;
}
```

程序运行结果如图 10.26 所示。

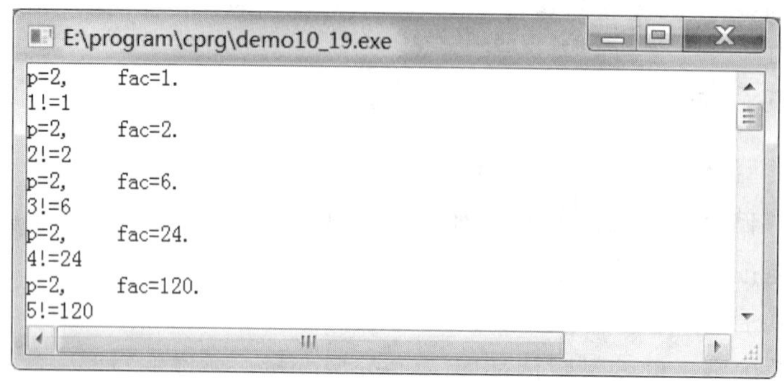

图 10.26　例 10-19 程序运行结果

【程序解析】

程序从主函数开始执行，主要的执行过程如下：

i=1 时，是第 1 次调用 calFac( )函数。进入函数 calFac( )后，由于是第一次调用该函数，所以函数中的局部变量 fac 被初始化；进行乘积运算之后 fac 的值等于 1；接下来定义局部变量 p、p 自增 1、输出 p 的值 2，再输出此时 fac 的值 1；再返回 fac 的值。本次函数调用结束，自动型局部变量 p 被释放，而静态型局部变量 fac 仍然占驻着内存空间。

i=2 时，是第 2 次调用 calFac( )函数。进入函数 calFac( )后，静态变量 fac 被激活，不再执行 fac=1 这条赋值语句，此时 fac 的值等于上次 fac 的值 1；执行乘法后 fac 的值等于 2；接下来定义局部变量 p、p 自增 1、输出 p 的值 2，再输出此时 fac 的值 2；再返回 fac 的值。本次函数调用结束，自动型局部变量 p 被释放，而静态型局部变量 fac 仍然占驻着内存空间。

i=3 时，是第 3 次调用 calFac( )函数。进入函数 calFac( )后，静态变量 fac 被激活，不再执行 fac=1 这条赋值语句，此时 fac 的值等于上次 fac 的值 2；执行乘法后 fac 的值等于 6；接下来定义局部变量 p、p 自增 1、输出 p 的值 2，再输出此时 fac 的值 6；再返回 fac 的值。本次函数调用结束，自动型局部变量 p 被释放，而静态型局部变量 fac 仍然占驻着内存空间。

……

i=5 时，是第 5 次调用 calFac( )函数。进入函数 calFac( )后，静态变量 fac 被激活，不再执行 fac=1 这个赋值语句，此时 fac 的值等于上次 fac 的值 24；执行乘法后 fac 的值等于 120；接下来定义局部变量 p、p 自增 1、输出 p 的值 2，再输出此时 fac 的值 120；再返回 fac 的值。本次函数调用结束，自动型局部变量 p 被释放，而静态型局部变量 fac 仍然占驻着内存空间。

main( )函数执行完毕，程序的执行也结束，所有变量释放了占驻的内存空间。

【目的】

演示 auto、static 型变量的特性。

extern 型变量（外部变量）、register 型变量（寄存器变量）使用得比较少，这里不详细介绍。

10.7　指向函数的指针

在主函数 main( )内，若存在函数调用语句，如果要确定它调用的究竟是哪一个函数，可通过函数名、参数的类型和个数去确定，但本质上是找到该函数在内存中的存储地址。函数名代表着函数的存储地址，可以理解成函数名就是一个指针，称为函数指针或函数的入口地址。因此，可以声明一个指针变量，它存储这个函数的入口地址。这样，使用这个指针变量就是使用这个函数。这个指针称为指向函数的指针。

【例 10-20】 指向函数的指针。

指向函数的指针

```
//demo10_20.c
#include<stdio.h>
#include<stdlib.h>
#define  PI  3.14
double  calArea(int  r)             //求圆的面积
{
    return  PI*r*r;
}
double  calLength(int  r)           //求圆的周长
{
    return  2*PI*r;
}//上面两个函数的定义与以前的没有差别
int  main( )
{
    double  (*pFun)(int);                //声明了一个指向函数的指针
    //该形式规定了只能指向返回值是 double、只有一个参数且是整型的函数
    int  r=1;
    pFun=calArea;                        //指针指向函数名
    printf("Area=%f\n",(*pFun)(r));  //也可写成 pFun(r)，但建议写成前者
    pFun=calLength;
    printf("Length=%f\n",(*pFun)(r));
    return  0;
}
```

程序运行结果如图 10.27 所示。

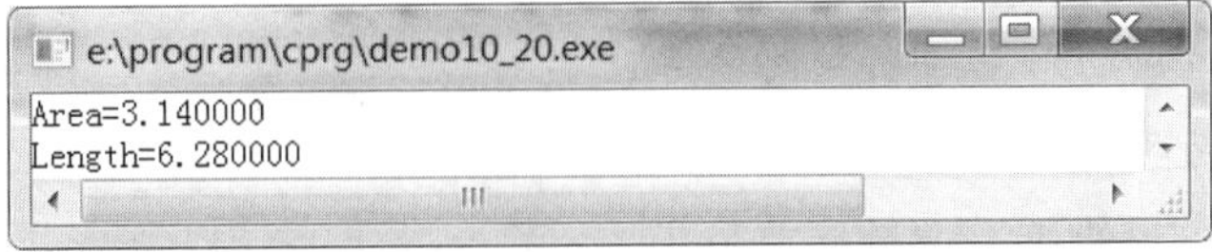

图 10.27　例 10-20 程序运行结果

【目的】

演示如何使用指向函数的指针。

习　题

一、选择题

1. 以下说法正确的是________。

   A. 用户若需调用标准库函数，调用之前必须重新定义

   B. 用户可以重新定义标准库函数，但原函数将因此失去意义

   C. 系统不允许用户重新定义标准库函数

   D. 用户若需调用标准库函数，系统会自动嵌入相应的头文件

2. 以下关于函数的说法正确的是________。

   A. 函数的定义可以嵌套，但函数的调用不可以嵌套

   B. 函数的定义不可以嵌套，但函数的调用可以嵌套

   C. 函数的定义和函数的调用均不可以嵌套

   D. 函数的定义和函数的调用均可以嵌套

3. 若一个函数的函数体中没有 return 语句（编译无错），则以下说法正确的是________。

   A. 该函数肯定没有返回值　　B. 该函数返回默认类型

   C. 只能返回整型值　　D. 返回一个不确定的值

4. 已知一个函数的定义是：double fun(int x, double y) {　…　}
则该函数的原型是________。

   A. double fun(int x,double y)　　B. fun(int x,double y)

   C. double fun(int,double)　　D. fun(x,y)

5. 以下正确的函数定义是________。

   A. double fun(int x,int y) {　z=x+y;　return z;　}

   B. double fun(int x,y) {　int z;　return z;　}

   C. fun (int x,int y) {　int z ;　z=x+y; return z; }

   D. double fun(int x,int y) {　double z;　return z; }

6. 函数被调用时________。

   A. 要求实参与形参个数相等　　B. 要求实参与形参顺序对应

   C. 要求实参与形参数据类型相容　　D. 前三项均需满足

7. 函数被调用时，以下说法正确的是________。

   A. 实参与对应的形参各占用独立的存储单元

   B. 实参与对应的形参占用相同的存储单元

   C. 当实参与对应的形参同名时才共占用相同的存储单元

   D. 形参是虚拟的，不占用存储单元

8. 以下说法不正确的是________。

   A. 在不同函数中可以使用名称相同的变量

   B. 形式参数是局部变量

C. 在一个函数内定义的变量只在本函数范围内有意义

D. 在函数内的复合语句中定义的变量在本函数范围内都有意义

9. 若用数组名作为函数的实参，传递给形参的是________。

A. 数组的首地址　　B. 数组中第一个元素的值

C. 数组中的全部元素的值　　D. 数组元素的个数

10. 凡在函数中未指定存储类型的变量，其默认的存储类型是________。

A. 自动　　B. 静态　　C. 外部　　D. 寄存器

11. 在源程序的一个文件中定义的全局变量，其作用域是________。

A. 在本文件的全部范围　　B. 该程序的全部范围

C. 一个函数的范围　　D. 从定义该变量的位置开始至该文件的结束

12. 某程序在命令提示符下运行时，输入的命令行是“DemoRun　a　123　prg”，该命令行的参数个数是________。

A. 2个　　B. 3个　　C. 4个　　D. 不能确定

13. 以下程序执行后输出结果是________。

```
#include<stdio.h>
#include<stdlib.h>
char  fun(int  n)
{   int  s=0, i;
    for(i=1;i<=n;i+=2) s+=i++;
    return  s;
}
int  main( )
{
    printf("%d\n",fun(10) );
    return  0;
}
```

A. 22　　B. 25　　C. 26　　D. 15

14. 以下程序执行后输出结果是________。

```
#include<stdio.h>
#include<stdlib.h>
int  fun(int  x,int  y)
{   int  c;
    while(y) { c=x%y;  x=y;  y=c;  }
    return  x;
}
int  main( )
{   int  x=64, y=24, c;
    c=fun(x,y);    printf("%d\n",c);
    return  0;
}
```

A. 8　　B. 6　　C. 5　　D. 4

15. 以下程序执行后输出结果是________。

```
#include<stdio.h>
#include<stdlib.h>
void  fun(char *str)
{   int  i, j;
    for(i=j=0; str[i]!= '\0'; i++)
        if(str[i]!='a'+2) str[ j++]=str[i];
    str[ j]= '\0';
}
int  main( )
{   char  str[]="abcdefgca"; //能将本语句改成 char *str="abcdefgca";吗?
    fun(str);
    printf("str=%s\n",str);
    return  0;
}
```

A. str=abcdefgca　　B. str=abdefga
C. str=bcdefgc　　D. 程序有错

16. 以下程序执行后输出结果是________。

```
#include<stdio.h>
#include<stdlib.h>
int  x=1;
void  fun(int  m)
{   x+=m;
    {
        char  x='A';
        printf("%d\n",x);
    }
    printf("%d,%d,",m,x);
}
int  main( )
{   int  m=5;
    fun(m);printf("%d,%d\n",m,x);
    return  0;
}
```

A. 65,5,65,5,7　　B. 65,5,65,5,1
C. 65,5,65,6,7　　D. 65,5,6,5,6

17. 以下程序执行后输出结果是________。

```
#include<stdio.h>
#include<stdlib.h>
int  c=1;
void  fun( )
{   int  a=4;       //若改成 static  int  a=4; 结果如何?
    int  b=10;
    a+=2;  c+=10;  b+=c;
    printf("%d, %d, %d\n",a,b,c);
}
int  main( )
```

```
{   int  a=5, b=6;
    printf("%d, %d, %d\n",a,b,c);
    fun( );
    printf("%d, %d, %d\n",a,b,c);
    return  0;
}
```

A. 5,6,1
6,21,11
5,6,11　　B. 5,6,11
5,21,11
5,6,11　　C. 5,6,1
5,21,11
5,6,11　　D. 5,6,1
6,21,11
5,6,11

18. 以下程序执行后输出结果是________。

```
#include<stdio.h>
#include<stdlib.h>
int  fun(int  x, int  y)
{
    static  int  i=1;
    return(x+y+(i++));
}
int  main( )
{
    int  m=10,n=20,k;
    int i;
    for(i=1;i<=2;i++){
        k=fun(m,n);
        printf("%d,",k);
    }
    return  0;
}
```

A. 31,32,　　B. 32,33,　　C. 30,31,　　D. 30,30,

19. 以下程序段执行后输出结果是________。

```
char *str[]={"ABCD","IJKL","MNOP","QRST","UVWX"};//能改成 str[][5]吗?
char  **p;      int  i;
p=str;
for(i=0;i<3;i++) printf("%s",p[i]);
```

A. ABCDEFGHIJKL　　B. ABCD

C. ABCDIJKLMNOP　　D. AEIM

20. 下面的程序运行时，若从键盘输入"123#"四个字符，输出是________。

```
#include<stdio.h>
#include<stdlib.h>
void  reserve( )
{   char  c;
    c=getchar( ); putchar(c);
    if(c!='#') reserve( );
    putchar(c);          //删除这行的 putchar(c);结果如何?
}
int  main( )
```

```
{
    reserve( );
    return 0;
}
```

A. 123## B. 123#123# C. 123##321 D. 123123

二、填空题

1. 若有函数调用语句：show((1,2),(1,2,3));，则函数 show( )的参数有________个。
2. C 语言中函数被调用时，参数总是________传递的。
3. 以下程序执行后输出结果是________。

```
#include <stdio.h>
#include<stdlib.h>
void  swap(int a,int b )
{
    a=a+b; b=a-b;  a=a-b;
    printf("in fun: %d,%d\n",a,b);
}
int  main( )
{   int  a=1, b=2;     printf("%d,%d\n",a,b);
    swap(a,b);     printf("%d,%d\n",a,b);
    return  0;
}
```

4. 以下程序执行后输出结果是________。

```
#include <stdio.h>
#include<stdlib.h>
void  change(int  n)
{   int  i;
    putchar(n%10+'0');
    if((i=n/10)!=0) change( i );
}
int  main( )
{   int  n=-103;
    if(n<0) {  n=-n; putchar('-');  }
    change(n);
    return  0;
}
```

5. 以下程序执行后输出结果是________。

```
#include<stdio.h>
#include<stdlib.h>
void  change(int x)
{
    if(x>0)
    {
        change(x/2);
        if(x%2==0)printf("0");
        else if(x%2==1) printf("1");
```

```
    }
}
int  main( )
{   change(6);
    printf("\n");
    return  0;
}
```

6. 插入排序可以用一句话概括：将数组的第 i 个元素插入到前 i-1 个已经有序的序列之中，i 需从 1 取到 n-1。下面的程序实现了插入排序，请将空白处补充完整。

```
#include<stdio.h>
#include<stdlib.h>
void  insertSort(int  *a, int  n, int  x)     //一趟直接插入排序
{
    int  i, k;
    for(i=0;i<n;i++)                          //寻找插入位置
    if(a[i]>x) break;
    for(k=n;k>=i;k--)                         //循环后移
    ________ ;
    a[i]=x;                                   //插入
}
int  main( )
{
    int  a[]={1,5,8,2,4,3,9,7,0,6}, n=10, i;
    for(i=1;i<n;i++)   insertSort(________ , ________ , ________ );
    for(i=0;i<n;i++) printf("%d,",a[i]);
    printf("\n");
    return  0;
}
```

7. 以下程序的功能是统计一个整型数组中正数的个数。请将空白处补充完整。

```
#include<stdio.h>
#include<stdlib.h>
void funAmount(int a[],int n,int *count){
    *count=0;
    int i;
    for(i=0;i<n;i++)
    if(a[i]>0) ________;
}
int  main( )
{
    int a[]={1,-3,-5,0,2,-8,4,6},n=8;
    int count;
    funAmount (a,n, ________);
    printf("count=%d\n",count);
    return  0;
}
```

8. 以下程序的功能是将一个整型数组分解成两个数组：一个是正数数组；另一个是非

正数数组。请将空白处补充完整。

```
#include<stdio.h>
#include<stdlib.h>
void funSplit(int a[],int n,int arr1[],int *len1,int arr2[],int *len2){
    *len1=*len2=0;
    int i;
    for(i=0;i<n;i++){
        if(a[i]>0) arr1[________]=a[i];
        else arr2[________]=a[i];
    }
}
void funShow(int a[],int n){
int I;
    for(i=0;i<n;i++) printf("%d  ",a[i]);
}
int  main( )
{
    int a[]={1,-3,-5,0,2,-8,4,6},n=8;
    int arr1[8],arr2[8];
    int len1,len2;
    funSplit (a,n,arr1, ________,arr2, ________);
    funShow(arr1,len1);
    printf("\n");
    funShow(arr2,len2);
    return  0;
}
```

9. 以下程序的功能是将一个字符串分解成 3 个字符串（即字母、数字、其他符号字符串）。请将空白处补充完整。

```
#include<stdio.h>
#include<stdlib.h>
#include<string.h>
void funSplit(char*s,char*d1,char*d2,char*d3){
    int len1=0,len2=0,len3=0;
    int i=0, len= ________;
    while(i<len){
        if((s[i]>='A'&&s[i]<='Z') || (s[i]>='a'&&s[i]<='z')) d1[______]=s[i];
        else if(s[i]>='0'&&s[i]<='9') d2[________]=s[i];
        else d3[________]=s[i];
        i++;
    }
    ________;
    ________;
    ________;
}
int  main( )
{
```

```
    char s[100]; gets(s);
    char d1[100],d2[100],d3[100];
    funSplit(s,d1,d2,d3);
    puts(d1);
    puts(d2);
    puts(d3);
    return  0;
}
```

10. 以下程序的功能是对一个 2×3 的矩阵进行转置，请将空白处补充完整。

```
#include<stdio.h>
#include<stdlib.h>
void funTrans(int a[][3],int row,int b________)
{
    int i,j;
    for(i=0; i<row; i++)  for(j=0; j<3; j++) b________=a[i][j];
}
int main()
{
    int a[][3]= {
        {1,2,3},
        {5,6,7},
    };
    int i,j;
    int b[3][2];
    funTrans (a,2, ________);
    for(i=0; i<3; i++)
    {
        for(j=0; j<2; j++) printf("%d\t",b[i][j]);
        printf("\n");
    }
    return 0;}
```

11. 以下程序的功能是在一个 4×5 二维整型数组中求马鞍点。马鞍点是满足在这一行上它是最大的，但在其所属的列上却是最小的一个元素。一个二维数组可能不存在这样的元素，也可能存在多个，若存在多个，它们必然是相等的。请将空白处补充完整。

```
#include<stdio.h>
#include<stdlib.h>
int calRowMin(int a[][5],int i) {//在第 i 行上求最小元素，返回其列号
    int t=a[i][0];
    int j,col=0;
    for(j=1;j<5;j++) if(t>a[i][j]) {t=________;  col=________;}
    return col;
}
int calColMax(int a[][5],int j){//在第 j 列上求最大元素，返回其行号
    int t=a[0][j];
    int i,row=0;
    for(i=1;i<4;i++) if(t<a[i][j]) {t=________;  row=________;}
```

```
    return row;
}
int main(){
    int a[][5]={
    {3,2,5,4,1},
    {8,7,6,8,7},
    {3,4,5,4,1},
    {9,8,7,8,8}
    };
    int i,j,flag=0;
    for(i=0;i<4;i++){
        int col=calRowMin(a, ________ );
    int row=calColMax(a, ________ );
    if(a[i][col]==a[row][col]){
            ________;
            printf("Saddle Point is a[%d][%d]:%d\n",i,col,a[i][col]);
    }
    }
    if(flag==0) printf("No Saddle Point!\n");
    return 0;
}
```

12. 凡在函数中未指定存储类型的局部变量，其默认的存储类型为________。

13. 在一个C程序中，若要定义一个多文件共享的全局变量，则该变量需要定义的存储类型为________。

14. 以下程序执行后输出结果是________。

```
#include<stdio.h>
#include<stdlib.h>
int  p=0;
void  fun(int  m)
{
    m+=++p; p+=m;
    printf("m=%d,p=%d;",m,p++);
}
int  main(){
    int  i=4;
    fun(i++);
    printf("i=%d,p=%d\n",i,p);
    return  0;
}
```

15. 以下程序执行后输出结果是________。

```
#include<stdio.h>
#include<stdlib.h>
int  a=1;
int  f(int x){
    static  int  a=2;
    x++;
```

```
    return (++a)+x;
}
int main( ){
    int i,k=0;
    for(i=0; i<2; i++)
    {
        int a=10;
        k+=f(a);
        printf("---%d\n",k);
    }
    k+=a;
    printf("k=%d\n",k);
    printf("a=%d\n",a);
    return 0;
}
```

三、编程题（使用自定义函数）

1. 求一个整型数组的最大、次大值。

2. 使用二分法求方程 $x^3-x^2-1=0$ 在[1,2]内的近似解。

3. 子串定位。若主串 str="acaabcbca"，求指定子串 subStr="abc"在主串中第一次出现的位置。

4. 取子串。从主串中下标为 i 的字符开始，截取连续的 len 个字符组成一个新的字符串。

5. 用子串 v 替换主串 str 中第一次出现的子串 u。

6. 用指定子串 v 替换主串 str 中出现的所有子串 u。

7. 将一个不超过 5 位的正整数转换成对应的中文。例如，12345 转换成“壹万贰千叁百肆拾伍”，而 12003 转换成“壹万贰千零叁”。

8. 数学黑洞。任意一个 4 位自然数，将组成该数字的各位数字重新排列，形成一个最大数和一个最小数，之后两数相减得到差。将差值再重新排列……重复进行上述操作，会发现一个神秘数。请编程实现。

9. 使用递归的方式，求一个数组中所有元素的和。

10. 对一个自然数 n（$n \leqslant 50$），统计具有下列性质的数的个数：自然数 n，在 n 的左边加上一个自然数，但该自然数不能超过原数的一半；继续按此规律进行处理，直到不能再加自然数为止。例如，6、16、26、126、36、136 共 6 个。

第 11 章　工程和程序调试

📖学习目标

（1）熟练掌握宏定义；

（2）熟练掌握文件包含；

（3）了解条件编译；

（4）掌握多文件组织成工程的方法；

（5）逐步掌握程序的调试技能。

📖知识点导图

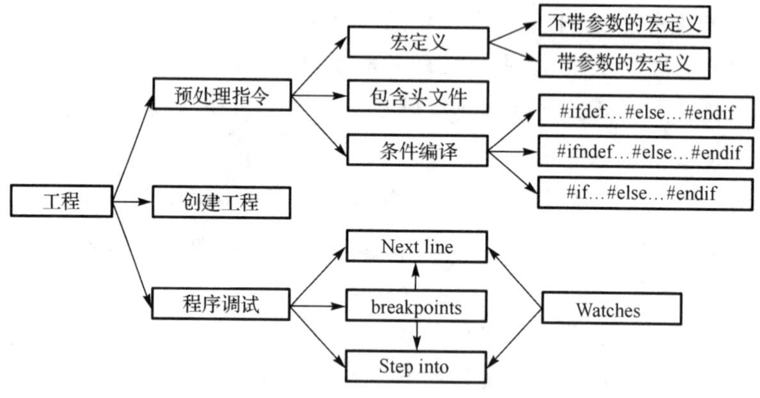

📖学习难点

（1）带参数的宏定义；

（2）两种头文件包含的方式及其差异；

（3）防止重复包含而使用条件编译；

（4）断点的合理设置；

（5）Step into 调试的理解和使用。

C 语言源程序中以“#”开头、用换行符结尾的行称为预处理指令。预处理指令不是 C 语言的语法成分，而是传给编译程序处理的指令。它包括宏定义、条件编译、文件包含等。

通过文件包含，可以将相关的多个文件组织成工程，一个工程中可以包含多个文件，但一个工程只能有唯一的 main( )函数。

11.1　宏　定　义

所谓宏定义是指用一个标识符来代表一串符号。

11.1.1　不带参数的宏定义

不带参数的宏定义，其语法格式如下：

```
#define  宏名标识符  值或表达式
```

例如：

```
#define  PI  3.14
```

这个例子就是我们通常所说的常量定义。

在编译程序时，凡是出现标识符 PI 的地方都用 3.14 来替换。宏名仅仅是标识符，没有类型，它只是进行替换，不进行语法检查。

在进行宏定义时，宏名中的字母一般使用大写的，以起到显著标记的作用；在一个宏定义中可以引用已定义的宏名。

不带参数的宏定义

【例 11-1】宏定义。

```
//demo11_1.c
#include<stdio.h>
#include<stdlib.h>
#define  T  5.0
#define  G  9.8
//引用已定义的宏名 V、G
#define  V  G*T
#define  Y  1.0/2*G*T*T
int  main( )
{
    printf("V=%f\nY=%f\n",V,Y);
    return  0;
}
```

程序运行结果如图 11.1 所示。

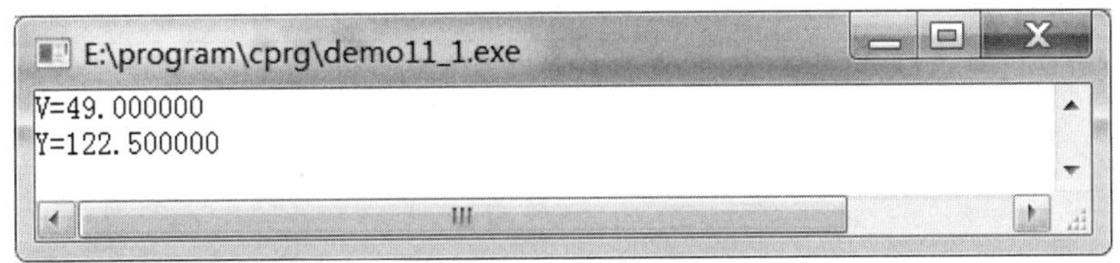

图 11.1　例 11-1 程序运行结果

【程序解析】

编译程序时，函数中的输出量 V 被替换成 9.8*5.0；Y 被替换成 1.0/2*G*T*T，再被替换成 1.0/2*9.8*5.0*5.0。而双引号括起来的字符串常量中的 V、Y 不属于宏名，也就不存在宏替换。

11.1.2　带参数的宏定义

宏定义时宏名后可以带有参数。其语法格式如下：

```
#define  宏名(参数表)  值或表达式
```

例如：

```
#define  CalArea(Length, Width)  Length*Width
```

（1）若有 s= CalArea (2, 3)，则 s=2*3，值是 6。

（2）若有 s= CalArea (1+2,3+5)，则=1+2*3+5，最终结果是 s=12，而不是 s=(1+2)*(3+5)。

（3）若要达到后面的效果，则需要修改成：

```
#define  CalArea (Length, Width)  (Length)*(Width)
```

则宏替换就是 s=(1+2)*(3+5)。

带参数的宏定义

这个例子清晰地展现了宏定义只是标识符被替换这一特点。

带参数的宏定义与函数虽有点相似，但两者是完全不同的概念，不能混为一谈。

11.2　条 件 编 译

一般情况下，源程序中所有的代码都参与编译。但有时希望"在满足一定条件时，只对其中一部分内容进行编译"，这就是"条件编译"。

条件编译有下面几种形式：

（1）若指定的标识符（宏名）已经被 define 定义过，则在编译程序时只编译程序段 1；否则，只编译程序段 2。

条件编译

其语法格式如下：

```
#ifdef  标识符
    程序段 1
#else
    程序段 2
#endif
```

【例 11-2】条件编译举例。

// demo11_2.c 源代码	// demo11_2.c 预编译后代码
#include<stdio.h>	
#include<stdlib.h>	int main( )
#define V 3	{
int main( )	int t=1;
{	double y;
int t=1;	y=3*t;
double y;	printf("y=%f\n",y);
#ifdef V	return 0;

``` y=V*t; #else #define G 9.8 y=0.5*G*t*t; #endif printf("y=%f\n",y); return 0;}```	}

程序运行结果如图 11.2 所示。

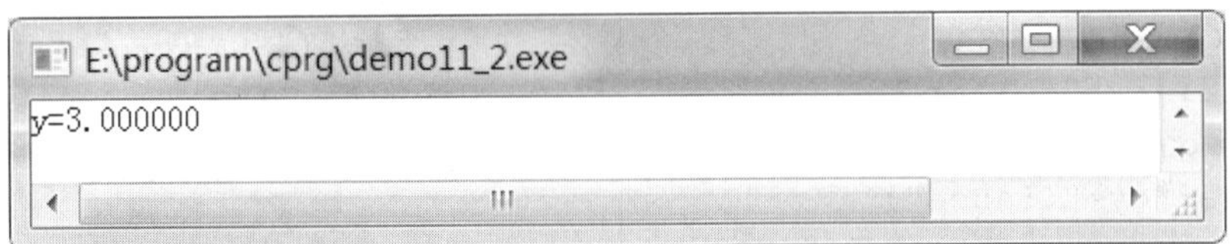

图 11.2　例 11-2 程序运行结果

【程序解析】

程序在编译时，发现标识符 V 已被定义过，所以选择性地编译 y=V*t;，而后部分的 #define　G　9.8 和 y=0.5*G*t*t;则不会被编译进目标程序。

（2）若指定的标识符（宏名）没有被 define 定义过，则在编译程序时只编译程序段 1；否则，只编译程序段 2，即与第一种的意思刚好相反。

其语法格式如下：

```
#ifndef  标识符
    程序段 1
#else
    程序段 2
#endif
```

对例 11-2 略作改动，就可以使用#ifndef...#else...#endif 的形式来实现。

（3）当指定的表达式为真时，编译程序段 1，否则编译下一程序段。

其语法格式如下：

```
#if  表达式 1
    程序段 1
#elif  表达式 2
    程序段 2
...
#else
    程序段 n
#endif
```

对于上面的语法格式，说明如下：

① elif 是 else if 的缩写，但不能写成 else if。

② #elif 和#else 可以没有，但#endif 必须存在，它与前面的#if 呼应。

③ #elif 可以有多个。

④ 每个表达式都必须是常量表达式，通常是宏名；各表达式可以不加括号。

⑤ 每个命令必须独占一行。

例如：

<pre>//初始源代码
#define China   0
#define USA   1
#define France   2
#define Country USA
#if Country==China
     char*cy="yuan";
#elif Country==USA
     char*cy="dollar";
#else Country==France
     char*cy="france";
#endif
int main( )
{
    float p1,p2,sp;
    scanf("%f%f");
    sp=p1+p2;
    printf("sum=%.2f%s\n",sp,cy);
    return 0;
}</pre>
	<pre>//预编译后代码
	char*cy="dollar";
	int main( )
	{
	    float p1,p2,sp;
	    scanf("%f%f");
	    sp=p1+p2;
	    printf("sum=%.2f%s\n",sp,cy);
	    return 0;
	}</pre>

11.3 文件包含

所谓文件包含是指在一个源文件中通过#include 将另外一个源文件的内容包含进来，即将另一个文件的内容包含到本文件之中。例如，任意一个程序的第一行总是#include<stdio.h>，意思是包含标准头文件 stdio.h。

头文件分为标准头文件、用户自定义头文件两种。

11.3.1 标准头文件

标准头文件由 C 语言编程软件（或者说 C 编译器）提供，一般位于安装目录的 include 文件夹下。

包含标准头文件的一般格式如下：

```
#include<标准头文件名>
```

例如：

```
#include<stdio.h>
#include<math.h>
```

头文件

11.3.2 自定义头文件

由于程序的模块化、函数的重用性等，用户可以将经常使用的一些常量、变量或者函数的定义从 main( )所在的源文件中独立出来，组织成一个或多个文件，称为自定义头文件。头文件的扩展名一般是.h（是单词 header 的第一个字母），该类型的头文件一般与 main( )源文件存储在同一文件夹中（因为自定义头文件一般只被本程序所引用）。

包含自定义头文件的一般格式如下：

```
#include "用户自定义的头文件名"
```

【例 11-3】验证哥德巴赫猜想。任意一个大于 2 的偶数总可以分解成两个素数之和。

【解题思路】

先新建一个头文件 prime.h，在其中定义用户函数 isPrime(int n)，实现判断 n 是否为素数的功能；再新建含 main( )函数的主文件 demo11_3.c，在其中包含头文件 prime.h，在 main( )函数中调用自定义函数 isPrime( )。这两个文件分别建立且存储于同一文件夹中。两个文件的代码如下：

```
//主文件 demo11_3.c
#include<stdio.h>
#include<stdlib.h>
#include  "prime.h"
int  main(  )
{
    int  i, x;
    printf("输入一个大于 2 的偶数:  ");
    scanf("%d",&x);
    for(i=2;i<=x/2;i++)
        if(isPrime(i)&&
            isPrime(x-i)){
            printf("%d=%d+%d\n",
            x,i,x-i);
            break;
        }
    return  0;
}
```

```
//头文件 prime.h
#include<math.h>
int  isPrime( int  n)
{
    int  i,k;
    k=(int)sqrt(n);
    for(i=2; i<=k; i++)
        if(n%i==0) break;
    if(i>k)return 1;
    else return 0;
}
```

【程序解析】

在编译源文件 demo11_3.c 时，会根据#include"prime.h"将自定义头文件包含进来，即#include"prime.h"会被其具体内容替换，从而实现预编译。

在一个源文件中，包含头文件有两种写法：

```
#include<头文件名>
#include"头文件名"
```

这两种写法针对标准头文件来说没有差别，但对于自定义头文件则存在较大差别。前者表明只在编译器的 include 文件夹中寻找指定的头文件；后者则是先在主文件所在位置寻找，若不存在被包含的头文件，则再到编译器的 include 文件夹中寻找，若仍不存在则编译出错。

另外，头文件的扩展名也允许是.c，以及其他合法的符号。

11.3.3 头文件的重复包含

在文件包含的实际应用中，存在一个文件多次包含同一个头文件的情况。例如，文件 mainFile.c 中包含两个头文件 file1.h、file2.h，这两个头文件又都需要包含 a.h。对 mainFile.c 来说，头文件 a.h 就被包含了两次。

头文件的重复包含

这种情况导致的后果是拖慢程序的编译速度，至程序编译错误。解决这个问题的方法是使用上一节中的条件编译，对每个头文件进行如下类似的改写：

```
#ifndef  HEADERFILE_H
#define  HEADERFILE_H
...          /(头文件内容)
#endif
```

其中，宏名 HEADERFILE_H 只要是合法的标识符即可。

针对上面提到的 a.h 头文件被重复包含的问题，可以对 a.h、file1.h、file2.h、mainFile.c 的内容做如下类似的补充。

<table>
<tr>
<td>
<pre>
//a.h
#ifndef A_H
#define A_H
… //a.h 头文件的具体内容
#endif
//file1.h
#include "a.h"
#ifndef FILE1_H
#define FILE1_H
…//file1.h 头文件的具体内容
#endif
//mainFile.c
#include "File1.h"
#include "File2.h"
…//mainFile.c 文件的具体内容
</pre>
</td>
<td>
<pre>
//file2.h
#include "a.h"
#ifndef FILE2_H
#define FILE2_H
…//file2.h 头文件的具体内容
#endif
</pre>
</td>
</tr>
</table>

其中，各自定义标识符的命名没有特别限制，但最好与相应头文件的名称对应、匹配，以便于识别。例如，文件 a.h 中条件编译的宏名使用 A_H，file1.h 使用 FILE1_H。

11.4 多文件组织成工程

11.4.1 建立工程文件

在本章之前，书写的程序大多只有一个源文件，即自定义函数与 main() 函数都同时位于一个源文件之中，这不能很好地体现函数的重用性。

随着问题规模的增大，大型的程序一般称为工程，一个工程可能包含很多文件。

建立工程文件

在 CodeBlocks 中建立工程的方法如下（以例 11-3 的问题为例）:

（1）在 CodeBlocks 软件的主菜单中选择 File→New→Project 命令，打开 New from template 对话框，选择 Console application，如图 11.3 所示。

（2）单击 Go 按钮，打开可选择“C”或“C++”对话框，选择其中的“C”选项，单击 Next 按钮，出现命名工程名和选择存储文件夹的对话框。先在第一个文本框中输入工程的标题 prj1，再通过“...”按钮选择工程的存储文件夹。此时，后两个文本框将自动填入相关内容（可适当修改，使得 prj1 这个工程的所有文件都存储在一个独立的文件夹 prj1 内），结果如图 11.4 所示。

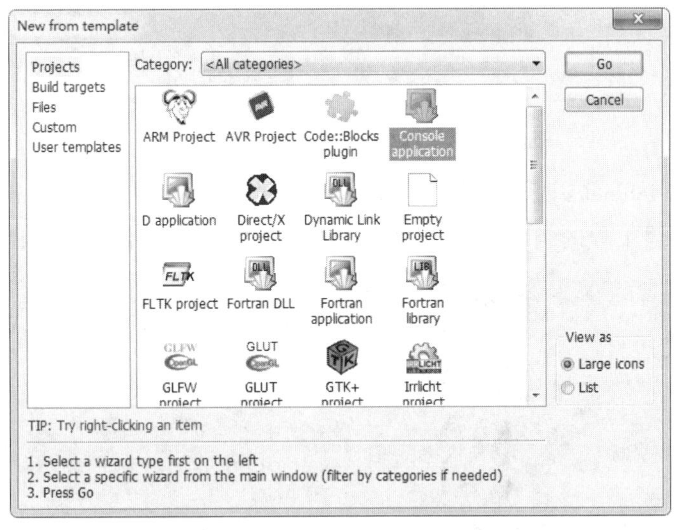

图 11.3　选择工程模板对话框

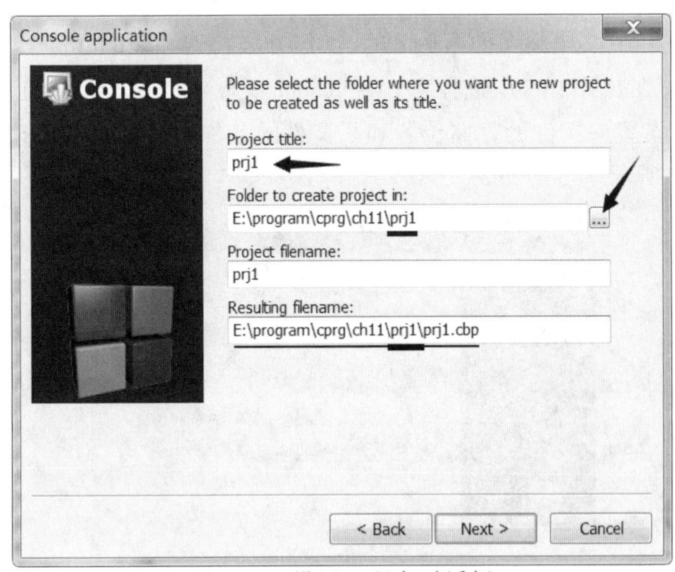

图 11.4　设置工程名对话框

（3）设置好工程的存储文件夹和工程名之后，单击 Next 按钮，打开图 11.5 所示对话框（图中的复选框需要至少选中一个）。

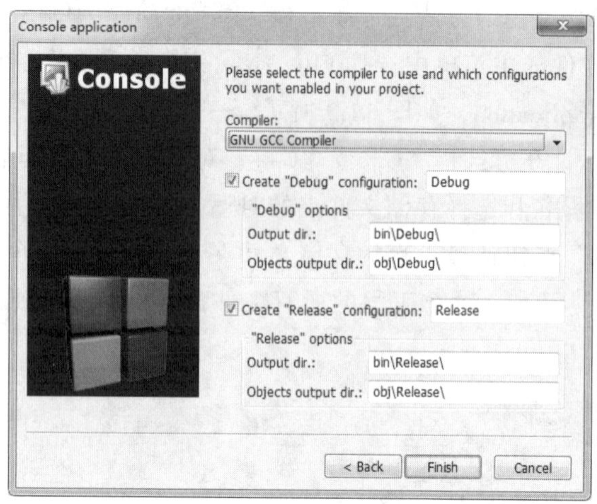

图 11.5　选择编译器和编译模式

（4）若安装 Codeblocks 时已设置好了编译器，此处可以直接单击 Finish 按钮，完成工程的建立，得到所建工程的组织结构以及主文件 main.c 的默认代码，如图 11.6 所示。

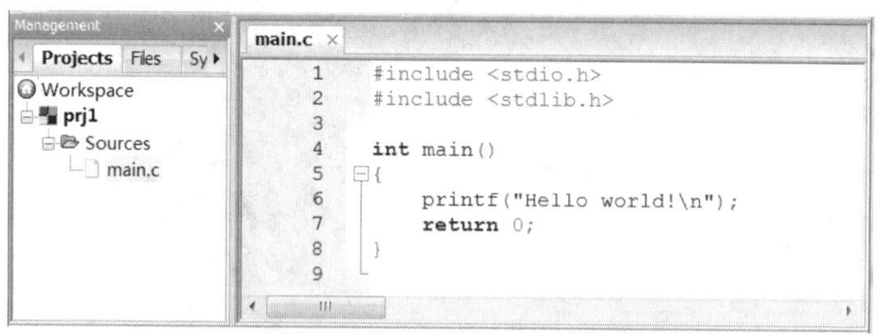

图 11.6　工程 prj1 中 main.c 的选择代码

（5）向工程 prj1 中添加头文件 prime.h。操作方法：选择 CodeBlocks 菜单栏中的 File→New→File 命令，在打开窗口中选择 C/C++ header 模板，并单击右侧的 Go 按钮，再单击 Next 按钮，接下来设置头文件的存储位置和头文件的名称，并选中 Add file to active project 复选框，如图 11.7 所示。

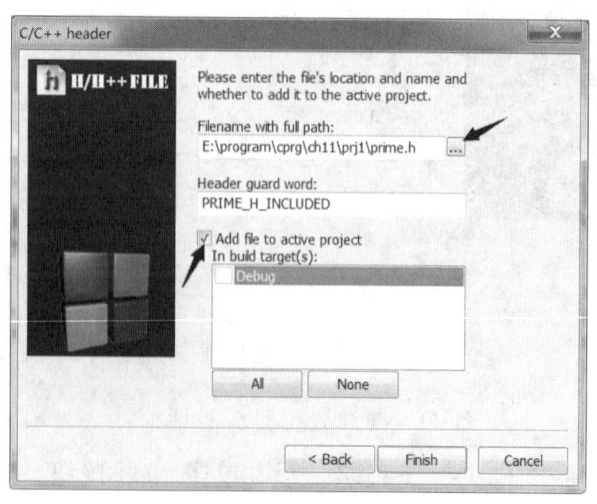

图 11.7　向工程 prj1 中添加头文件 prime.h

（6）在 CodeBlocks 软件主界面左侧的工程管理器中展开相关文件夹、打开 prime.h 可以看到其内容自动添加了相关的条件编译指令。对该文件进行编辑，如图 11.8 所示。

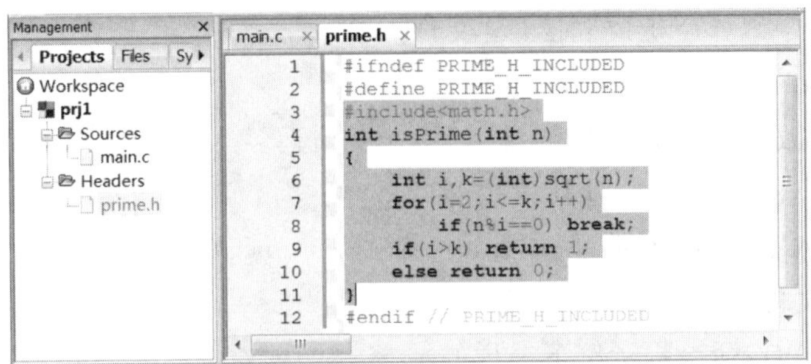

图 11.8　工程 prj1 的组织结构及头文件 prime.h

（7）对 main.c 进行编辑，其代码如图 11.9 所示。

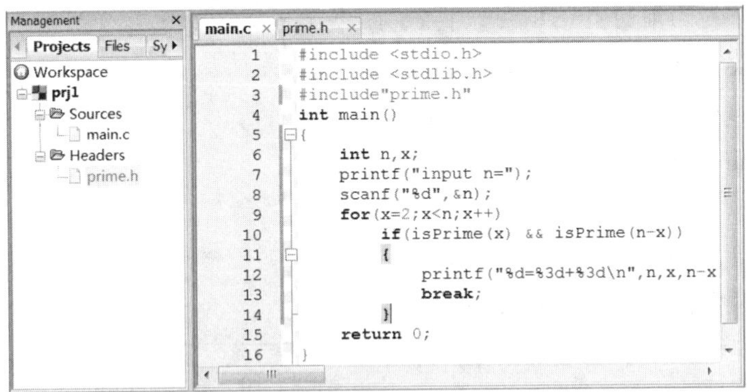

图 11.9　重新编辑 main.c 的内容

（8）进行工程的编译、运行。

【注意】

一个工程中只能有唯一的主函数 main( )，其所属的文件已被默认命名为 main.c。若需要建立另一个工程，则应先选择 File→Close all projects 命令关闭所有打开的工程，再选择 File→New→Project 命令重新开始、一步一步地进行工程创建操作。

11.4.2　运行带参数的工程

本节讲述如何在 CodeBlocks 中设置工程的命令行参数、运行带命令行参数的程序，也就是 main 函数的参数。

首先，建立工程 prj2，然后修改 main.c 文件的内容如下：

运行带参数的工程

```
//main.c
#include<stdio.h>
#include<stdlib.h>
int  main(int  argc, char *args[  ])
{
    int  i;
    printf("argc=%d\n",argc);
```

```
    for(i=0;i<argc;i++)    printf("%s\n",args[i]);
    return  0;
}
```

在 CodeBlocks 中编译后生成 prj2.exe 文件。

如果此时在 CodeBlocks 的集成环境下直接运行该程序，参数 argc 的值将始终是 1，字符串数组的大小也就是 1，且其值总是 E:\program\cprg\ch11\prj2\bin\Debug\prj2.exe（即可执行文件的文件名）。

要想达到像在 DOS 命令提示符下一样的运行效果，需要在 CodeBlocks 中对项目进行参数设置。具体设置方法如下：

首先保证 prj2 为当前打开的项目，再选择 CodeBlocks 菜单栏中的 Project→Set programs' arguments 命令，打开 Select target 对话框。在 program argument 标签下方的文本区中输入"My age is   18."（见图 11.10），然后单击 OK 按钮，即设置好了程序运行所需的参数；最后单击 Run 按钮运行程序。

图 11.10　在 CodeBlocks 中设置命令行参数

此例也说明：在 CodeBlocks 这个 IDE 中运行程序时，只能对属于工程的主函数 main( )设置命令行参数，不能对非工程的 C 语言程序设置命令行参数。若要对非工程的 C 语言程序设置命令行参数，则只能在 DOS 命令提示符下设置并运行该程序。

11.5　程 序 调 试

以前，检验程序是否正确主要通过两种方式来实现：一是观察程序的输出结果与期望值是否一致；二是手工执行程序代码，验证手工执行的过程和结果与期望值是否一致。尤其以第二种方式为主要手段，因为它能让我们清晰地观察到程序语句的执行过程、变量值的变化情况等。

实际上，使用 CodeBlocks 软件的调试功能不仅能达到上述目的，而且结果更准确，执行效率更高。

建立工程，在依次完成了程序的编辑、编译、生成了可执行文件之后，就可以进行程序的调试。需要强调的是：非工程型程序在 CodeBlocks 中是不能进行调试的；在编辑程序源代码时，务必一条语句书写在一行，这样，调试效果更清晰。

程序调试前的准备

11.5.1　程序调试步骤

程序调试的基本步骤如下（以 CodeBlocks 开发工具为例）：

1. 为程序设置断点（BreakPoint）

某行被设置成断点后，呈现出的效果是“在代码行左侧出现一个红色的小圆圈。断点起到的作用是程序执行到断点所在行时，会暂时停下来，等待下一个操作。

把某行设置成断点的方法有以下几种：

（1）先把鼠标定位到希望设置断点的行，然后选择 Debug→Toggle Breakpoint 命令，鼠标所在行就被设置成了断点。

（2）在希望设置断点的行右击，在弹出的快捷菜单中选择 Toggle Breakpoint 命令，可以设置断点。

（3）直接在代码行左侧的绿色竖线前单击，即可将所在行设置成断点。

在一个函数中可以设置多个断点。

2. 启动程序的调试

选择 CodeBlocks 的菜单项 Debug→Start→Continue 命令，或者单击工具栏上的▶按钮，即可启动调试功能，且程序执行到断点处时会停下来，等待下一步动作。

3. 进行程序的调试

选择 Debug→Next line 命令开始进行程序的“下一行”调试，即单击一次该菜单项就执行一行代码，所以称为过程式单步调试。该功能也可以通过单击工具栏上的按钮来实现。

选择 Debug→Step into 命令进行“进入式单步调试”，利用它可以进入到自定义函数内部进行调试。该功能也可以通过单击工具栏上的按钮来实现。

4. 停止程序调试

在调试过程中，可随时选择 Debug→Stop Debugger 命令来中止程序的调试。该功能也可以通过单击工具栏上的按钮来实现。

上述操作都可以通过快捷键来实现。例如，通过快捷键【F5】可实现断点的设置或取消，【F8】实现启动调试，【F7】实现下一步调试，【Shift+F7】实现单步进入调试，【Shift+F8】停止调试等。

11.5.2　简单程序的调试

简单程序的调试

以源文件 c6_2_2.c 为例，讲述仅有 main( )主函数的程序调试。

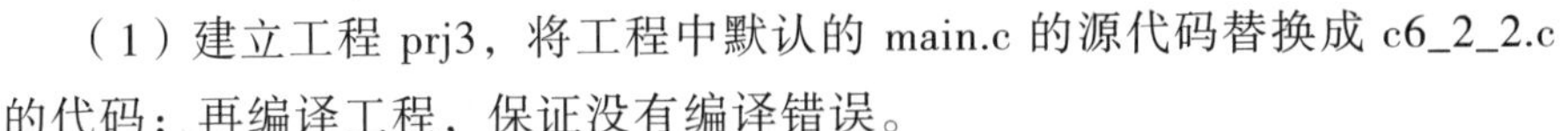

（1）建立工程 prj3，将工程中默认的 main.c 的源代码替换成 c6_2_2.c 的代码；再编译工程，保证没有编译错误。

（2）在程序的第 8 行、26 行设置断点；选择 Debug→Debugging windows\Watches 命令，打开 Watches 窗口（在调试状态下，该窗口会自动打开），如图 11.11 所示。

选择 Debug→start/continue 命令，启动调试功能。程序运行到 scanf 语句处，等待用户输入相关数据。

（3）输入 1 并按下【Enter】键，程序接收输入的数据，继续向下执行。此时，程序将执行第 8 行上的代码，遇到断点、发生暂停（黄色的箭头指示程序将执行的行），结果如图 11.12 所示。

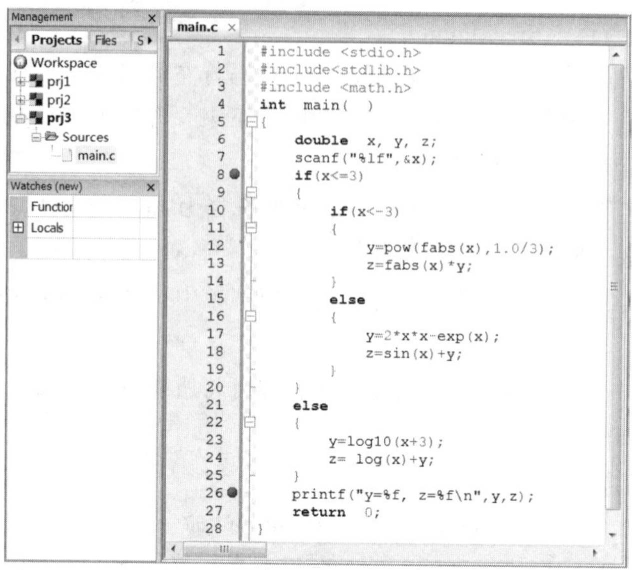

图 11.11　为程序设置断点

图 11.12　程序执行到第一个断点时的情况

（4）选择 Debug→Next line 命令或按【F7】键，继续进行程序调试，将会清晰地观察到选择结构的执行情况。图 11.13 所示为是执行了第 10 行的语句、将要执行第 17 行时的情况（黄色箭头指示程序将要执行的代码行）。

（5）继续选择 Debug→Next line 命令或按【F7】键，下面是将要执行第 26 行时的情况，如图 11.14 所示。

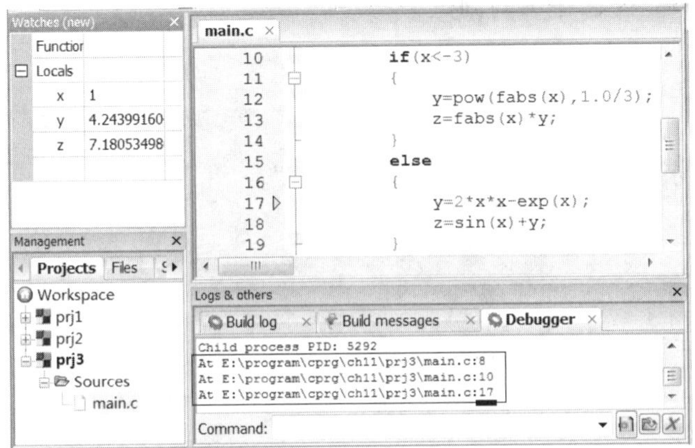

图 11.13　选择结构的调试情况

图 11.14　程序执行到第 2 个断点时的情况

（6）继续选择 Debug→Next line 命令或【F7】键，直到程序执行结束。

实际上，在软件 CodeBlocks 中调试仅含 main( )函数的工程时，单击 Next line 按钮或者 Step into 按钮，调试效果没有差别。

> **【注意】**
> 对于程序的调试，必须合理地设置断点、可随时选择 Debug→Stop debugger 命令结束调试。

11.5.3　复杂程序的调试

复杂程序的调试

在调试含有自定义函数的程序时，既可以只调试主函数的代码，也可以进入自定义函数的函数体内进行调试，这需要用到 Step into。

以判断一个整数是否为素数为例（11.4.1 中的工程 prj1），讲述复杂程序（即带自定义函数的程序）的调试。

（1）设置断点，如图 11.15 所示。

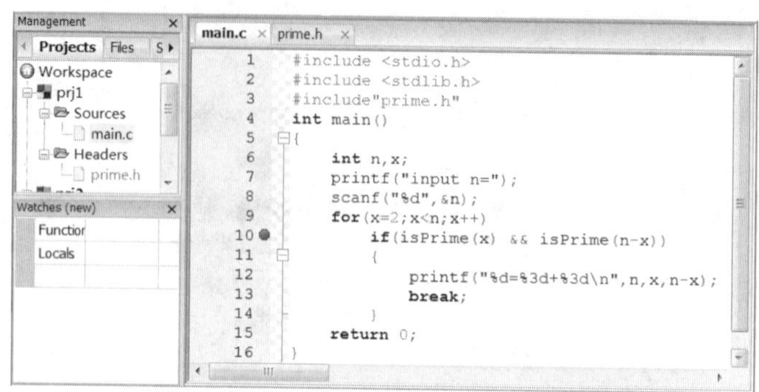

图 11.15　在程序的第 10 行处设置断点

（2）选择 Debug→Start→Continue 命令，开始程序的调试；输入 24 并按下【Enter】键；程序执行到断点处（第 10 行）暂停。

（3）单击 Step into 按钮或按【Shift+F7】组合键，将进入头文件 prime.h 的 isPrime( )函数内进行执行。

（4）不断单击 Step into 按钮或按【Shift+F7】组合键，当 isPrime( )函数执行完毕后，将返回主函数；继续单击 Step into 按钮或按【Shift+F7】组合键，又将进入 isPrime( )函数……不断在主函数和子函数之间切换，直到主函数中的 for 循环中止，主函数结束，如图 11.16 所示。

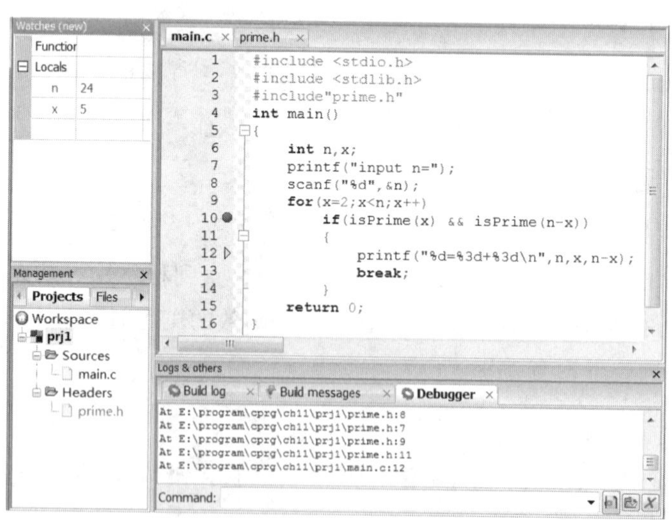

图 11.16　使用 Step into 进行调试的情况

在子函数 isPrime 内调试时，单击 Next line 按钮或者 Step into 按钮没有差别（因为 isPrime 函数内没有调用其他自定义函数）。

在调试过程中，务必记住：要想进入被调用函数内部进行调试，必须适时地单击 Step into 按钮或按【Shift+F7】组合键，即在马上要执行函数调用时单击 Step into 按钮。

【注意】

（1）在 CodeBlocks 中，只有工程文件才能进行调试；不属于工程的程序是不能使用调试功能的。

（2）在某些调试器中，在执行库函数时若按下 Step into 按钮，将进入汇编语言的代码。这种情况下，必须根据语句的实际情况，适时地在 Next line 和 Step into 之间切换。

（3）单击 Step out 按钮可以从子函数返回到它的上一级函数。

习　　题

一、选择题

1. 以下叙述中错误的是________。

   A. #define MAX 12;　是合法的宏定义

   B. 预处理命令一般不以分号作为命令行的结束

   C. 在程序中凡是以“#”开始的语句行都是预处理命令行

   D. 宏定义是在程序执行的过程中完成替换的

2. 若程序中有宏定义行:

```
#define  N  100
```

则以下叙述中正确的是________。

   A. 宏定义行中定义了标识符 N 的值为整数 100

   B. 对 C 源程序进行编译时用 100 替换标识符 N

   C. 在程序运行时用 100 替换标识符 N

   D. 在程序编译时用 100 替换字母 N

3. 以下叙述正确的是________。

   A. 不能把 include 定义为用户标识符

   B. 可以把 define 定义为用户标识符，但不能把 include 定义为用户标识符

   C. 可以把 include 定义为用户标识符，但不能把 define 定义为用户标识符

   D. define、include 都可以作为用户标识符

4. 以下程序运行后输出结果是________。

```
#include<stdio.h>
#define  FAdd(X,Y)  X+Y
int main( )
{   int  a=3, b=4;
    printf("%d\n",FAdd(a, b++));
    return 0;
}
```

   A. 7　　　　B. 8　　　　C. 9　　　　D. 10

5. 若有如下宏定义:

```
#define  N    1+2
```

```
#define  y(n)   (n*N)
```

则执行下列语句：z=2*y(3);后，整型变量 z 的结果是________。

A．语句有错误　B．18　C．10　D．14

二、程序调试

1．对例 6-6、7-11、7-17、8-9 的程序代码进行过程式单步调试（Next line），仔细观察语句的执行情况、变量值的变化情况。

2．对例 10-4 中的自定义函数进行进入式单步调试（Step into）。

3．对例 10-15 中的递归函数进行进入式单步调试，仔细观察递归调用的深入和返回。

第 12 章　复杂数据类型

📖学习目标

（1）逐步掌握结构体类型的定义；

（2）掌握结构体变量、结构体数组的声明、定义、赋值及访问；

（3）逐步掌握结构体指针的声明、定义、赋值及访问；

（4）逐步理解共用体的含义、功能及使用；

（5）了解位域的概念及作用；

（6）掌握枚举类型的定义及使用。

📖知识点导图

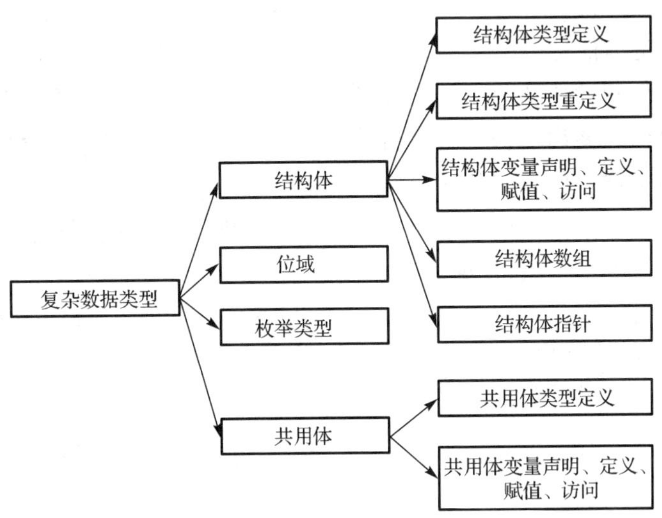

📖学习难点

（1）对结构体类型、变量的定义，变量的赋值及成员的引用；

（2）对结构体指针类型、变量的定义，变量的赋值及成员的引用；

（3）对共用体变量成员值的理解。

C 语言提供了丰富的数据类型，包括整型、浮点型、字符型、数组、指针、空类型等。但这些数据类型只能描述和定义一些简单的数据信息，远远不能满足实际程序设计的需要。因为有些复杂的数据信息仅仅依靠这些数据类型是无法完整、全面描述的。例如，一个学生的信息包括学号、姓名、性别、出生日期、家庭住址、联系电话、成绩等。原有的数据类型都无法独立描述“学生”这种数据类型。

为了增强 C 语言的数据描述能力，允许程序员依据已有的数据类型来构造、定义复杂的数据类型。允许定义的复杂数据类型主要包括结构体、共用体、位域、枚举类型等。

12.1　结　构　体

12.1.1　结构体类型的定义

结构体类型定义的一般格式如下：

```
struct 结构体类型名
{
    类型名 1  成员名 1;
    类型名 2  成员名 2;
    …
    类型名 n  成员名 n;
};
```

结构体类型的定义

下面通过实例进行说明。

一个学生的基本信息包括学号、姓名、性别、出生日期、家庭住址、联系电话、几门课程的成绩等。可以分别使用字符数组（即字符串）存储学号、姓名、家庭住址、联系电话，使用字符或者字符数组存储性别，使用整型来存储出生日期，使用一个一维整型数组存储多门课程的成绩。

假定学生这种结构体类型包含学号、姓名、性别、出生年月日、多门课程的成绩等数据分量。那么，其类型可以定义如下：

```
struct stuType{                  //含 7 个分量(或称为属性、成员、域、项、item)
    char num[11];
    char name[9];
    char sex;
    int year,month,day;          //类型相同的分量可以放在一起声明
    int score[5];
};
```

使用图示的方式形象地描述学生这个结构体类型，如图 12.1 所示。

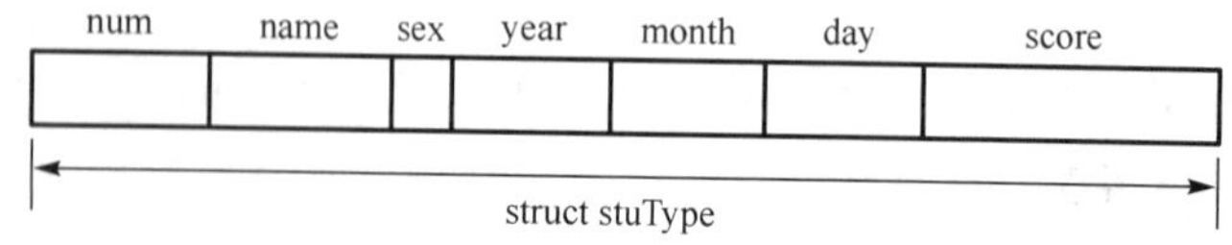

图 12.1　结构体 struct stuType 类型定义（一）

上述例子中，年月日也可以定义成一个结构体类型，即一个结构体的分量也可以是一个结构体类型。所以，将出生日期从中抽取出来，定义为一个结构体类型：

```
struct birthType{
    int year, month, day;
};
```

这样，可以使用 struct birthType birthday;替换 struct stuType 中的 int year,month,day;。

使用图示的方式描述学生这个结构体类型，如图 12.2 所示。

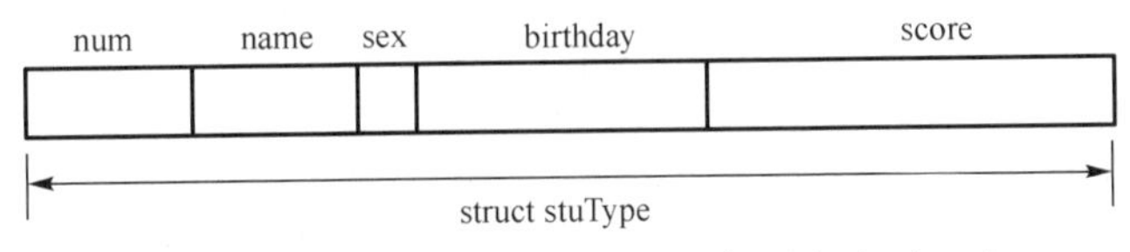

图 12.2　结构体 struct stuType 类型定义（二）

又由于每门课程的信息至少包含两个数据项：课程名称和成绩，前面可使用字符数组、后者使用整型来描述。多门课程则组织成结构体数组。下面是课程这个结构体的类型定义：

```
struct courseType{
    char name[30];
    int score;
};
```

因此，可使用 struct courseType course[5]; 替换上面的 int score[5];。

使用图示的方式描述学生这个结构体类型，如图 12.3 所示。

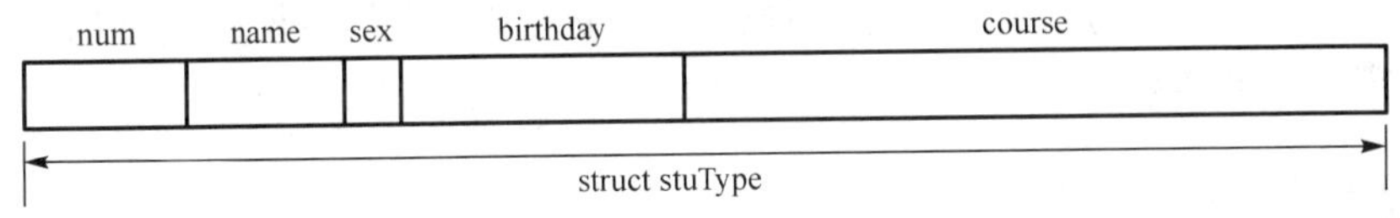

图 12.3　结构体 struct stuType 类型定义（三）

这里，把课程门数 5 用宏定义来代替、把逐步完善的学生信息结构体的 3 种类型定义方式组织在一起，如图 12.4 所示。

```
#define  NC  5
struct stuType{
    char  num[11];
    char  name[9];
    char  sex;
    int year,month,day;
    int  score[NC];
};
```

(a)方式一

```
#define  NC  5
struct birthType{
    int  year, month, day;
};//生日类型

struct stuType{
    char  num[11];
    char  name[9];
    char  sex;
    struct birthType birthday;
    int  score[NC];
};
```

(b)方式二

```
#define  NC  5
struct birthType{
    int  year, month, day;
};
struct courseType{
    char name[30];
    int score;
};//课程类型
struct stuType{
    char  num[11];
    char  name[9];
    char  sex;
    struct birthType birthday;
    struct courseType course[NC];
};
```

(c)方式三

图 12.4　结构体 struct stuType 类型的 3 种定义方式

图 12.4(b)、图 12.4(c)中 struct birthType 是类型名，birthday 是分量名，struct courseType 是类型名，course 是分量名。

图 12.4(b)、图 12.4(c)的类型定义方式有一个共同点：分量的类型先定义后使用。也可以把它们融合到一起定义，如图 12.5 所示。

```
#define  NC  5
struct stuType{
    char  num[11];
    char  name[9];
    char  sex;
    struct birthType{
        int  year, month, day;
    }birthday;
    int  score[NC];
};
```

(a)类型（一）

```
#define  NC  5
struct stuType{
    char  num[11];
    char  name[9];
    char  sex;
    struct birthType{
        int  year, month, day;
    }birthday;
    struct courseType{
        char name[30];
        int score;
    }course[NC];
};
```

(b)类型（二）

图 12.5　定义结构体 struct stuType 类型

在图 12.5 中，类型 struct birthType、struct courseType 的定义被包含在了 struct stuType 之中。有的编译器会认为它们属于局部数据类型，其作用域当然也是局部的。因此，建议使用图 12.4（b）、（c）中的数据类型定义样式。即先定义“小的结构体类型”，然后在“大的结构体类型”中使用它，也就是先定义后使用。

12.1.2　结构体变量的声明

新的数据类型定义好之后，就可以利用它来声明变量。例如：

```
struct  stuType  stu1, stu2;
struct  birthType  d1, d2;
```

结构体变量的声明

上面是先进行类型定义，再进行变量声明，是分两步进行的。也可以将这两步合二为一，即在定义类型的同时声明变量。例如，定义生日类型的同时声明两个该类型的变量：

```
struct  birthType{
    int  year, month, day;
}d1, d2;                                //定义类型且同时声明了两个变量 d1、d2
```

因此，对上面两种类型的定义、变量的声明还可以按下面的方式书写（体现了类型定义的嵌套）：

```
struct  stuType{
    char  num[11];
    char  name[9];
    char  sex;
    struct  birthType{ int  year, month, day; } birthday;
    //该成员是一个结构体类型
```

```
    int  score[NC];
}stu1,stu2;
```

这种嵌套的类型定义，在 VC 中不能使用 struct　birthType 进行变量的声明，即在 VC 中下面的语句是错误的：

```
struct  birthType  b1,b2;
```

因为它认为类型 struct birthType 被包含在了 struct stuType 之中，即类型 struct birthType 在外部是不可见的（但在 CodeBlocks 却是正确的）；不要在上面嵌套的类型定义中（阴影标记处）去声明 struct　birthType 类型的多个变量，若这样做，则是声明了多个 struct birthType 类型的分量。

所以，强烈建议不要进行类型的嵌套定义——图 12.5 中的图 12.5（a）、图 12.5（b）；而尽量使用图 12.4 中的图 12.4（a）、图 12.4（b）、图 12.4（c）样式的类型定义。

结构体变量俗称记录。

12.1.3　结构体变量的赋值和访问

定义了结构体类型，声明了变量之后，接下来对变量和其分量进行相关操作。

结构体变量的赋值和访问

C 语言规定：使用"."作为结构体变量和它的分量之间的连接符。例如：

```
stu1.num[0]='1';   stu1.num[1]='8';  stu1.num[2]='0';
stu1.num[3]='1';stu1.num[4]='\0';
strcpy(stu1.name,"Tom");  //不能给字符型数组名直接赋值，必须使用串复制函数
stu1.birthday.year=2000;
stu1.birthday.month=8;
stu1.birthday.day=8;          //这 3 个不能合并写成 stu1.birthday={2000,8, 8};
for (int i=0;i<NC;i++)  stu1.score[ i ]=70+i;
stu2=stu1;                    //同类型的结构体变量可以相互赋值
d1.year=2000; d1.month=3; d1.day=18;
stu2.birthday=d1;
```

可以在声明变量的同时，给变量整体赋值。除此之外，不能对结构体变量整体赋值。例如：

```
struct  birthType{
    int  year, month, day;
}d1, d2={2002, 7, 7};        //定义类型、声明变量且同时对 d2 进行整体赋值，这是三合一
struct  stuType  stu3, stu4={
    "2018070101",
    "petter",
    'f',
    {2001,9,18},              //可替换成 d2，因为 d2 已赋值
    {55,65,75,85,95}
};
```

上面的代码中，对变量 d1、stu3 没有赋值，则它们的各个分量值都是不确定的；而 stu4 在声明的同时进行了整体赋值，且是二合一模式。

任何时候都不能对结构体变量进行整体输入、输出。因为输入、输出时的格式控制符没办法确定。

结构体类型可以作为函数的参数，可以作为函数的返回值类型。可以声明结构体数组。

结构体类型所占的内存空间大小应该使用 sizeof( )运算符来获得。例如：sizeof(struct birthType)、sizeof(d1)，即该运算符的操作数既可以是类型名，也可以是变量名。

【思考】

一个结构体类型所占存储空间的大小等于其各分量所占字节数的和吗？

12.2 类型的重定义

所谓类型的重定义是指给已存在的一种类型赋予一个新的名称。这样，两个名称代表的实际上是同一种类型。

类型重定义的语法格式如下：

```
typedef  类型标识符 1  类型标识符 2;
```

例如：

```
typedef  int  Integer;      //重定义整型 int 为 Integer
Integer  a, b;              //声明两个整型变量，相当于 int a,b;
typedef  int*  IntPoint;    //把整型指针重定义为 IntPoint
IntPoint  pa, pb;           //声明两个 IntPoint 类型的变量，
                            //即整型指针变量
```

下面将上节的 struct stuType 重定义为 STUType 类型：

```
typedef  struct  stuType  STUType;
```

类型的重定义

当然，上面需要先定义类型 struct stuType，再进行类型的重定义。这种方式是分两步完成的，也可以一步完成，如图 12.6 所示。

```
#define  NC  5
typedef  struct  stuType{
        char    num[11];
        char    name[9];
        char    sex;
        struct  birthType  birthday;
        int        score[NC];
}STUType;
```

(a)方式（一）

```
#define  NC  5
typedef  struct{
        char    num[11];
        char    name[9];
        char    sex;
        struct  birthType  birthday;
        int        score[NC];
}STUType;
```

(b)方式（二）

图 12.6　两种方式的类型重定义

上面两种方式的类型重定义，在使用类型名 STUType 时没有差别；若采用图 12.6(a)所示的类型定义及重定义模式，则仍可以使用 struct stuType 类型，且与 STUType 是同一类型；但若采用图 12.6(b)所示的方式（关键字 struct 的省略了类型名），则只存在一种类型——STUType，也就只使用类型名 STUType 去声明变量了。若再定义 struct stuType 类型，即使内容与 STUType 完全相同、也会被认为是两种不同的类型。

因此，在进行类型的重定义时，建议使用图 12.5(a)的形式，即不省略“原始”类型名。

一般来说，进行类型的重定义之后，使用新的类型名来声明或定义变量将显得简洁、清晰一些。

12.3　结构体指针

所谓结构体指针是指一个指针其基类型是结构体。

定义了结构体类型，声明了结构体变量；再声明结构体指针变量且建立该指针变量与结构体变量的关系后，可以使用指针来操作结构体变量及其分量。

例如：

```
struct  stuType  stu;
struct stuType*pstu;    pstu=&stu;  //合二为一就是struct stuType *pstu =&stu;
```

经历了上面的赋值后，*pstu 与 stu 就是等价的。

可以使用如下形式进行分量的访问：

```
(*pstu).name        (*pstu).sex     (*pstu).score[2]
```

因为“.”优先级比“*”高，所以要加括号。

结构体指针

在 C 语言中，特意规定了通过结构体指针访问分量的专用运算符->。因此，通过结构体指针变量访问结构体的分量经常使用如下形式：

```
pstu->name   pstu->sex   pstu->score[2]
```

并且，这种格式看起来更简洁、清晰。

12.4　结构体应用举例

【例 12-1】实现学生信息的输入/输出和查找。

【问题分析】

前面已经对学生这个结构体类型进行了定义。在本例中，将自定义头文件且通过自定义函数实现结构体信息的输入、输出、查找，以便实现最大程度的重用。

学生定义成结构体类型，所有学生组织成结构体数组。

下面是几个函数的功能说明以及函数首部：

（1）函数 inputAStu ( )，实现从键盘录入一个学生的信息。

结构体应用举例

从键盘分别输入构成一个结构体的各个分量，这个结构体变量的值是我们需要得到的，通过函数的返回值返回给调用它的函数。所以，该函数没有参数，函数的返回值是结构体类型。这样，得出该函数的首部如下：

```
struct  stuType  inputAStu(  );
```

（2）函数 showAStu( )，实现显示一个学生的信息。

这样考虑：要输出谁的信息呢？输出哪种类型的数据？输出几个这样的数据？因此，该函数需要一个结构体类型的参数，函数的返回值是空类型。这样，得出该函数的首部如下：

```
void  showAStu(struct  stuType );
```

（3）函数 searchNum，实现查找功能。

这样考虑：要查找哪个数据项的信息，这个信息的值是什么？这个学生的信息存储在哪里？是否真的存在这样的学生？这些疑问直接与函数的参数和返回值相关。即要求在一个具有 n 个元素的学生数组中进行查找，查找的目标是指定学号的学生，找到了就返回其下标、找不到就标记查找不成功。因此，这个函数需要 3 个参数：一是学生数组的首地址，二是数组元素的个数，三是待查找的学号；函数的返回值是一个整型数，这个值等于-1，表示没找到，这个值是一个非负数表示查找成功，且代表该学生在数组中的下标。这样，该函数的首部应该按如下方式设计：

```
int  searchNum(struct  stuType *, int , char * );
```

本例使用工程的方式组织各文件。该工程包括两个头文件、一个主文件。

本例的工程名及其文件夹如图 12.7 所示。

Project title:
prj12_1
Folder to create project in:
E:\program\cprg\ch12\prj12_1
Project filename:
prj12_1
Resulting filename:
E:\program\cprg\ch12\prj12_1\prj12_1.cbp

图 12.7　例 12-1 的工程名及其文件夹

```
//定义学生类型头文件 stuType.h，放入 E:\program\cprg\ch12\prj12_1 下
#ifndef  STUTYPE_H_INCLUDED
#define  STUTYPE_H_INCLUDED
#define  NC  5
struct  birthType{
    int  year,month,day;
};
typedef  struct  stuType{
    char   num[11];
    char   name[9];
    char   sex;
    struct  birthType  birthday;
    int score[NC];
}STUType;      //类型重定义
#endif     //STUTYPE_H_INCLUDED
```

上面的头文件中，第 1、2 行和最后一行代码是建立头文件时自动添加的，目的是为了避免重复包含。下面的文件 stuBaseOperation.h 也做了同样的处理。

```
//基本操作头文件 stuBaseOperation.h，放入 E:\program\cprg\ch12\prj12_1 下
#ifndef  STUBASEOPERATION_H_INCLUDED
#define  STUBASEOPERATION_H_INCLUDED
#include<stdio.h>
#include<stdlib.h>
```

```
#include<string.h>
#include"stuType.h"
//录入一个学生的信息
STUType  inputAStu()
{
    STUType  stu;
    printf("input a student:\n");
    printf("\tnum:");          gets(stu.num);
    printf("\tname:");         gets(stu.name);
    fflush(stdin);
    printf("\tsex:");          stu.sex=getchar();
    printf("\tbirthday:");
    scanf("%d",&stu.birthday.year);
    scanf("%d",&stu.birthday.month);
    scanf("%d",&stu.birthday.day);       fflush(stdin);
    printf("\tscore:");
    int  i;
    for(i=0;i<NC;i++)  scanf("%d",&stu.score[i]);       fflush(stdin);
    printf("\n");
    return  stu;
}
//显示一个学生的信息
void  showAStu(STUType  stu)
{
    printf("output a student.\n");
    printf("\t%s,%s,%c,",stu.num,stu.name,stu.sex);
    printf("%d-%d-%d,",stu.birthday.year,stu.birthday.month,stu.birt
hday.day);
    int  i;
    for(i=0;i<NC;i++)  printf("%d ",stu.score[i]);
    printf("\n\n");
}
//在具有 n 个元素的数组中查找学号为 num 的记录，返回其下标
int  searchNum(STUType *pstu, int  n, char* num)
{
    int  i , flag=-1 ;                   //flag=-1 假设未找到
    for(i=0;i<n;i++)
        if(strcmp(pstu[i].num,num)==0) //字符串的比较必须使用函数 strcmp()
       {   flag=i; break;  }
    return  flag;
}
#endif  //STUBASEOPERATION_H_INCLUDED
//主文件 main.c，放入 E:\program\cprg\ch12\prj12_1 下
#include <stdio.h>
#include <stdlib.h>
#include<string.h>
#include"stuType.h"
```

```
#include"stuBaseOPeration.h"
int  main( )
{
    struct  stuType    stu[5];     //可替换成  STUType  stu[5];
    int  i;
    int  flag;
    char    num[11];
    for(i=0;i<5;i++)    stu[i]=inputAStu();
    printf("input  num  for  search:");
    fflush(stdin);
    gets(num);  fflush(stdin);
    flag=searchNum(stu, 5, num);
    if(flag<0)   printf("Not  found.\n");
    else
    {
        printf("Found.\n");
        printf("Index is %d .",flag);
        showAStu(stu[flag]);
    }
    return  0;
}
```

【程序解析】

上述各函数都不算复杂，关键是合理选择函数的参数个数及类型，使其满足函数功能的需要。

程序中，在每个输入语句后，都及时使用 fflush(stdin)来清空输入缓冲区，避免对后续变量的值产生影响。

为了避免每次运行程序都需要输入大量信息，也可以在声明学生数组时直接赋值。

> **【目的】**
> 演示结构体类型的定义及其变量使用。

12.5 共 用 体

共用体也称联合体。它与结构体既有一些相似的地方，也有很大的不同。共用体类型的变量，其所有分量共享存储空间（结构体是各分量各占自己单独的空间）。

共用体类型定义的一般格式如下：

```
union  结构体类型名
{
    类型名 1   成员名 1;
    类型名 2   成员名 2;
    …
    类型名 n   成员名 n;
};
```

共用体

【例 12-2】共用体举例。

本例建立的工程名及其文件夹如图 12.8 所示。

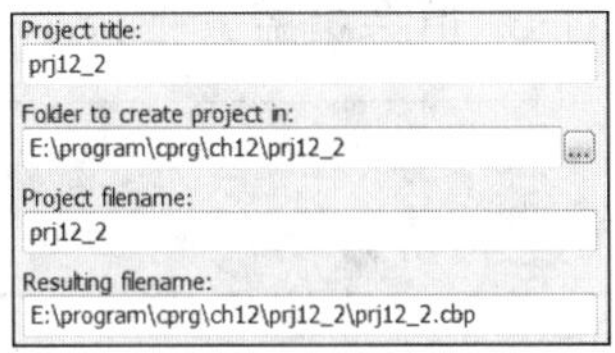

图 12.8　例 12-2 的工程名及其文件夹

```
//工程 prj12_2 的主文件 main.c
#include<stdio.h>
#include<stdlib.h>
union  UType{            //共用体类型使用关键字 union 进行类型定义
    char   c;
    short  s;
    float  f;
};
int  main( )
{
    union  UType  u;    //声明共用体类型的变量 u
    u.c=65;
    printf("size:=%d\n",sizeof(u));
    printf("%c,%d,%f\n",u.c,u.s,u.f);
    u.s=97;  printf("%c,%d,%f\n",u.c,u.s,u.f);
    u.f=66;  printf("%c,%d,%f\n",u.c,u.s,u.f);
    return  0;
}
```

程序运行结果如图 12.9 所示。

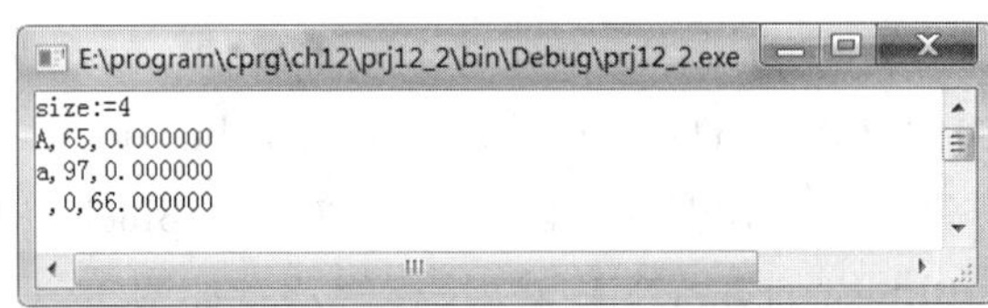

图 12.9　例 12-2 程序运行结果

【程序解析】

假定 short 占 2B，float 占 4B。上面的共用体类型 union　Utype 在内存中的存储示意如图 12.10 所示。

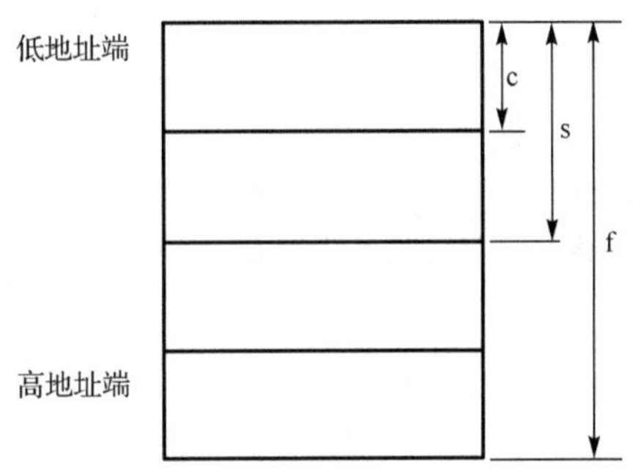

图 12.10　共用体 union Utype 的存储示意图

对于本例的共用体来说：sizeof(union UType)的值等于 sizeof(float)，即等于其分量中占字节数最多的那个的大小。共用体类型 UType 中的 3 个分量共享 sizeof(union UType)个字节的存储空间。因此，对一个分量的赋值会覆盖其他分量的值。

> **【目的】**
> 演示共用体的类型定义及其变量使用。

12.6 位　　域

在实际应用中，有些信息在存储时并没有完全占用一个完整的字节，而只占用几个二进制位。为了节省存储空间，并使处理简便，C 语言又提供了一种构造类型，称为“位域”或“位段”，所谓“位域”就是把连续的几个字节中的二进制位组织成一个整体，但划分为几个不同的区域、并自定义每个区域的位数。每个域有一个域名（分量的名称），允许在程序中按域名进行操作。这样，就可以把几个不同的分量用一个或几个字节的二进制位域来表示。

位域常用于单片机的数据类型定义之中。因为单片机的内存通常是很小的，为了节约内存空间，采用位域来“压缩存储”。

在定义结构体或共用体的位域成员时，只需在成员名后面加上“:二进制位数”。例如：

```
struct  BitStructType{
    char  a:4;
    short  b:4;
    unsigned  long  c: 7;
    short  d:1;
}bitVar;
```

位域

定义了一个结构体位域类型 BitStructType 和它的一个变量 bitVar，其位域成员依次是 a、b、c、d，各成员所占的二进制位数依次是 4、4、7、1。在 CodeBlocks 中，这个类型所占的字节数是 4，即 sizeof(structBitStructType)等于 4。其存储示意如图 12.11 所示。

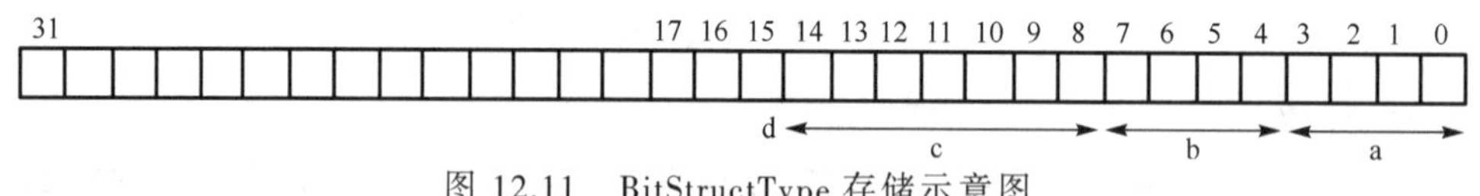

图 12.11　BitStructType 存储示意图

【例 12-3】 位域举例。

```
//工程 prj12_3 的主文件 main.c
#include<stdio.h>
#include<stdlib.h>
struct  BitStructType{
    char  a:4;      //各分量指定的二进制位数若超过 sizeof(type)，则是错误的
    short  b:4;
    unsigned  long  c:7;
    short  d:1;
}bitVar;
int main(){
```

```
    bitVar.a=6;     //各分量的值若超过这几位二进制可表示的范围，则出现警告性错误
    bitVar.b=10;
    bitVar.c=2;
    bitVar.d=1;
    printf("%d,%d,%d,%d",bitVar.a,bitVar.b,bitVar.c,bitVar.d);
    return  0;
}
```

程序运行结果如图 12.12 所示。

图 12.12　例 12-3 程序运行结果

【程序解析】

程序运行时输出结果为什么是这样的?

获取位域中各分量的值时，只会取对应二进制位的值，然后将其填充成完整的一个整数，再输出。例如：

bitVar.a 对应的二进制位有 4 bit、值是 0110，这 4 位二进制的最高位是 0、表示是一个正数，所示输出结果是 6。

bitVar.b 对应的二进制位有 4 bit、值是 1010，这 4 位二进制的最高位是 1、表示是一个负数，高位需要用符号位去填充补全，最后得到的二进制值是 11…11010，是一个数的补码，转换成原码就是 10…00110，所以输出结果是-6;

bitVar.c 对应的二进制位有 7 bit、值是 0000010，这 7 位二进制的最高位是 0、表示是一个正数，所以输出结果是 2。

bitVar.d 对应的二进制位有 1 bit、值是 1，这 1 位二进制的最高位是 1、表示是一个负数，高位需要用符号位去填充补全，最后得到的二进制值是 11…11，是一个数的补码，转换成原码就是 10…001，所以输出结果是-1。

若将上面的类型改成如下定义：

```
struct  BitItemType{
    char  a:4;
    short  b:14;         //若写成 17，已大于 8*sizeof(short)，是错误的
    unsigned  long  c:17;
    short  d:6;
}bitVar;
```

在 CodeBlocks 中，这个类型所占的字节数是 8，即 sizeof(struct　BitItemType)等于 8。其在内存中的存储示意如图 12.13 所示。

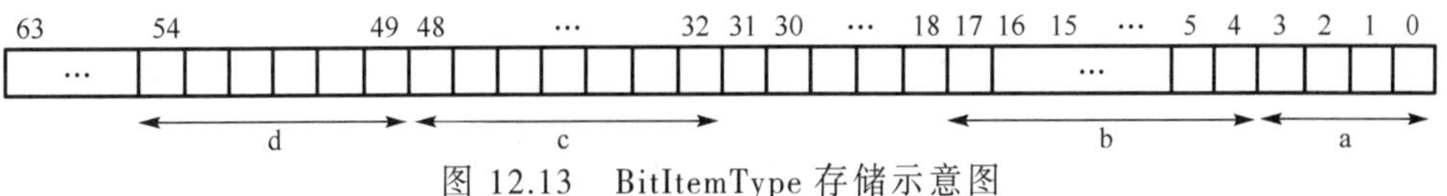

图 12.13　BitItemType 存储示意图

【目的】

演示位域的定义及其变量使用。

【注意】

（1）一个位域必须存储在同一个字长之中（这里假定一个字长是 32 bit），不能跨两个字长。若其单元空间不够，则剩余空间不用，且从下一个单元起存放该位域。例如，例子中的位域 c。

（2）可以通过定义长度为 0 的位域，使得下一位域从下一个字长开始。

（3）可以定义无名位域。

（4）位域的长度不能大于存储单元的长度，也不能大于该类型本身的长度。

（5）位域无地址，不能对位域进行取地址运算。

（6）位域可以使用%d、%o、%x 等格式输出。

（7）位域若出现在表达式中，将被系统自动转换成整数。

（8）对位域成员的引用方法与对结构体的引用一致。

12.7 枚举类型

所谓枚举就是将某个量的可能取值（称为枚举常量）都列举出来。例如，一个星期的七天只能取星期一～星期日，性别只能取男、女两个值。

枚举类型

枚举类型定义的一般格式如下：

```
enum  类型名{标识符 1,标识符 2,…,标识符 n};
```

例如：

```
enum  ColorType{red, green, blue};
```

表明定义了一个名称为 ColorType 的枚举类型，该类型的变量只能从 red、green、blue 这 3 个标识符中取值，这 3 个值称为枚举值，也常称为枚举常量。按照大括号中枚举值的顺序，red 的默认序号是 0、green 的序号是 1、blue 的序号是 2（依次递增）。当然，用户也可以指定枚举值的序号。例如：

```
enum  ColorType{red, green=3, blue};
```

则 red 的默认序号是 0，green 的序号就是 3，blue 的序号就是 4。序号必须是非负整数，不能重复。

【例 12-4】枚举类型举例。

```
//工程 prj12_4 的主文件 main.c
#include<stdio.h>
#include<stdlib.h>
enum  SexType{  FEMALE, MALE  };
int  main( )
{
    enum  SexType  sex=MALE;           //声明变量并赋值
    int  i;
    scanf("%d",&i);
    //scanf("%d",&sex);                //right? 但不建议这样使用
    switch(i)
```

```
    {
        case  0: sex=FEMALE ; break;
        case  1: sex=MALE ;   break;
        default: printf("input error!\n");   //exit(1);
    }
    switch(sex)
    {
        case  0:   printf("It is FEMALE!\n");    break;
        case  MALE:printf("It is MALE!\n");      break;
    }
    printf("value of sex is: %d\n\n\n",sex);    //输出的是序号
    //sex=5;                 //有的编译器认为错误
    //sex=(SexType)5;        //error
    return  0;
}
```

程序运行结果如图 12.14 所示。

图 12.14　例 12-4 程序运行结果

【程序解析】

本例中，枚举值 FEMALE、MALE 的序号依次是 0、1。

编译程序时，对枚举变量的值实际上是按整型来处理的。可以把枚举常量、枚举变量赋值给枚举变量；甚至可以直接输入枚举变量的值（但需使用%d），可以将一个整数赋值给枚举变量（即使该整数不属于枚举值的序号范围）；输出枚举变量，结果是该枚举值对应的序号。

为保证程序的易读性和健壮性，通常通过使用整型变量的输入和 switch 语句相配合来达到给枚举变量赋值的目的。

> **【目的】**
> 演示枚举类型的定义及其变量使用。

习　　题

一、选择题

1. 在 32 位的 C 语言编译系统上，系统给一个结构体变量分配的内存大小是________。

若是一个共用体变量分配的内存大小是________。

A. 各成员所需内存量的总和

B. 成员中占内存量最大者所需的容量

C. 对所有的 C 语言编译器来说，结果是相等的

D. 不能确定

2. 有如下说明语句，则叙述不正确的是________。

```
struct stu{
    int id;
    float score;
}stuType;
```

A. struct 是结构体类型的关键字

B. struct stu 是用户定义的结构体类型名

C. stuType 是用户定义的结构体类型名

D. id 和 score 都是结构体成员名

3. 以下对结构体变量的定义中，不正确的是________。

A. typedef struct aType{ int id;float score;}AType;   AType tx1;

B. #define AType struct aType

AType{ int id;float score; }tx1;

C. struct { int id;float score; }aa;   struct aa tx1;

D. struct{ int id;float score; }tx1;

4. 有以下说明语句，对 age 的正确引用是________。

```
struct  sType{  int  age;  int  sex;  }stu1,*p;    p=&stu1;
```

A. p->age   B. stu1.age   C. *p.age   D. (*p).age

5. 以下程序段执行后，输出结果是________。

```
struct  sType {  int  n; char *c;  }*p;
char  d[]={'a','b','c','d','e'};
struct  sType  a[]={10,&d[0], 20,&d[1],30, &d[2], 40,&d[3], 50,&d[4] };
p=a;
printf("%d,",++p->n);
printf("%d,",(++p)->n);
printf("%c\n",*(++(p->c)));
```

A. 20,30,c   B. 20,30,d   C. 10,20,c

D. 11,20,不确定   E. 11,20,c

6. 有如下语句：

```
struct  stuType{  char *name;  int  no;  char  gradeName;  };
struct  stuType  stu, *p=&stu;
stu.name="zhang";
```

则以下叙述不正确的是________。

A. p->name 的值是"zhang"   B. (*p)->name+2 的值是'a'

C. *p->name+2 的值是'a'   D. *(p->name+2)的值是'a'

7. 以下程序执行后输出结果是________。

```
#include<stdio.h>
structs  Type{  int  x;  char *s;  }t;
int func(structsType  t)
{
   t.x=10;    t.s="computer";    return 0;
}
int  main(  )
{
   t.x=1;   t.s="minicomputer";
   func(t);
   printf("%d,%s\n",t.x,t.s);
   return  0;
}
```

A. 10,computer　　B. 1,minicomputer

C. 1,computer　　D. 10,minicomputer

8. 以下各选项试图说明一种新的类型名，其中正确的是________。

A. typedef　integer　int;　　B. typedef　integer=int;

C. typedef　int　integer;　　D. typedef　int=integer;

9. 以下程序段执行后的输出结果依次是________。

```
union UType{
   char c;
   short s;
   int i;
   float f;
}uVar;
uVar.i=65400;
printf("%d\n",sizeof(uVar));
printf("%c\n",uVar.c);
printf("%d\n",uVar.s);
printf("%d\n",uVar.i);
printf("%f\n",uVar.f);
```

A. x　　B. -136　　C. 65400　　D. 0.000000

E. 4　　F. 2　　G. 12　　H. 不确定

10. 针对定义：enum　EType {A0, A1, A2=5, A3, A4, A5} e;

执行　e=A3;　printf("%d\n",e);　　后，输出是________。

A. 2　　B. 3　　C. 6　　D. 编译时出错

二、编程题

1. 学生结构体由学号 id 和成绩 score 构成。输入 n 个学生的信息，找出成绩最高、最低的学生记录，求成绩的中位数和平均值。请编写程序使用函数实现上述要求。

2. 某公司的产品销售记录表由产品编号 id（5 位数字串）、产品名称 name（10 位字符串）、单价 price（浮点型）、销量 count（整型）、销售额 total（浮点型）五部分组成，其中：销售额=单价*销量。请编写程序通过函数实现按产品编号进行排序、按销售额进行排序以及相关数据的输入/输出。

3. 定义一个表示季节的枚举类型（枚举值是 Spring、Summer、Autumn、Winter），输入数字式月份，输出相应季节的英文字符串。

第13章　链　　表

📖学习目标

（1）熟练掌握链表结点的类型定义；

（2）掌握链表的遍历；

（3）逐步掌握链表的建立；

（4）了解链表的增、删、改、查操作。

📖知识点导图

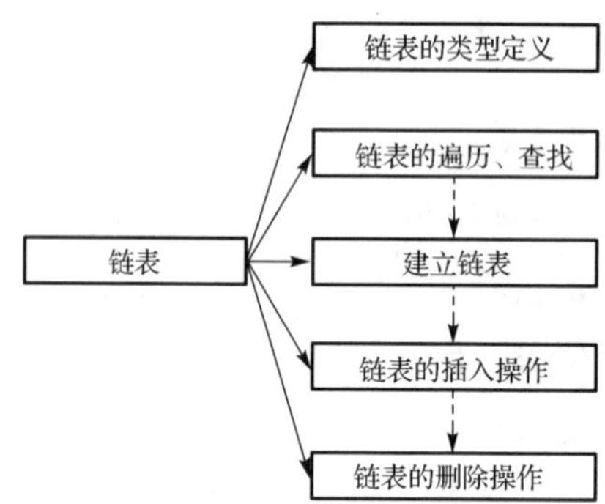

📖学习难点

（1）对链表操作中几个赋值语句的理解；

（2）链表的建立。

链表由若干个结点构成，每个结点都是一个结构体变量，且至少包含两个域：一个是数据域；另一个是指针域，指针域中存储的是下一个结点的内存地址。这样，就将若干个结点连接起来构成了一个链表。

13.1　链表结点的类型定义

链表结点的数据类型定义如下：

```
struct  NodeType{
    int  data;                          //数据域 data
```

```
    struct  NodeType*  next;          //指针域 next
};                                    //①
```

其中，数据域 data 的类型可以是任意类型的、可根据实际情况进行设置。

在实际应用中，习惯使用 typedef 来重定义结点指针的数据类型：

```
typedef  struct  NodeType*  LinkList; //②
```

或者将上面的①、②两步合二为一，写成如下形式：

```
typedef  struct  NodeType{
    int  data;
    struct  NodeType*  next;
}*LinkList;
```

LinkList 就是一种结构体指针类型。

链表结点的类型定义

13.2　链表的基本操作

若链表中每个结点的分量仅含一个指针域，这样的链表称为单链表。前一节定义的就是单链表的结点类型。

下面是单链表的示意图，如图 13.1 所示。

链表的基本操作

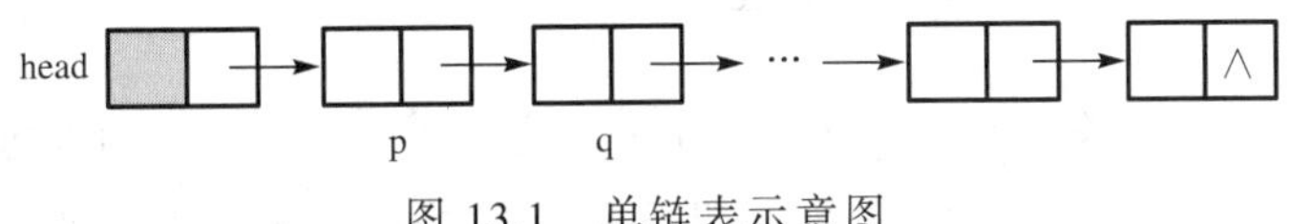

图 13.1　单链表示意图

图 13.1 中，结点 p 是链表真正的第一个结点；结点 head 是为了操作方便而附加的，称为头结点。链表的最后一个结点的指针域为空（即 NULL、图中使用“∧”表示）。通常使用宏定义来定义 NULL。例如：

```
#define  NULL  0
```

实际上，NULL 是 C 语言中已经定义好的宏名，可以直接使用，是空指针的意思。

链表中相邻的两个结点，互称前驱、后继。在图 13.1 中，结点 p 的后继是 q，结点 q 的前驱是 p；p 的前驱是 head，head 没有前驱；最后一个结点没有后继。

链表的基本操作包括链表的建立、遍历、查找、插入、删除等。下面以单链表为例介绍链表的各种基本操作。

13.2.1　链表的建立

建立一个链表就是把多个结构体变量（结点）链接起来，即给每个结点的 data 域和指针域赋值，起链接作用的是指针域。

下面的两个头文件及其函数 create1()、create2()可实现链表的建立。

链表的建立之尾插法

```
//linkListType.h
typedef  struct  NodeType{
    int  data;
    struct  NodeType*  next;
}*LinkList;
```

```
//linkListCreate.h
#include<stdio.h>
#include<stdlib.h>
//建立链表，各结点 data 域的值来自数组 a，数组的元素个数是 n
LinkList  create1(int  a[], int  n)       //int *a
{
    LinkList  head,p,s;
    int  i;
    //申请一个结构体大小的空间，将该区域的首地址赋给指针变量 head
    head=(LinkList)malloc(sizeof(struct  NodeType));
    head->next=NULL;
    p=head;
    //head 所指向的结点称为头结点，在这里是附加的，作为访问链表的入口
    for(i=0;i<n;i++)
    {
        s=(LinkList)malloc(sizeof(struct  NodeType));   //申请空间
        s->data=a[i]; s->next=NULL;       //给 s 的两个域赋值①
        p->next=s;          //当前最后一个结点与 s 连接起来②
        p=p->next;          //p 后移，p 始终指向当前链表的最后一个结点③
    }
    return  head;           //必须牢牢抓住链表的头
}
```

使用函数 create1( )建立链表的关键操作是 for 循环中标记为①、②、③的几条赋值语句。由于每次为链表插入一个新结点 s，该结点总是追加在链表的尾部，所以这种建立链表的方法称为尾插法，如图 13.2 所示。

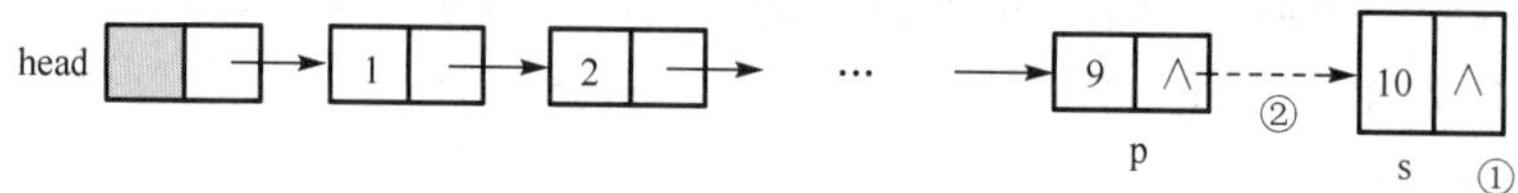

图 13.2　create1 尾插法建立链表

在尾插法中，②、③所对应的赋值语句是关键，其次序是不能颠倒的。其目的是防止发生指针的覆盖，除非增加指针变量。

下面的函数 create2( )是采取在头结点 head 的后面循环插入新结点的方式来建立链表，称为头插法。

链表的建立之头插法

```
LinkList  create2(int  a[], int  n)
{
    LinkList  head, p, s;
    int  i;
    head=(LinkList)malloc(sizeof(struct  NodeType));
    head->next=NULL;       p=head;
    for(i=0;i<n;i++)
    {
        s=(LinkList)malloc(sizeof(struct  NodeType));
        s->data=a[i];
        s->next=p->next;   //新结点与头结点的原后继连接起来①
```

```
        p->next=s;          //头结点与新结点连接起来，成为了头结点的后继②
    }
    return  head;
}
```

使用函数 create2( )，向链表中插入一个新结点 s 的过程如图 13.3 所示。

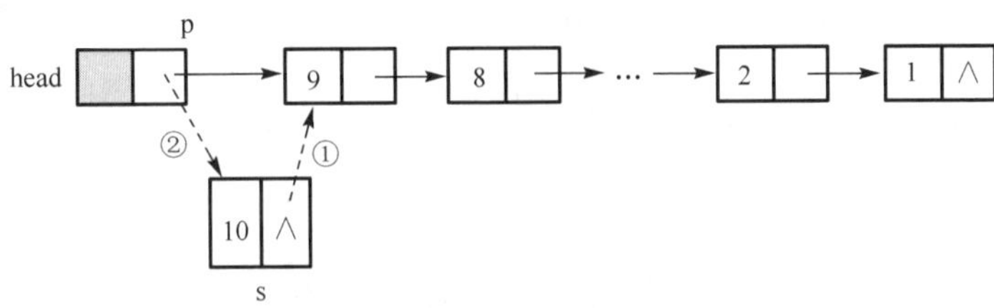

图 13.3　create2 头插法建立链表

同样，在头插法中，①、②所对应的赋值语句是关键：它们的次序不能颠倒，除非增加指针变量、先暂存 p 的后继。

13.2.2　链表的遍历

链表的遍历是指按先后次序依次访问链表中的每个结点（元素）。从链表的第一个结点开始，通过其指针域就可以访问到它的后继结点，再通过这个后继结点的指针域可以访问到后继的后继，依此类推，便可以访问链表的所有结点。

链表的遍历

```
//linkListShow.h
#include<stdio.h>
void  show(LinkList  head)//遍历以 head 为头结点的链表
{
    LinkList  p;
    p=head->next;           //必须牢牢抓住链表的头，即 head 是不能改动的
    while(p)                //即 p!=NULL
    {
        printf("%d, ",p->data);
        p=p->next;          //指针 p 后移
    }
}
```

在上面的函数中，增加一个计数器，通过遍历可以得到一个链表的结点个数（俗称链表的表长）。

若在遍历链表时使用下面的语句：

```
p=head->next;
for(i=1;i<=N;i++)  //N=?
{
    printf("%d, ",p->data);
    p=p->next;
}
```

这样的遍历很可能是错误的，因为在遍历前 N 是未知的，且只有遍历了整个链表之后才能得到它的值。

将前面的几个头文件，以及下面的主文件组织起来、构成工程 prj1，可以实现链表的类型定义、建立和遍历。

工程 prj1 的组织结构如图 13.4 所示。

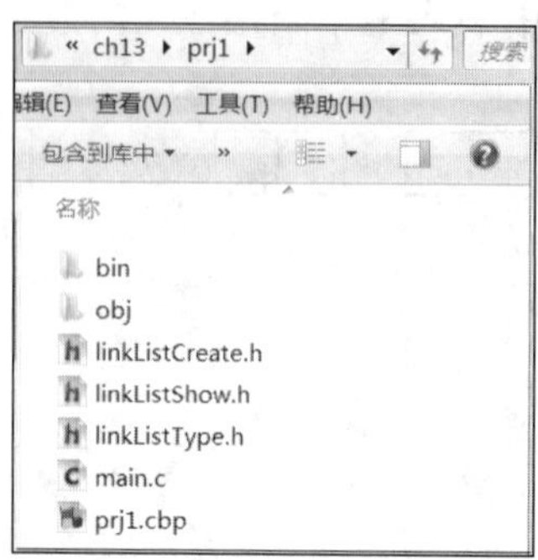

图 13.4　工程 prj1 的组织结构

```
//main.c 主文件
#include<stdio.h>
#include<stdlib.h>
#include "linkListType.h"
#include "linkListCreate.h"
#include "linkListShow.h"
int  main( )
{
    LinkList  head;
    int a[]={1,2,3,4,5,6,7,8,9,10};  int  n=10;
    head=create1(a,n);      //函数的返回值是链表的头、称为头结点
    show(head);
    printf("\n");
    return  0;
}
```

程序运行结果如图 13.5 所示。

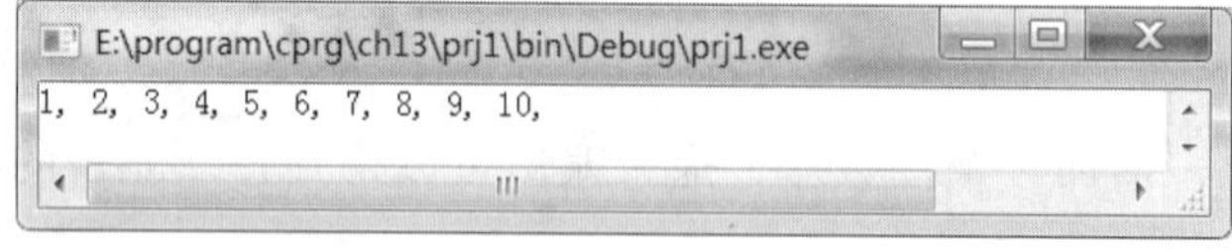

图 13.5　链表建立遍历运行结果

【程序解析】

上面给出的各头文件的源代码没有添加条件编译。当然，你可以在现有头文件源码的前后添加相关条件编译。

把主文件中的调用函数 create1( )替换成 create2( )，观察输出结果有何差别。

> **【目的】**
> 演示链表的结点类型定义、建立链表、遍历链表。

13.2.3　链表的插入

所谓链表的插入操作是指在链表的第 i 个结点之前插入一个 data 域为 x 的结点，从而构成一个新的链表。

【算法思路】

（1）先要判断 i 值是否合法。有以下两种非法情况：

①i 太小，即 i 是一个非正整数，是非法的。

②i 太大，若 i 等于 n+1，则是插入到最后，即合法追加；而 i>=n+2 则是非法的。但表长 n 只有在遍历了整个链表之后才能确定。因此，这是本算法的难点之一。

（2）计数并定位到第 i 个元素之前，即记下第 i–1 个结点的位置。

（3）新建一个结点。

（4）进行链的连接。即将新结点与第 i–1 个结点、第 i 个结点链接起来，从而完成插入操作。

链表的插入之方法一

```
//linkListInsert.h
#include<stdio.h>
#include<stdlib.h>
int  insert1(LinkList  head,  int  x, int  i)
{
    LinkList  p, s;
    int  k=0;
    p=head;
    if(i<1) return  0;          //返回 0 表示插入不成功，是由于 i 太小造成的
    while(p && k<i-1)           //寻找插入位置，使得 p 指向第 i-1 个元素
    {
        p=p->next;
        k++;
    }
    if(!p) return  0;           //返回 0 表示插入不成功，是由于 i 太大造成的
    s=(LinkList)malloc(sizeof(struct  NodeType));
    s->data=x;
    s->next=p->next;            //①
    p->next=s;                  //②
    //①和②两条语句的次序决不能颠倒、除非增加一个指针变量先存储 p 的后继
    return  1;                  //1 表示插入成功
}
```

在函数 insert1( )中，对 i 太小、太大的非法情况分别进行了判断；下面的函数 insert2( )将两者综合到一起进行判断，其他代码没有变化。

链表的插入之方法二

```
int  insert2(LinkList  head, int  x, int  i)
{
    LinkList  p,s;
    int  k=0;
    p=head;
    while(p && k<i-1)
    {
```

```
        p=p->next;
        k++;
    }
    if(!p||i<1) return 0;        //0 表示插入不成功，是由于 i 太大或太小造成的
    s=(LinkList)malloc(sizeof(struct NodeType));
    s->data=x;
    s->next=p->next;             //①
    p->next=s;                   //②
    return 1;
}
```

将前面的几个头文件以及下面的主文件组织起来构成工程 prj2，可以完成链表的类型定义、建立、插入和遍历。

对于头文件 linkListType.h、linkListCreate.h、linkListShow.h，不需要重新编写，只需要正确包含进本项目中即可。由于这 3 个头文件位于上一个项目的文件夹中，所以不能在本项目中直接包含，需要做一些改写。实现正确的包含有如下几种方法：

一是从上一个项目的 ch13/prj1/中将上面的 3 个头文件复制一份、再粘贴到 ch13/prj2/中，实现直接包含，但这样做不能达到真正重用的效果。

二是不采用文件复制，而是改写包含指令的代码如下：

```
#include "../prj1/linkListType.h"
#include "../prj1/linkListCreate.h"
#include "../prj1/linkListShow.h"
```

这种方式虽实现了头文件的重用，但耦合性太强，因为两个项目发生了关联。

三是将 3 个头文件移动到编译器的 include 文件夹下，可实现真正的重用。

下面的项目采用第三种方法。

```
//main.c 主文件
#include<stdio.h>
#include<stdlib.h>
#include <linkListType.h>
#include <linkListCreate.h>
#include <linkListShow.h>
#include "linkListInsert.h"
int main( )
{
    LinkList head;
    int a[]={1,2,3,4,5,6,7,8,9,10}; int n=10;
    head=create1(a,n);               //建立链表
    printf("插入前元素的值依次是: ");
    show(head);                      //遍历原链表、显示 data 域
    int x=0;
    int i=5;                         //i 取合法、不合法的值试一试
    int flag=insert1(head,x,i);      //插入操作
    if(flag) {
        printf("\n 插入成功。插入后元素的值依次是: ");
        show(head);                  //遍历新链表、显示 data 域
```

```
    }
    else  printf("\n i 值非法，插入不成功！ ");
    return  0;
}
```

程序运行结果如图 13.6 所示。

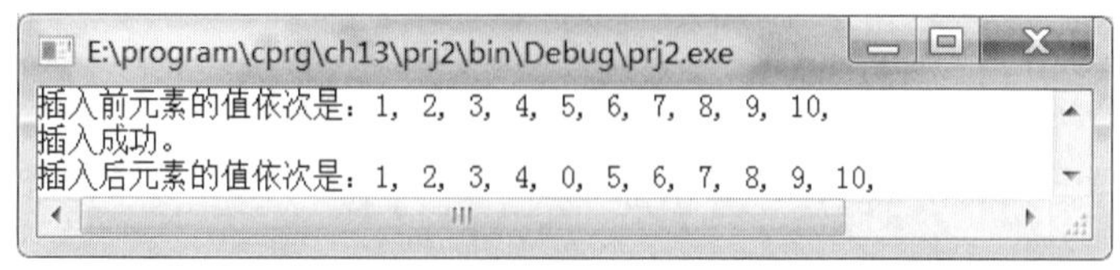

图 13.6　链表插入元素前、后遍历

【程序解析】

图 13.7 所示为插入操作的示意图，其中的①②语句的次序不能颠倒（除非增加指针变量）。即要先完成 s 与 p 的后继的链接、再链接 p 与 s，否则 p 的原后继结点会丢失。

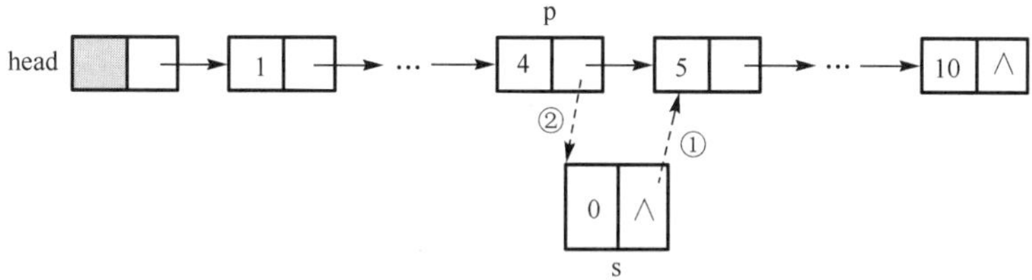

图 13.7　链表的插入操作

将头文件 linkListInsert.h 中 insert1( )函数内①②处的语句替换成下面的三条：

```
LinkList q=p->next;    //p 是第 i-1 个结点
p->next=s;             //①
s->next=q;             //②
```

这样，①②处的赋值语句则没有先后次序之分。

可以将主文件 main.c 中的函数 create1( )、insert1( )替换成 create2( )、insert2( )，观察程序运行后输出结果有何差别。

> **【思考】**
>
> 尝试使用另两种方式对本项目需要使用的 3 个头文件进行“包含”，实现项目的建立、运行。

13.2.4　链表的删除

所谓链表的删除操作是指删除链表中的第 i 个结点，使得剩下的结点仍保持原来的次序、构成一个新的链表。

链表的删除

【算法思路】

（1）先要判断 i 值是否合法。有以下两种非法情况：

① i 太小，即 i 是一个非正整数。

② i 太大，即大于表长，也就是大于链表实际元素的个数。

（2）计数并定位到第 i 个元素之前，即定位到第 i-1 个结点的位置。

（3）保存被删结点的 data 域。

（4）进行链的连接。

（5）释放被删结点占驻的内存空间。

```
//linkListDelete.h
#include<stdio.h>
#include<stdlib.h>
int  delANode(LinkList  head, int i, int *x)    //*x 存储被删结点的 data 域
{
    LinkList  p=head, q;
    int  k=0;
    while(p->next && k<i-1)            //寻找删除位置，使得 p 指向第 i-1 个元素
    {
        p=p->next;                     //p 后移
        k++;
    }
    if(!p->next || i<1)    return  0;
    //返回值为 0 表示 i 非法，是由于 i 太大或太小造成的
    q=p->next;  *x=q->data;
    p->next=p->next->next;             //或者写成 p->next=q->next;
    free(q);
    //主动释放 q 所占的存储空间、归还给系统，否则会游离在内存之中
    return  1;
}
```

将前面的多个头文件以及下面的主文件组织在一起构成工程，可完成链表的建立、删除、遍历。

```
//main.c 主文件
#include<stdio.h>
#include<stdlib.h>
#include "linkListType.h"
#include "linkListCreate.h"
#include "linkListShow.h"
#include "linkListDelete.h"
int  main( )
{
    LinkList  head;
    int  a[]={1,2,3,4,5,6,7,8,9,10};  int  n=10;
    head=create1(a,n);
    printf("删除前元素的值依次是: ");  show(head);
    int  x;
    int  i=5;                      //i 取合法、不合法的值试一试
    int  flag= delANode (head,i,&x);
    if(flag)
    {
        printf("\n 被删结点的 data 域是: %d\n",x);
        printf("\n 删除完成后链表的元素依次是: ");
        show(head);
```

```
    }
    else  printf("\n i 值非法，删除不成功！ \n");
    return  0;
}
```

程序运行结果如图 13.8 所示。

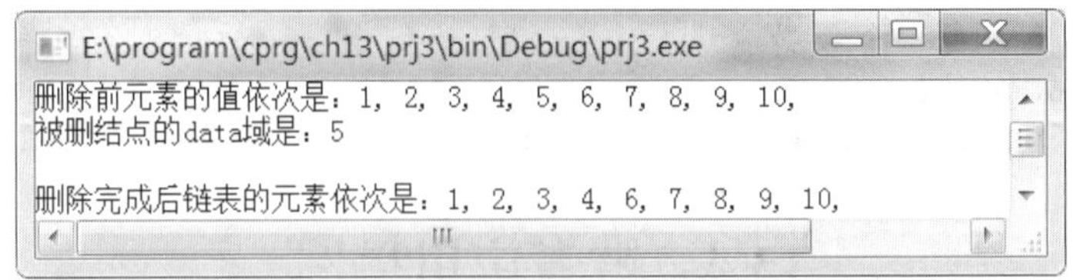

图 13.8　链表删除元素前、后遍历的结果

【程序解析】

删除操作的示意图如图 13.9 所示。

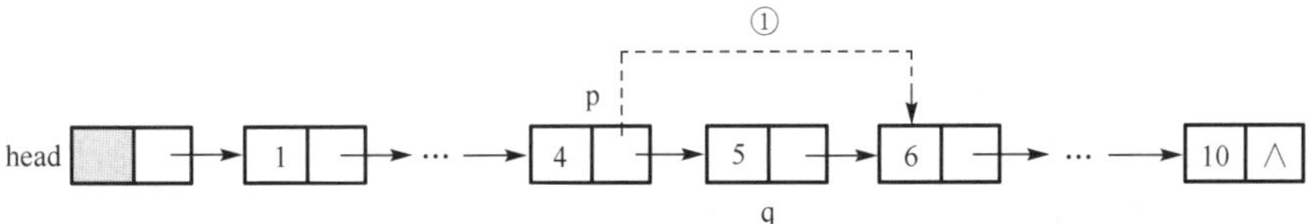

图 13.9　链表的删除操作示意图

【思考】

（1）如何对一个链表中的元素实现直接插入排序？

（2）如何建立不带头结点的链表？

（3）针对不带头结点的链表，如何实现插入、删除操作？

13.3　对几个赋值语句的理解

广大 C 语言程序员认为：没有学好指针，C 语言就算白学了；没有学好链表，指针就算白学了。由此可见，指针的重要性，链表更是重中之重，且是后续相关课程的基础。

对于链表操作中的一些赋值语句可以这样理解：从操作上看是赋值，从逻辑上看是指向；或者说从右向左看是赋值，从左向右看是指向。例如：

（1）p=head; 理解成把 head 这个指针（地址）赋给变量 p；或者理解成 p 指向 head 指示的结点。

对几个赋值语句的理解

（2）p=p->next; 理解成把 p->next 所代表的地址赋值给变量 p；或者理解成 p 指向 p->next 所指示的结点；或者理解成 p 指向 p 的后继结点，即 p 后移。

（3）q=p->next; 理解成把 p->next 所代表的地址赋值给变量 q；或者理解成 q 指向 p->next 所指示的结点；或者说 q 指向 p 的后继。

（4）p->next=p->next->next; 理解成把 p->next->next 所代表的地址赋值给变量 p 的 next 域，覆盖了 p 的 next 域，即将 p 与 p 的后继的后继链接起来，相当于删除了 p 原来的后继；

或者理解成 p->next 指向了 p->next->next 所指示的结点；或者理解成 p->next 指向了 p 的后继的后继。

【技巧】

大多数情况下，对于指针的赋值：赋值号右边的指针理解成一个结点的地址，左边理解成一个指针变量或一个指针变量的 next 域；整条赋值语句理解成指针指向某一个结点。这样的理解似乎更形象。

13.4 链表应用举例

【例 13-1】 输入一批整数以 0 结束，统计各整数出现的次数，最后以递增有序的方式输出所有数据及其出现的次数。

【算法思路】

（1）采用边读取输入的数据、边查找、边插入、边排序的方式建立链表，同时统计各整数出现的次数，这是重点也是难点。由于输入的整数个数是不确定的，所以使用数组作为存储方式是不恰当的（因为数组的容量不易确定），最好使用链式存储。而对于链表，只能采用插入排序方式进行排序。

（2）遍历链表并输出整数及其出现次数。

链表应用举例

```
#include<stdio.h>
#include<stdlib.h>
typedef struct node{            //结点的数据类型
    int data, count;
    struct node* next;
}*LinkType;
void display(LinkType head){  //遍历链表
    LinkType p=head->next;
    while(p){
        printf("value=%-3d,Count=%d\n",p->data,p->count);
        p=p->next;
    }
}
LinkType create(){
    LinkType head=(LinkType)malloc(sizeof(struct node));
    head->next=NULL;            //head 是头结点
    LinkType p,pre,s;
    int x;      scanf("%d",&x);
    while(x!=0)
    {
        pre=head;p=head->next;     //对每个 x，每次都需从头开始比较
        while(p){                  //分大于、等于、小于 3 种情况处理待插入的整数 x
            if(p->data<x) {    pre=p;p=p->next;   }
```

```
            else if(p->data==x) {p->count++; break;}
            else {
                s=(LinkType)malloc(sizeof(struct node));
                s->data=x; s->count=1;
                s->next=p; pre->next=s;
                break;
            }
        }
        if(p==NULL){             //这是待插入元素追加在链表尾的情况
            s=(LinkType)malloc(sizeof(struct node));
            s->data=x; s->count=1;    s->next=NULL;
            pre->next=s;
        }
        scanf("%d",&x);          //输入下一个 x
    }
    return head;                 //返回链表的头
}
int main(){
    LinkType head=create();
    display(head);
    return 0;
}
```

为深刻领会程序中各条语句的作用，理清程序的执行过程，请随机选择几个整数从而严格认真地手工执行代码、画图，或使用 step into 调试程序。

【目的】

演示链表操作的综合应用。

习　　题

一、分析题

以下单链表中各结点的 data 域依次递增（单链表的类型与 13.2.1 节的相同）。现依次执行下列语句，结果是怎样的？请画出各执行结果的示意图。

head → 1 → 2 → 3 → 4 → … → 9 → 10 ∧

（m 指向 data 为 4 的结点）

（1）p=head->next;

（2）q=p->next;

（3）r=q->next; r->data=p->data;

（4）t=p;　while(t!=NULL){ t->data=t->data*2; t=t->next; }

（5）t=p;　while(t->next!=NULL){ t->data=t->data*2; t=t->next; }

（6）t=head;

```
    while(t->next!=NULL){ t=t->next; }
    t->next=head->next;
(7) p->next=m->next;  free(m);
(8) LinkList  t=(LinkList)malloc(sizeof(NodeType));
    t->data=1000;
    q=p->next ;
    t->next=q;
    p->next=t;
```

二、编程题

1. 使用两种方法（头插法、尾插法）分别建立不带头结点、拥有 10 个元素的单链表。
2. 将两个带头结点的单链表的首尾连接起来，合并成一个单链表。
3. 使用循环链表实现约瑟夫问题（约瑟夫问题的描述见例 8_9）。

第 14 章　文　　件

📖学习目标

（1）理解文件的分类及存储差别；

（2）熟练掌握文件操作步骤；

（3）逐步掌握文件操作函数。

📖知识点导图

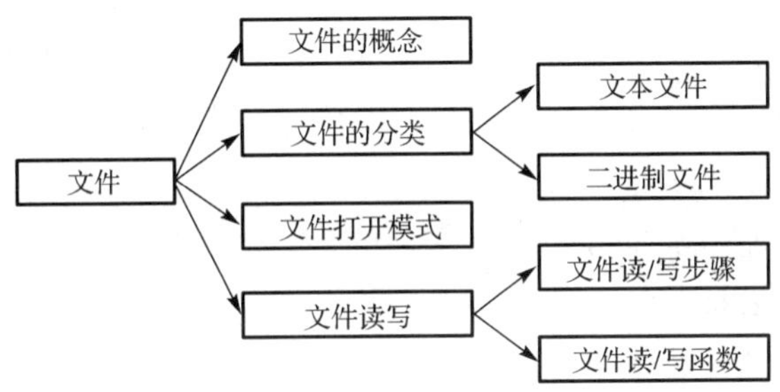

📖学习难点

（1）对文件中数据存储的理解；

（2）对文件读/写函数的参数、功能的理解。

在前面的章节中，所有程序具有一个共同点——程序运行所需要的数据要么通过键盘输入，要么通过直接赋值来获得，要么通过命令行参数来获取，程序运行结束，内存中的数据也随即消失，既不能重复利用，也不能永久保存。

实际上，可以让程序从外存的物理文件中读取需要的数据，程序运行得到的结果也可以写入外存的物理文件。

14.1　文件概述

14.1.1　文件的概念

文件是存储在外部介质（可以是磁盘、磁带、光盘、U 盘等）上数据的集合。

文件是操作系统管理数据的单位，即操作系统以文件为单位对数据进行管理。也就是说，如果想读取存储在外存上的数据，必须先按文件名找到指定的文件，然后从文件中读出数据；要向外存写入数据，也必须先找到指定的目标文件（或者新建一个文件），然后才能向其写入数据。

文件概述

14.1.2 文件的分类

可以从不同的角度对文件进行分类：

（1）按文件的逻辑结构来分，文件可分为记录文件和流式文件。

记录文件由具有一定结构的记录组成（记录可以定长和不定长），如数据库文件；流式文件由一个个字符（字节）按顺序组成。

（2）按存储介质来分，文件可分为普通文件和设备文件。

普通文件是指存储介质（磁盘、磁带、光盘、U 盘等）上存储的文件；设备文件是指非存储介质的物理设备，如键盘、显示器、打印机等。操作系统将计算机的外围设备以文件的形式进行统一管理。键盘是输入设备，对应的设备文件名是 stdin；显示器是输出设备，对应的设备文件名是 stdout。

（3）按文件的内容来分，文件可分为程序文件和数据文件。

程序文件包括源文件、目标文件和可执行文件等；数据文件如各种图像文件、声音文件等。

（4）按文件的组织形式来分，文件可分为顺序存取文件和随机存储文件。

（5）按数据的组织形式来分，文件可分为文本文件和二进制文件。

文本文件即 ASCII 码文件，ASCII 码文件的每一个字节对应一个字符，因而便于对字符逐个进行处理。扩展名是 txt、c、cpp、h、ini 等的文件通常都属于文本文件，在 Windows 系统中文本文件可以使用记事本打开、编辑和保存。

二进制文件是以数据在内存中的二进制存储形式来进行数据的组织、存储和读/写。通常，1 个字节并不对应 1 个字符，不能以字符形式直接输出，而是以块为单位进行数据的操作才能体现该数据的意义（如结构体数据）；否则，就是乱码。

例如，在 C 语言中，整数 12345，若以二进制文件的方式存储到外存，它占 4 个字节（即 sizeof(int)）；若以文本文件的方式存储到外存上，它需要占 5 个字节（表达的意义是 5 个字符，而不是一个整数），如图 14.1 所示。

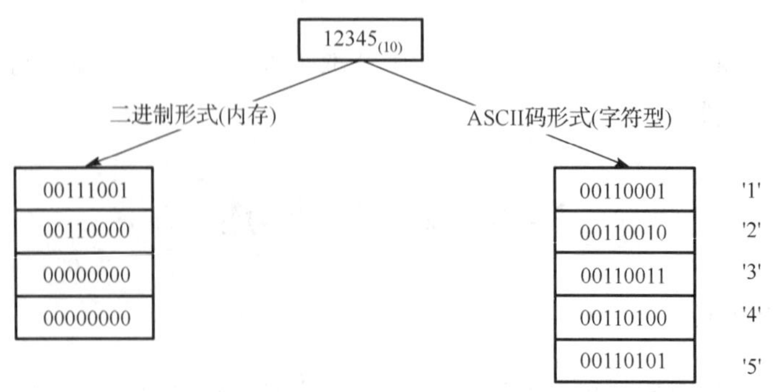

图 14.1 整数 12345 的两种存储方式

通常，文本文件只进行顺序存取，二进制可以随机存取。

14.2　文 件 操 作

14.2.1　文件操作步骤

在 C 语言中，文件操作主要就是对文件中的数据进行读/写。无论是文本文件还是二进制文件，文件操作具有固定的、相同的操作步骤。文件操作的一般步骤如下：

文件操作步骤

（1）声明文件类型的指针。格式如下：

```
FILE  *标识符;
```

例如：

```
FILE  *fp;
```

其中，FILE 是在 stdio.h 中已定义的描述文件的结构体类型（FILE 务必使用大写字母进行拼写）。

（2）使用库函数以适当的模式打开文件，并赋值给文件指针变量。格式如下：

```
fp=fopen("文件名","模式");
```

其中，fopen( )函数的第一个参数“文件名”是一个字符串，即文件所在的文件夹和文件名。例如，e:\\program\\cprg\\demo14_1.c 是一个完整的文件名，包含盘符、文件夹、文件名，它们之间的分隔符必须使用两个反斜杠，即“\\”（因为一个反斜杠是转义字符的标记）、或者使用一个正斜杠“/”作为分隔符，如 e:/program/cprg /demo14_1.c；若仅写成 demo14_1.c，称为相对路径（相对于当前文件夹而言）。

fopen( )函数中的第二个参数“模式”也是一个字符串，指文件被打开的方式。必须牢记“以什么样的方式打开文件，就只能对文件进行相对应的操作”。

表 14.1 列举了文件打开的方式，概括起来就是只读、只写、追加、更新（可读可写）。

表 14.1　文件打开方式及含义

打开方式	含　义
r	打开文件进行读取
w	创建文件以进行写入。如果文件已经存在，则删除原内容
a	追加。打开或创建文件，以在文件尾部写入
r+	打开文件以进行更新(读取和写入)
w+	创建文件以进行更新。如果文件已经存在，则删除原内容
a+	追加。打开或者创建文件以进行更新，在文件尾部写入

上面是对文本文件进行操作时的打开模式；相应地加上 b，就是针对二进制文件的操作，如 rb、rb+等。

（3）判断文件指针是否为空（即打开文件是否成功）。格式如下：

```
if(fp==NULL){  printf("Error.");  return;}
```

导致文件打开失败的原因可能是文件名错误、文件不存在、打开模式错误等。

（4）执行读/写操作。使用文件读/写操作函数进行具体的读/写。

（5）判断是否到达文件尾。在不断地进行读写操作时（特别是进行读操作），需要判断是否到达文件尾，即判断文件是否结束。

EOF 是文本文件结束的标志，它是头文件 stdio.h 中定义的一个符号常量，值为-1。对于文本文件，当读出的字符是 EOF 时，则认为已经达到文件的尾部。常使用 fgetc(fp)==EOF 是否成立，来判断文件是否读取到文件尾。

但是，在二进制文件中，-1 可能是该文件一个真实有效的数据，所以，不能把 EOF 作为二进制文件的结束标志。为解决这一问题，C 语言提供了一个函数 feof( )，用来判断文件是否结束，且 feof( )函数既可以用来判断二进制文件，又可以用来判断文本文件是否结束。常使用 feof(fp)!=0，这个关系表达式的值为真，表示已到文件尾；否则表示未到文件尾。

（6）关闭文件。文件读/写结束后，都应该执行关闭文件的操作。格式如下：

```
fclose(fp);
```

14.2.2 文件操作函数

文件操作函数

与文件操作相关的函数主要有以下几个：

1．fscanf( )、fprintf( )函数

scanf、printf 是我们已经非常熟悉的输入、输出函数，与之相近的是 fscanf( )、fprintf( )，它们的使用方法也类似。例如：

fscanf(fp, "%c%d",&ch,&i); 表示从 fp 指示的文件中读出一个字符、一个整数到内存变量 ch、i。

fprintf(fp,"%c%d",ch,i); 表示将一个字符变量 ch、一个整型变量 d 写入 fp 指示的文件中。

这两个函数对文本文件、二进制文件的数据都可以进行操作。

2．fgetc( )、fputc( )函数

这两个函数只能对字符进行操作，即从文件中读取或向文件中写入一个字符。例如：

```
int  c ;
```

c=fgetc(fp);　表示从 fp 指示的文件中读出一个字符赋值给变量 c；

fputc(c,fp);　表示将字符 c 写入到 fp 指示的文件中。

其中，变量 c 的类型可以是整型、也可以是字符型。

3．fgets( )、fputs( )函数

这两个函数只能对字符串进行操作，即从文件中读取或向文件中写入指定长度的字符串。例如：

```
char  str[N];
```

fgets(str,N,fp);　表示从 fp 指示的文件中读出一个字符串到 str。在 fgets( )函数中，第二个参数的值是 N，但最多只能容纳 N-1 个字符，因为字符串的结束标记'\0'字符也需要存储在 str 中。函数的返回值是所得字符串的指针；若已是文件尾或读取出错，则返回值为空。

fputs(str,fp); 表示将一个字符串 str 写入文件 fp。

文本文件一般只按文件内容中字符的先后顺序进行操作。因此，文本文件也称顺序文件。

4．fread( )、fwrite( )函数

fread( )、fwrite( )函数一般是以块为单位进行数据的读/写，所以常用来读/写以结构体为单位的二进制文件。例如：

fread(&stu,sizeof(stuType),i,fp); 是把以 sizeof(stuType)个字节为单位的 i 个记录读取出来放到 stu 变量对应的地址处。

fwrite(&stu,sizeof(stuType),i,fp); 是从 stu 所在的地址处开始，把以 sizeof(stuType)个字节为单位的 i 个记录写入文件。

通常，以结构体类型为单位的二进制文件，应该以结构体为单位来进行操作；否则，读/写的数据可能是乱码，也没有太大的物理意义。

由于可以操作以定长为单位的二进制文件中的任意数据，因此，二进制文件又称随机文件。

5．文件定位函数

格式如下：

```
fseek(文件指针,相对位移量,位置常量);
```

意思是将文件指针指示器定位到距离位置常量若干个字节的位置。其中，第二个参数“相对位移量”为正数表示向后移动若干个字节，为负表示向前移动若干个字节；第三个参数“位置常量”，只能取系统提供的 3 个常量 SEEK_SET、SEEK_CUR、SEEK_END 之一，它们的含义及常量值如下：

（1）SEEK_SET 指文件的开始位置，值为 0。

（2）SEEK_CUR 指文件的当前位置，值为 1。

（3）SEEK_END 指文件的结尾，值为 2。

例如：

```
fseek(fp,2*sizeof(stuType),SEEK_SET);
```

意思是将文件指针指示器定位到距离文件首 2*sizeof(stuType)个字节的位置，或者说从文件头开始向后移过 2 个记录，即定位到第 3 个记录。

fseek( )函数常用于对二进制文件的操作。

6．feof( )函数

feof( )函数的使用形式是 feof(fp)，用于判断题是否到了文件尾，若到了文件尾，则返回值是非 0；否则，返回值是 0。

需要理解的是：读取了文件的最后一个有效数据，feof( )函数的返回值仍然为 0，表明还没有到达文件结尾；只有再读取一次（即越过最后一个数据），feof( )函数才会返回一个非零值，表示到达了文件结尾。

14.2.3　文本文件的读/写

【例 14-1】实现文本文件内容的显示和复制。

【算法思路】

分别以只读、只写方式打开源文件和目标文件；从源文件中读取一个字符，输出该字符到显示器、同时将其写入目标文件；重复这一操作直到读取到源文件的结束标记或者

feof(fp)为真为止。

下面的程序代码主要使用 fscanf( )、fprintf( )函数，通过从文件 demo14_1_1.c 中每次读取一个字符、输出到显示器、写入到目标文件 demo14_1.txt，从而实现文本文件内容的显示和复制。

文本文件的读/写一

```
//demo14_1_1.c
#include<stdio.h>
#include<stdlib.h>
int  main(  )
{
    FILE  *fp, *desfp;                //声明指示源文件、目标文件的指针变量
    char  c;
    fp=fopen("demo14_1_1.c","r"); //以只读方式打开源文件
    desfp=fopen("E:\\ demo14_1.txt","w");    //以只写方式打开目标文件
    if(fp==NULL || desfp==NULL)
    {   printf("error!\n");    return  0;    }
    fscanf(fp,"%c",&c);               //务必先读、再判断
    while(!feof(fp))                  //不能用 c!=EOF? 最好使用 feof()函数
    {
        printf("%c",c);     //输出到显示器，可改成 fprintf(stdout, "%c",c);
        fprintf(desfp, "%c",c);    //写入目标文件
        fscanf(fp,"%c",&c);        //从源文件中读取下一个字符
    }
    fclose(desfp);    fclose(fp); //关闭文件
    return  0;
}
```

【思考】

若将程序中的 while(!feof(fp))改成 while(c!=EOF)或者 while(c!=-1)或者 while(c!=0)，将会发生怎样的现象？与使用 fscanf()进行读操作有关。

例 14–1 还可以使用 fgetc( )、fputc( )函数来实现。

文本文件的读/写二

```
//demo14_1_2.c
#include<stdio.h>
#include<stdlib.h>
int  main(  )
{
    FILE  *fp, *desfp;
    char  c;
    fp=fopen("demo14_1_2.c","r");
    desfp=fopen("E:\\ demo14_1_2.bak","w");
    if(fp==NULL || desfp==NULL)
    {   printf("error\n"); return  0;    }
    while((c=fgetc(fp))!=EOF)          //务必先读、再赋值，最后判断
    {
        printf("%c",c);
        fputc(c,desfp);                //写入到目标文件
    }
```

```
    fclose(desfp);    fclose(fp);       //关闭文件
    return  0;
}
```

【程序解析】

可以将上面的 while 循环改写成下面的语句：

```
c=fgetc(fp);
while(!feof(fp) )                      //c!=EOF
{
    printf("%c",c);
    fputc(c,desfp);
    c=getc(fp);
}
```

例 14-1 使用 fgets( )、fputs( )来实现时，下面的程序在每行的行首加上了行号。

```
//demo14_1_3.c
#include<stdio.h>
#include<stdlib.h>
int  main(  )
{
    FILE *fp, *desfp;
    char  str[100];
    fp=fopen("demo14_1_3.c","r");
    desfp=fopen("demo14_1_3.bak","w");
    if(fp==NULL || desfp==NULL)
    {   printf("error\n");     return  0; }
    int  num=0;                          //行号计数器
    while(fgets(str,100,fp)!=NULL)       //先读取字符串、再判断
    {
        printf("%2d:%s",++num,str);      //可使用 fprintf(stdout,"%2d:%s",
                                         //++num,str);
        fputs(str,desfp);                //写入文件
    }
    fclose(desfp);
    fclose(fp);
    return  0;
}
```

文本文件的读/写三

【程序解析】

程序中是使用 str!=NULL 为真，作为未读取到文件尾的判断条件。

对比 demo14_1_1.c、demo14_1_2.c 与 demo14_1_3.c 文件，可以看出 demo14_1_3.c 中每次读取的是一个字符串，明显提高了文件读/写的速度和效率。

通过上面的 3 种方式解答同一个问题可以看出：要读取文件的内容，在打开文件之后，必须先执行一次读操作，再进行循环判断，且判断的表达式最好使用!feof(fp)。

【思考】

（1）若将程序 demo14_1_3.c 中 while 处的判断条件改写成!feof(fp)或者 feof(fp)==0，程序该如何修改？

（2）使用命令行参数，模拟 DOS 内部命令实现指定文件的复制。

14.2.4　二进制文件的读写

【例 14-2】把多个基本类型的数据写入二进制文件，再读出并在显示器上显示。

```
//demo14_2.c
#include<stdio.h>
#include<stdlib.h>
int  main( )
{
    int i;
    int  arrI[5]={65,66,67,68,69};
    char  arrC[5]={'1','2','3','4','5'};
    char  c;
    float  f=97.98;
    FILE *fp;
    fp=fopen("e:/dmeo14_2.txt","wb+");
    if(fp==NULL){  printf("error.\n");   return  0;  }
    for(i=0;i<5;i++){
        fprintf(fp,"%d",arrI[i]);
        fprintf(fp,"%c",',');
        fprintf(fp,"%c",arrC[i]);
        fprintf(fp,"%c",',');
    }
    fprintf(fp,"%f",f);
    fseek(fp,0,SEEK_SET);      //定位到文件头
    if(fp==NULL){  printf("error.\n");   return  0;  }
    for(i=0;i<5;i++){
        fscanf(fp,"%d",&arrI[i]);     printf("%d",arrI[i]);
        fscanf(fp,"%c",&c);           printf("%c",c);
        fscanf(fp,"%c",&arrC[i]);     printf("%c",arrC[i]);
        fscanf(fp,"%c",&c);           printf("%c",c);
    }
    fscanf(fp,"%f",&f);               printf("%f",f);
    fclose(fp);
    return  0;
}
```

二进制文件的读/写

【程序解析】

本程序使用 fprintf( )和 fscanf( )函数，对二进制文件进行了相关操作，且读出数据的类型与写入文件的数据类型一一对应，保证了输出的结果与实际数据的一致性。若读取时数据的类型与写入的类型不一致（即读/写函数使用的数据格式控制符不一致），则读出的数据与实际数据肯定不一致。或者说，在不知道二进制文件中数据的实际类型时，读取出来的数据很可能就是乱码。这也是使用 fscanf( )、fprintf( )进行文件读/写的缺陷性。

14.3　文件操作举例

【例 14-3】实现对学生信息的读、写、追加、修改、显示。

【问题分析】

为完成题目的要求，设计了如下的操作流程，如图 14.2 所示。

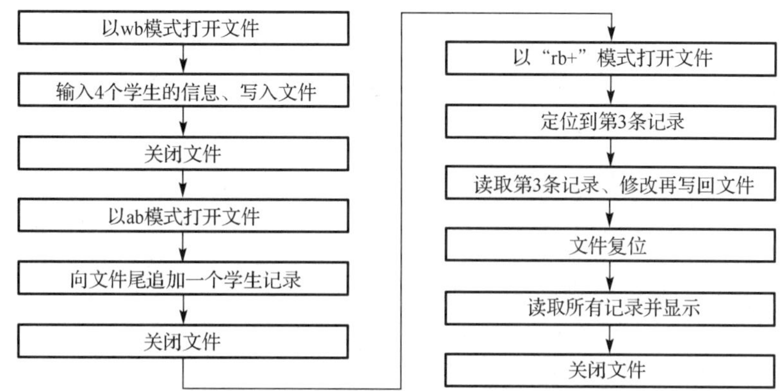

图 14.2　程序 c14_3 执行流程

下面的程序实现了结构体数据的读、写、追加、修改和写回文件等操作。

文件操作举例

```
//demo14_3.c
#include<stdio.h>
#include<stdlib.h>
#include<conio.h>
#include<string.h>
#define NC 4
struct  stuType                                 //定义结构体类型
{
    char  number[11], sex;
    int  age, score[NC];
};
void  showAStu(struct  stuType  stu)        //输出一个记录到显示器
{
    int  k;
    printf("number:%s\t\t",stu.number);
    printf("sex:%c\t",stu.sex);
    printf("age:%d\t",stu.age);
    printf("scores:");
    for(k=0; k<NC; k++)   printf("%4d ",stu.score[k]);
    printf("\n");
}
struct  stuType  inputAStu( )               //从键盘输入一条记录
{
    int  k;
    struct  stuType  stu;
    //下面每行输入一个分量，随后清空输入缓冲区
    printf("  number:\t");     scanf("%s",stu.number);  fflush(stdin);
    printf("  sex:\t\t");      scanf("%c",&stu.sex);     fflush(stdin);
    printf("  age:\t\t");      scanf("%d",&stu.age);     fflush(stdin);
    printf("\tscores:\t");for(k=0; k<NC; k++)scanf("%d",&stu.score[k]);
    fflush(stdin);
    return  stu;
}
```

```
int  main( )
{
    struct  stuType  stuArray[10],xstu;
    int  i;
    FILE  *fp;
    fp=fopen("E:/stu.dat","wb");                //以只写方式打开二进制文件
    for(i=0; i<4; i++)                          //输入 4 个学生的信息
    {
        printf("%d,input:\n",i+1);
        stuArray[i]=inputAStu();
        fwrite(&stuArray[i],sizeof(struct stuType),1,fp);
    }
    fclose(fp);
    system("cls");
    fp=fopen("E:/stu.dat","ab+");               //以追加方式打开二进制文件
    printf("input a record for append:\n");
    xstu=inputAStu( );
    fwrite(&xstu,sizeof(struct stuType),1,fp);  //追加一条记录
    fclose(fp);
    fp=fopen("E:/stu.dat","rb+");               //以可读可写方式打开二进制文件
    fseek(fp,2*sizeof(struct stuType),SEEK_SET);//定位到第 3 条记录
    fread(&xstu,sizeof(struct stuType),1,fp);   //操作之后到了第 4 条记录
    //修改第 3 条记录的几个分量
    strcpy(xstu.number,"No.3");
    xstu.sex='f';  xstu.age=99;   xstu.score[1]=100;
    fseek(fp,-1*sizeof(struct stuType),SEEK_CUR);   //回到第 3 条记录的位置
    fwrite(&xstu,sizeof(struct stuType),1,fp);  //写入且覆盖原来的第 3 条记录
    printf("\n\n\n++++++begin to display student++++++\n");
    fseek(fp,0,SEEK_SET);                       //定位到文件首部
    i=0;
    fread(&stuArray[i],sizeof(struct stuType),1,fp);
    while(!feof(fp))
    {
        showAStu(stuArray[i]);
        i++;
        fread(&stuArray[i],sizeof(struct stuType),1,fp);
    }
    fclose(fp);
    printf("\number of records is %d\n",i);
    return  0;
}
```

【思考】

本程序的 main( )函数代码行较长，考虑对其进行分解、拆分成若干个自定义函数，每个自定义函数实现一个相对独立、完整的功能。例如，可将程序中读写所有记录、修改记录的代码拆分出来，从而简化主函数（实现该功能着重要考虑函数的参数）。

【注意】

（1）以某种模式打开文件，则只能进行相对应的操作。

（2）对结构体类型的数据文件应该以二进制文件的模式打开，且以数据块（结构体）为单位进行读/写操作；且应该使用 fread( )、fwrite( )函数进行读写，而不是使用 fscanf( )、fprintf( )函数。

（3）文件指针指示器的移动规律。使用函数 fopen( )打开一个文件后，文件指针指向文件头。每读写一个字节，文件指针指示器将向后移动一个字节；每读写一个字符串，文件指针指示器将向后移动一个字符串的大小；每读/写一个结构体的数据，文件指针指示器将向后移动一个结构体数据的大小。

习　　题

一、选择题

1. 设备文件名 stdin 对应的标准输入设备是________，stdout 对应________。

   A. 键盘　　B. 磁盘　　C. 打印机　　D. 显示器

2. 下列关于文件的叙述中正确的是________。

   A. C 语言只能对文本文件进行读/写

   B. C 语言只能对二进制文件进行读/写

   C. 文件由字符序列组成，可按数据的存放格式分为二进制文件和文本文件

   D. 文件由二进制数据序列组成

3. 以下表示文件名的字符串中，可作为函数 fopen( )中第一个参数的是________。

   A. "c://user//test.txt"　　B. "c:/user/test.txt"

   C. "c:\\user\\test.txt"　　D. "c:/user/test.txt "

4. 若要建立一个新的二进制文件，该文件要既能读也能写，则文件操作模式字符串应该为________。

   A. "ab+"　　B. "wb+"　　C. "rb+"　　D. "ab"

5. fwrite( )函数的一般调用形式是________。

   A. fwrite(buffer,count,size,fp);　　B. fwrite(fp,size,count,buffer);

   C. fwrite(fp,count,size,buffer);　　D. fwrite(buffer,size,count,fp);

6. C 语言文件操作函数 fread(buffer,size,count,fp)的功能是________。

   A. 从文件 fp 中读 count 个字节存入 buffer

   B. 从文件 fp 中读取单位大小为 size 字节的 count 个数据存入 buffer 中

   C. 从文件 fp 中读入 count 个字节放入大小为 size 字节的缓冲区 buffer 中

   D. 从文件 fp 中读入 count 个字符数据放入 buffer 中

7. 函数调用语句 fseek(fp,-20L,2)的含义是________。

   A. 将位置指针移动到距离文件头 20 个字节处

B. 将位置指针从当前位置向后移动 20 个字节

C. 将位置指针从文件末尾向前移动 20 个字节

D. 将位置指针从当前位置向前移动 20 个字节

8. 以下程序段的功能是________。

```
File *fp;
char  str[]="Hello";
fp=fopen("PRN","w");
fputs(str,fp);
fclose(fp);
```

A. 在显示器上显示"Hello"　　　　B. 把"Hello"存入 PRN 文件中

C. 在打印机上打印出"Hello"　　　D. 以上都不对

9. 有自定义函数:

```
void fun(char *fname,char*st){
   FILE* myf=fopen(fname, "w");     int  i;
   for(i=0;i<strlen(st);i+)  fputc(st[i],myf);
   fclose(myf);
}
```

若执行 fun("test.txt","new world"); fun("test.txt","hello,");后，文件 test.txt 中的内容是________。

A. hello,　　　　B. new worldhello,

C. new world　　　D. hello,rld

10. 以下程序段执行后，输出结果是________。

```
int  i=20,j=30,k,n;
  FILE *fp=fopen("d1.dat","w");
  fprintf(fp,"%d\n",i);    fprintf(fp,"%d\n",j);
  fclose(fp);
  fp=fopen("d1.dat","r");
  fscanf(fp,"%d%d",&k,&n);
  printf("%d,%d\n",k,n);
fclose(fp);
```

A. 20,30　　B. 20,50　　C. 30,50　　D. 30,20

二、编程题

1. 将 A ~ Z、a ~ z、0 ~ 9 共 62 个字符写入文本文件，再读出且按大写字母、小写字母、数字字母的类别分三行输出。

2. 将整数 0 ~ 9、单精度浮点数 3.14、9.8 写入二进制文件，再打开读出、并在显示器上输出。

3. 编写显示文本文件部分内容的程序，命令行如下：typex filename m n<Enter>
其中，typex 是程序名，fileName 是被显示文本文件的文件名，m 和 n 指定了显示的范围，即显示指定文件的从 m 行到 n 行的内容；当 m 和 n 不指定时，则显示文件的全部内容。

4. 针对例 14-3 生成的文件，从中读取学生信息到一个结构体数组，再按总成绩进行排序，将有序的结构体数组写入另一文件永久保存，最后读取新文件的内容并在屏幕上显示。

第 15 章　综合应用实例

📖学习目标

（1）了解项目开发的一般步骤及各阶段主要任务；

（2）深刻理解模块化及其高内聚、低耦合特性；

（3）理解和正确运用编码规范；

（4）了解测试。

📖知识点导图

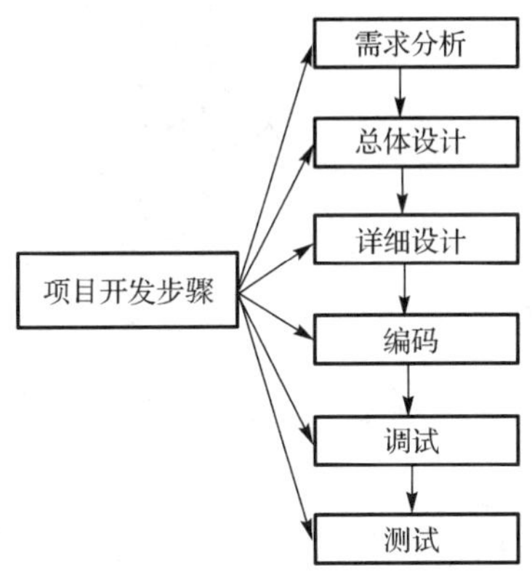

📖学习难点

（1）项目开发过程中各阶段的主要任务；

（2）项目模块化及其原则；

（3）项目开发过程中各阶段文档的撰写。

前面，学习了 C 语言的基本概念、程序的 3 种控制结构、数组、指针、函数、结构体、文件、常用算法等知识，但这些知识的应用比较孤立、综合性不强。本章将以“学生成绩管理系统”为例，从软件工程的角度出发，讲述一个综合实例的设计、开发全过程。

所谓软件工程，简单地说就是按照工程的规范、步骤进行软件的规划、设计和开发。主要过程包括：需求分析、总体设计（概要设计）、详细设计、编码、调试、测试。

15.1 需 求 分 析

概括地说：需求分析的任务是解决“做什么”的问题。主要是通过项目开发者与客户的反复交流、沟通、协调等方式全面地理解、优化、展现客户的需求，最后撰写出满足客户要求的需求分析报告。

15.1.1 项目功能

“学生成绩管理系统”需要完成的任务是对学生成绩进行管理，主要涉及学生成绩的录入、显示、增删改查、排序、统计、存储等。

（1）数据录入是指从键盘录入学生的相关信息。

（2）数据显示主要是从外存读取并显示部分或全部学生的相关信息。

（3）增删改查是指增加一个或多个学生的信息，删除、修改、查询满足一定条件的学生。

（4）排序是指对学生信息按照一定的方式（属性）进行排序。

（5）统计是指按照一定的条件对学生信息进行统计并显示统计结果。

（6）存储是指将内存中的学生信息全部写入外存。

对上述文字描述的项目功能，可以使用用例图的方式进行描述，如图 15.1 所示。

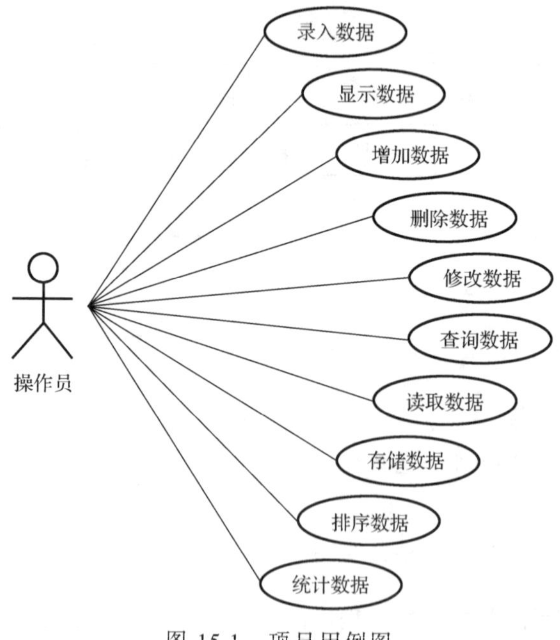

图 15.1 项目用例图

15.1.2 构建数据模型

简单地看，“学生成绩管理系统”被操作的对象只有学生，也就只有学生这一种数据类型。显然，学生的数据类型是结构体，所有学生则组织成结构体数组。

学生的基本信息包括：学号、姓名、出生日期、年龄、家庭住址、手机号、QQ 号、电邮、专业、性别、成绩、政治面貌、婚否、奖励等，一一列举出来，然后分析各分量间是否存在关联、是否必要，再挑选，最后确定合适的数据类型。

经分析、挑选之后，确定学生这个结构体类型中必须包含的数据项有学号、姓名、性别、多门课程的成绩。其中，学号这个字符串内包含了入学年份、专业、班级、序号等信息。

所以，将学生定义成如下形式的结构体类型：

```
//stuType.h
#define  NC  5
typedef  struct  student
{
    char  number[11];       //学号
    char  name[9];          //姓名
    char  sex;              //性别
    double  score[NC];      //NC 门课程的成绩
}STUType;
```

学生这个结构体类型的定义组织在头文件 stuType.h 文件中。

15.1.3　界面设计

为了操作简便，决定以文本菜单的形式显示操作的主界面、子界面，且能清晰地展现出该项目具备的基本功能。系统主界面如图 15.2 所示。

查询、排序、统计、修改、删除等功能都应具有二级菜单。例如，查询界面如图 15.3 所示。

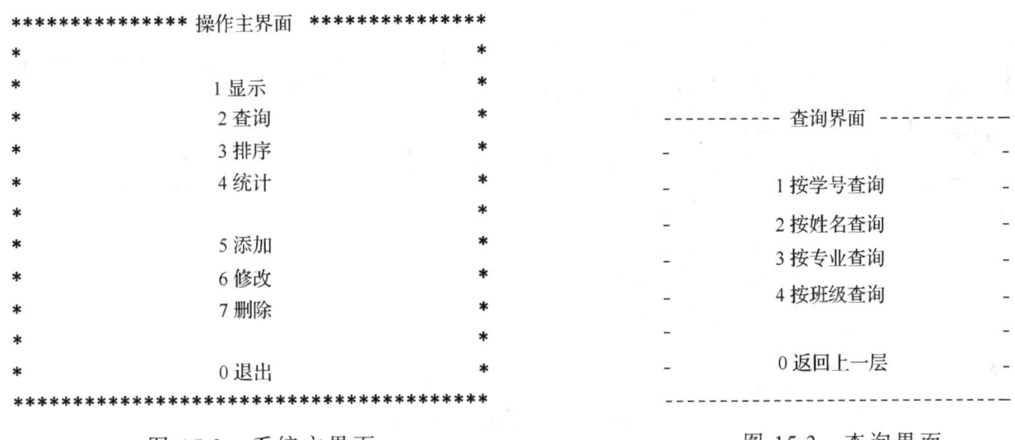

图 15.2　系统主界面　　　　图 15.3　查询界面

15.2　总 体 设 计

需求分析阶段的任务是“做什么”，总体设计阶段的任务是“怎么做”。在需求分析阶段，已经确定了项目应该具有的主要功能。在总体设计阶段，需要回答的关键问题是“如何解决这个问题”。

15.2.1 项目操作流程

从需要多次运行程序和操作方便的角度出发，设计了如图 15.4 所示的操作流程。

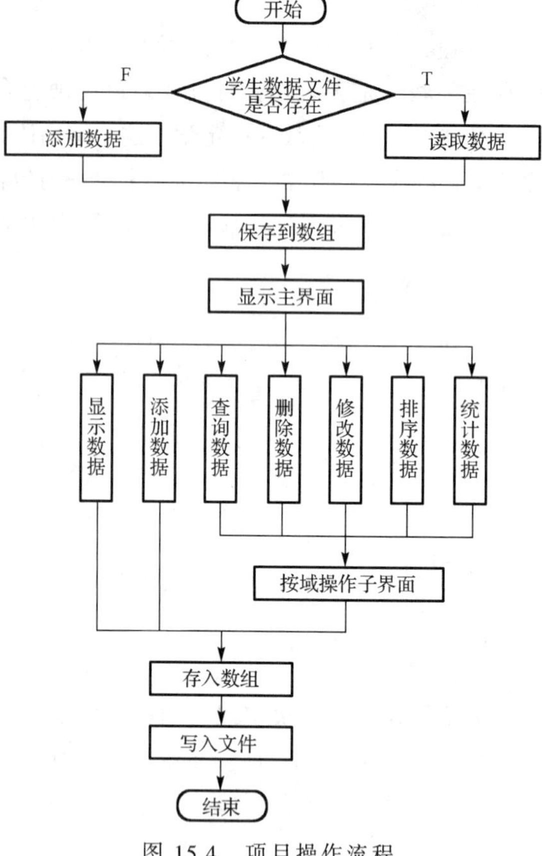

图 15.4 项目操作流程

15.2.2 项目功能图

需要对任务进行分解，使其具体化、模块化、层次化，得到更为详细的功能图。

“学生成绩管理系统”的功能如图 15.5 所示。

再对各功能进行细化求精、模块化之后，还需确定模块间的调用关系。

例如，删除、修改操作均以查询操作为基础，即删除、修改操作都需要调用查询操作，如图 15.6 所示。

在模块化时，要做到模块规模适度，模块内高内聚、模块间低耦合。

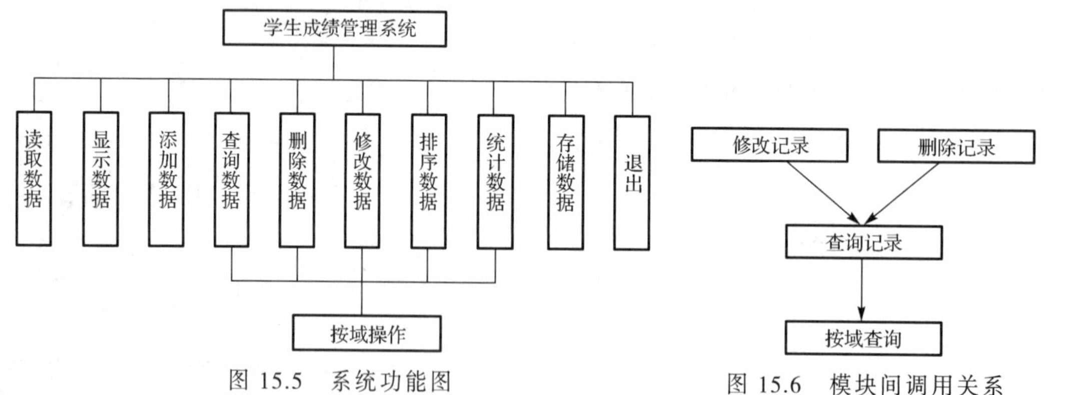

图 15.5 系统功能图

图 15.6 模块间调用关系

15.3 详细设计

总体设计阶段以比较抽象概括的方式提出了解决问题的办法。详细设计的任务就是把解法具体化，但还不是编写程序，而是设计每个模块的算法。下一阶段将完全按照算法来进行具体的编码。

算法的描述方法有自然语言、伪代码、传统流程图、N-S 图等，可选取任意一种方式进行描述。

例如，若要修改指定学号学生的成绩。该功能的实现思路是：查找指定学号的记录，查找成功则进行成绩的修改；否则，不能修改。使用流程图描述的算法，如图 15.7 所示。

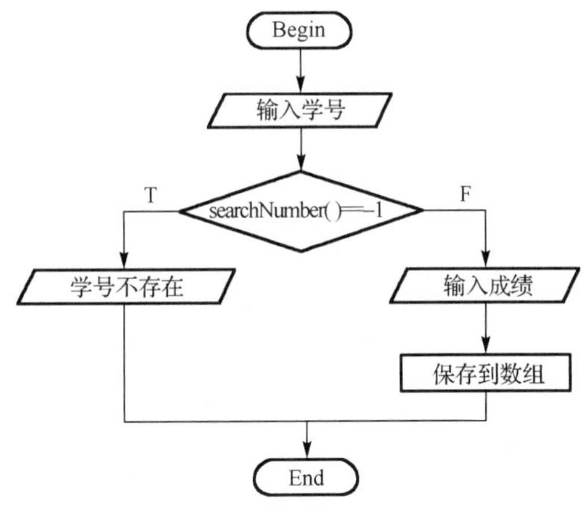

图 15.7　修改指定学号成绩的流程图

图 15.7 中 searchNumber( )函数的功能是实现查找，该函数的算法如图 15.8 所示。

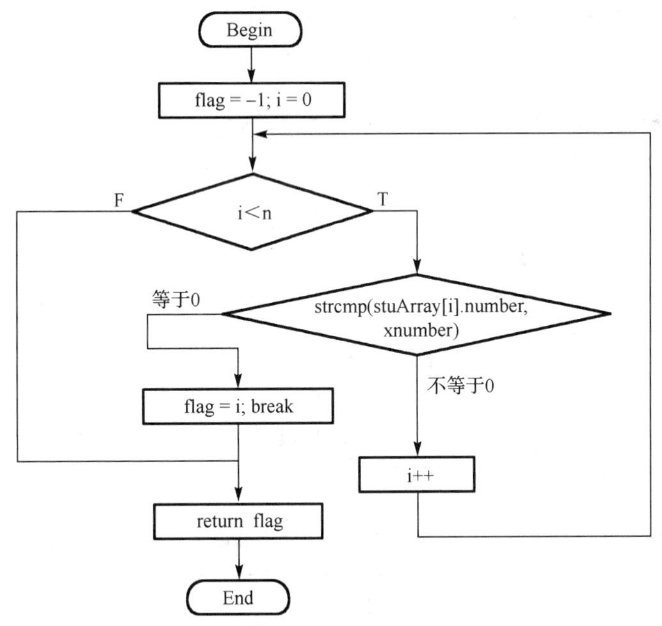

图 15.8　函数 searchNumber()的流程图

15.4　编码和调试

在上一阶段，已经完成了功能的细化、定义了各函数的首部、规划了各函数间的调用关系、设计了各函数的实现算法，接下来根据前面的算法进行程序代码的编写（程序编码时需要注意代码的规范性，程序代码中需加入必要的注释），然后进行程序编译、调试。

15.4.1 界面代码

各操作界面（菜单）组织在文件 Menu.h 中，各函数的代码如下：

```
//主界面（主菜单）
void mainMenu( )
{
    system("CLS");
    printf("\n          学生成绩管理系统\n\n");
    printf("***************操作主界面***************\n");
    printf("*                                      *\n");
    printf("*            1 显示                    *\n");
    printf("*            2 查询                    *\n");
    printf("*            3 排序                    *\n");
    printf("*            4 统计                    *\n");
    printf("*                                      *\n");
    printf("*            5 添加                    *\n");
    printf("*            6 修改                    *\n");
    printf("*            7 删除                    *\n");
    printf("*                                      *\n");
    printf("*            0 退出                    *\n");
    printf("****************************************\n");
    printf("请选择 0~7 进行相关操作: ");
}
//查询界面（查询子菜单）
void searchMenu()
{
    system("CLS");
    printf("\n\t\t查询界面\n");
    printf("----------------------------------------\n");
    printf("-            1 按学号查询              -\n");
    printf("-            2 按姓名查询              -\n");
    printf("-            3 按班级查询              -\n");
    printf("-            4 按年级查询              -\n");
    printf("-            5 按专业查询              -\n");
    printf("-                                      -\n");
    printf("-            0 返回上一层              -\n");
    printf("----------------------------------------\n");
    printf("请选择 0~5 进行相关操作: ");
}
//修改界面（修改子菜单）
void modifyMenu()
{
    system("CLS");
    printf("\n\t\t修改界面\n");
    printf("----------------------------------------\n");
    printf("-            1 修改姓名                -\n");
    printf("-            2 修改性别                -\n");
```

```
    printf("-              3 修改成绩           -\n");
    printf("-                                   -\n");
    printf("-              0 返回上层           -\n");
    printf("------------------------------------------\n");
    printf("请选择 0～3 进行相关操作: ");
}
//排序界面（排序子菜单）
void  sortMenu()
{
    system("CLS");
    printf("\n\t\t 排序界面\n");
    printf("------------------------------------------\n");
    printf("-              1 按平均成绩排序     -\n");
    printf("-              2 按学号排序         -\n");
    printf("-                                   -\n");
    printf("-              0 返回上层           -\n");
    printf("------------------------------------------\n");
    printf("请选择 0～2 进行相关操作: ");
}
//统计界面（统计子菜单）
void  countMenu()
{
    system("CLS");
    printf("\n\t\t 统计界面\n");
    printf("------------------------------------------\n");
    printf("-              1 按成绩统计         -\n");
    printf("-                                   -\n");
    printf("-              0 返回上层           -\n");
    printf("------------------------------------------\n");
    printf("请选择 0～1 进行相关操作: ");
}
//删除界面（删除菜单）
void  deleteMenu()
{
    system("CLS");
}
```

在实际学习、应用时，可根据需要进行程序功能和代码的补充和完善。

15.4.2　主要功能代码

主要的功能代码组织在两个头文件之中：一是 mainFun.h 文件；二是 baseFun.h 文件。

mainFun.h 文件，主要实现一级菜单的功能。其各函数的代码如下：

```
//显示所有学生记录
void  showAllStudents(STUType *stuArray,int  n)
{
    int  i;
    system("CLS");
```

```
    printf("所有学生的各项信息分别是:\n");
    showTableHeader( );
    for(i=0;i<n;i++)       showAStu(stuArray,i);
    printf("\n");
    pressContinue( );
}
//按不同方式进行查询操作
void  search(STUType *stuArray,int  n){
    int  i;
    char  c;
    do{
        system("CLS");
        searchMenu( );
        c=getchar( ); fflush(stdin);
        if(c=='0') break;
        switch(c){
        case '1':
            printf("请输入待查找学生的学号:");
            char number[10];
            gets(number); fflush(stdin);
            i=searchNumber(stuArray,n,number);
            if(i>=0)
            {
                showTableHeader();
                showAStu(stuArray,i);
            }
            else  printf("未找到该学号!!!\n");
            break;
        case '2':
            printf("相关代码正在补充中!\n");
            break;
        case '3':
            printf("相关代码正在补充中!\n");
            break;
        case '4':
            printf("相关代码正在补充中!\n");
            break;
        case '5':
            printf("相关代码正在补充中!\n");
            break;
        }
        pressContinue();
    }while(c!='0');
}
//修改学生的相关信息
void  modify(STUType *stuArray,int  n){
    char  c;
```

```
    system("CLS");
    while(1){
    modifyMenu();
        c=getchar( ); fflush(stdin);
        if(c=='0') break;
        printf("请输入待修改学生的学号:");
        char number[11];
        gets(number);   fflush(stdin);
        switch(c){
        case '1':
            printf("相关代码正在补充中!\n");
            break;
        case '2':
            printf("相关代码正在补充中!\n");
            break;
        case '3':
            modifyScore(stuArray,n,number);
            break;
    }
        pressContinue();
    }
}
//从数组中删除一条学生记录
void deleteAStu(STUType *stuArray,int* n)
{
    system("CLS");
    printf("你将进行删除操作......\n");
    printf("请输入待删除学生的学号:");
    char number[11];
    gets(number);  fflush(stdin);
    deleteData(stuArray,n,number);
    pressContinue();
}
//按平均成绩进行排序,更新学生数组
void  sort(STUType *stuArray,int  n,double *aveScore)
{
    char  c;
    while(1)
    {
        sortMenu( );
        c=getchar( ); fflush(stdin);
        if(c=='0') break;
        switch(c){
        case '1':
            calAveScore(stuArray,n,aveScore);
            sortScore(stuArray,n,aveScore);
            break;
```

```
        case '2':
            printf("相关代码正在补充中!\n");
            break;
    }
        pressContinue( );
    }
}
//按平均分进行统计操作
void  count(STUType *stuArray,int n,double *aveScore)
{
    char  c;
    while(1)
    {
        countMenu( );
        c=getchar( ); fflush(stdin);
        int  total;
        if(c=='0') break;
        switch(c){
        case '1':
            calAveScore(stuArray,n,aveScore);
            printf("请输入一个成绩，用于统计:");
            double  scoreT;
            scanf("%lf",&scoreT);  fflush(stdin);
            total=countScore(aveScore,n,scoreT);
            printf("高于该成绩的学生有 %d 个.\n",total);
            break;
        case '2':
            printf("相关代码正在补充中!\n");
            break;
        }
        pressContinue( );
    }
}
```

baseFun.h 文件，主要实现二级菜单的各项功能。

```
extern  char *fileName;        //外部变量，多文件共用一个外部数据文件
//按任意键继续
void  pressContinue( )
{
    printf("\npress any key to continue!!!!!");
    getch( ); fflush(stdin);
    system("CLS");
}
//从键盘输入一条记录
STUType  inputAStu()
{
    STUType  stu;
    system("CLS");
```

```
    printf("请输入一个学生的相关信息:\n");
    printf("\t 学号:"); gets(stu.number);   fflush(stdin);
    printf("\t 姓名:"); gets(stu.name);   fflush(stdin);
    printf("\t 性别(f、m):"); scanf("%c",&stu.sex);fflush(stdin);
    printf("\t%d 门课程的成绩:",NC);
    for(inti=0;i<NC;i++)  scanf("%lf",&stu.score[i]);
    fflush(stdin);
    printf("\n");
    return  stu;
}
//从外存文件读取所有数据到结构体数组，返回记录个数
int  readFromFile(STUType *stuArray,char* fileName)
{
    inti=0;
    FILE  *fp=fopen(fileName,"rb");
    if(fp==NULL)
    {
        printf("文件未找到!\n");
        fclose(fp);
    }
    else
    {
        fread(&stuArray[i],sizeof(STUType),1,fp);
        while(!feof(fp))
        {
            i++;
            fread(&stuArray[i],sizeof(STUType),1,fp);
        }//end while
        fclose(fp);
        printf("\n 已读取数据到数组，共 %d 条记录!\n",i);
    }//end else
    return  i;     //记录总数
}
//输出学生信息的表头
void  showTableHeader()
{
    printf("\n 序号学号\t 姓名\t 性别");
    for(i=0;i<NC;i++) printf("\t 成绩%d",i+1);
    printf("\n");
}
//显示下标为 i 的记录
void  showAStu(STUType *stuArray,int i)
{
    printf("[%d]  ",i+1);
    printf("%-10s\t",stuArray[i].number);
    printf("%s\t",stuArray[i].name);
    printf("%c\t",stuArray[i].sex);
```

```
    int  k;
    for(k=0;k<NC;k++) printf("%-8.1f",stuArray[i].score[k]);
    printf("\n");
}
//为避免频繁读写外存文件，将追加的记录插入到数组尾部
void  appendAStu(STUType *stuArray,int *pn,char* fileName)
{
    char  flag=0;
    int n=*pn;
    STUType  stu;
    do{
        stu=inputAStu( );
        stuArray[n++]=stu;
        printf("\n你想继续添加吗？回答 y or Y  或者 n or N :");
        flag=getchar( );      fflush(stdin);
    }while(flag=='y'||flag=='Y');
    *pn=n;
    return ;
}
//查找指定学号的学生是否存在
int  searchNumber(STUType *stuArray,int  n,char *number)
{
    int  flag=-1;
    for(int  i=0;i<n;i++)
    if(strcmp(stuArray[i].number,number)==0)
    {
        flag=i;
        break;
    }
    return  flag; //返回查找是否成功的标记（下标）
}
//修改指定学号对应学生的 score
void  modifyScore(STUType *stuArray,int  n,char *number)
{
    int  flag=searchNumber(stuArray,n,number);  //查找指定学号的学生
    if(flag>=0)
    {   printf("\n找到了该学号对应的学生!!!\n");
        showTableHeader();
        showAStu(stuArray,flag);
        printf("他的原始成绩依次是:%.1f,  %.1f,  %.1f,  %.1f,  %.1f\n",
            stuArray[flag].score[0],
            stuArray[flag].score[1],
            stuArray[flag].score[2],
            stuArray[flag].score[3],
            stuArray[flag].score[4]);
        printf("请依次输入新成绩:");
        scanf("%lf%lf%lf%lf%lf",
```

```
            &stuArray[flag].score[0],
            &stuArray[flag].score[1],
            &stuArray[flag].score[2],
            &stuArray[flag].score[3],
            &stuArray[flag].score[4]);
        printf("\nOK，修改完成!\n");
    }
    else    printf("\n该学号未找到!\n");
    return  ;
}
//将学生记录数组写入文件
void  writeToFile(STUType* stuArray, int  n, char *fileName)
{
    FILE *fp=fopen(fileName,"wb");
    int  i;
    for(i=0;i<n;i++) fwrite(&stuArray[i],sizeof(STUType),1,fp);
    fclose(fp);
}
//在具有 n 个元素的数组中查找学号为 number 的记录，删除、移动数组
void  deleteData(STUType *stuArray,int *n,char *number)
{
    int  i, flag=searchNumber(stuArray,*n,number);
    if(flag>=0)
    {   printf("\n找到了，你真的要删除吗? 请谨慎选择，Y or y,N or n:");
        char  c=getchar();  fflush(stdin);
        if(c=='Y' ||c=='y')
        {
            for(i=flag+1;i<*n;i++)  stuArray[i-1]=stuArray[i];
            (*n)--;
            printf("\nOK，删除完成!\n");
        }
        else  printf("你取消了删除!\n");
    }
    else  printf("该学号对应的学生未找到!\n");
}
//计算每名学生的平均成绩
void  calAveScore(STUType *stuArray,int  n,double *aveScore)
{
    int  i,j;
    printf("\n下面是排序前所有学生的学号及平均成绩:\n");
    printf("[学号]\t  [平均成绩]\n");
    for(i=0;i<n;i++)
    {
        aveScore[i]=0;
        for(j=0;j<NC;j++)  aveScore[i]+=stuArray[i].score[ j];
        aveScore[i]/=NC;
        printf("%-10s  %.1f\n",stuArray[i].number,aveScore[i]);
```

```
    }
}
//按平均成绩进行冒泡排序，得到非递减的序列
void  sortScore(STUType *stuArray,int  n,double *aveScore)
{
    STUTypet  stu;
    double  tscore;
    int  i, j;
    for(i=1;i<n;i++)
    for( j=0; j<n-i; j++)
        if(aveScore[j]>aveScore[j+1])
        {
            tscore=aveScore[j];
            aveScore[j]= aveScore[j+1];
            aveScore[j+1]=tscore;           //平均成绩交换
            tstu=stuArray[j];
            stuArray[j]=stuArray[j+1];
            stuArray[j+1]=tstu;             //交换记录
        }
    printf("\n 按平均成绩排序完成!\n");
}
//在排序的基础上，统计平均分高于 scoreT 的学生人数
int  countScore(double *avescore, int n, double scoreT)
{
    int  total=0, i;
    for(i=0;i<n;i++)
        if(avescore[i]>=scoreT) total++;
    return  total;
}
```

15.4.3 主函数代码

main( )主函数存储在文件 main.c 文件中，代码如下：

```
#include<stdio.h>
#include<windows.h>
#include<string.h>
#include<conio.h>
#include"stuType.h"
#include"Menu.h"
#include"mainFun.h"
#include"baseFun.h"
char *fileName=".\\stu.dat";      //全局变量，外存文件的文件名
int  main( )
{
    char  c;
    STUType  stuArray[100];       //学生数组
    double  aveScore[100];        //平均成绩数组
    int  n=0;                     //学生的个数
    n=readFromFile(stuArray,fileName);
```

```
    if(n==0)   appendAStu(stuArray,&n,fileName);
    else{ printf("请稍候! \n");    Sleep(5000); }
    while(1)
    {
        mainMenu();                          //主操作界面
        c=getchar(); fflush(stdin);
        switch(c)
    {
        case '1': showAllStudents(stuArray,n);  break;
        case '2': search(stuArray,n);    break;
        case '3': sort(stuArray,n,aveScore); break;
        case '4': count(stuArray,n,aveScore);   break;
        case '5': appendAStu(stuArray,&n,fileName); break;
        case '6': modify(stuArray,n );   break;
        case '7': deleteAStu(stuArray,&n);      break;
        case '0': writeToFile(stuArray,n,fileName); exit(0);
                  //退出前执行写操作
                  break;
        default: printf("\n 您的输入有误! 请输入 0～7 之间的一个数字字符, \n");
                 system("pause");
        }//end switch
    }//end while
    return 0;
}
```

将前面的 4 个头文件 stuType.h、subMenu.h、baseFun.h、mainFun.h，一个主文件 main.c 组织成工程，编译、运行。

15.5　测　　试

测试是通过多种方法、多组输入数据，检验程序执行流程，分析输出结果，从而尽可能地发现程序中存在的错误并加以改正的过程。

测试的步骤和方法很多，常用的有单元测试、集成测试、白盒测试、黑盒测试等，测试过程中需要设计多样的测试数据。

针对本项目设计如下测试用例（测试数据），发现的问题如表 15.1 所示。

表 15.1　测试用例

用例编号	用例内容	发现的问题
T1	输入的学号为空串	学号作为关键字不允许为空
T2	输入的学号含字母字符	不符合常理
T3	添加记录时输入重复的学号	学号作为关键字不允许重复
T4	输入的姓名含数字、标点符号	不符合常理
T5	输入代表性别的字符不是 m、f 或 M、F	描述性别的方式混乱
T6	输入成绩时输入了字母	部分成绩是任意值
T7	输入的成绩不在[0,100]之间	不符合常理

所以，该项目的实现代码存在许多不完善的地方。

通过测试用例及实际情况，还需要对项目的算法和代码进行深入的分析和思考。

例如，学号的长度应该是固定的，其 10 个字符只能是数字字符，各下标处的数字应具有特定的取值范围及含义，学号不能重复；姓名应该是字母字符或者汉字组成的字符串，长度不能超过 8 个字符；性别只能取值'f'或'm'、'F'或'M'，可以考虑使用枚举类型；5 门功课的成绩都是数值型的，若一个值输入错误将导致后续成绩无效；在进行查询操作时，符合条件的记录可能是多个，等等。

下面以学号的合法性为例，对发现的问题进行修复。

假定学号的串长必须是 10，前 4 位代表入学年份，后面每 2 位分别代表专业，专业内班级序号、班内序号，且入学年份在[2000,2100]内，专业编号在[1,50]内，班级序号在[1,20]内，班内序号在[1,60]内。

为解决学号的合法性问题，设计了 subStr( )、xueHaoIsValid( )函数。subStr( )函数的功能是求子串，xueHaoIsValid( )函数的功能是验证学号的合法性。xueHaoIsValid( )函数的算法描述如图 15.9 所示。

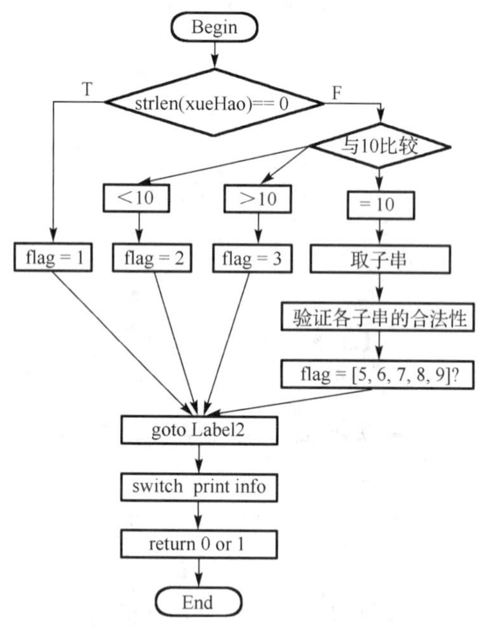

图 15.9　函数 xueHaoIsValid()的算法

几个函数的具体代码如下：

```
//取子串。在串 str 中从下标为 start 的开始、取连续的 len 个字符构成子串
char *substr(char*str,int start,int len)
{
    int maxSize=10;
    char *t=(char*)malloc(maxSize*sizeof(char));
    int i=0;
    while(i<len){t[i]=str[start+i];i++;}
    t[i]=0;
    return t;
```

```
}
//检验学号的长度、字符类别、各特定子串的取值范围
int xueHaoIsValid(char *xueHao)
{
    int inValid=0;                                  //初始假设学号合法
    int len;
    len=strlen(xueHao);
    if(len==0) {inValid=1; goto Label2;}            //空串
    else{
        int i=0;
        if(len<10) {inValid=2; goto Label2;}
        if(len>10) {inValid=3; goto Label2;}
        //非全数字字符
        for(i=0;i<len;i++)if(!(xueHao[i]>='0' && xueHao[i]<='9'))
        {inValid=5;goto Label2;}
        char* yearStr=substr(xueHao,0,4);
        if(strcmp(yearStr,"2000")<0 || strcmp(yearStr,"2100")>0)
        {inValid=6;goto Label2;}
        char *depStr=substr(xueHao,4,2);
        if(!(atoi(depStr)>0 && atoi(depStr)<50)){inValid=7;goto Label2;}
        char *gradeStr=substr(xueHao,6,2);
        if(!(atoi(gradeStr)>0 && atoi(gradeStr)<20)){inValid=8;goto Label2;}
        char *orderStr=substr(xueHao,8,2);
        if(!(atoi(orderStr)>0 && atoi(orderStr)<60)){inValid=9;goto Label2;}
    }
Label2:
    switch(inValid){
        case 0:break;
        case 2:printf("学号的长度不足10！");break;
        case 3:printf("学号的长度超过10！");break;
        case 5:printf("学号只能是数字字符！");break;
        case 6:printf("学号中前4位代表入学年份。");
            printf("有效值是【2000～2100】，您的输入不合法！");
            break;
        case 7:printf("学号中的5～6位代表专业的编号。
            printf("有效值是【1～50】，您的输入不合法！");
            break;
        case 8:printf("学号中的7～8位代表班级的编号。
            printf("有效值是【1～20】，您的输入不合法！");
            break;
        case 9:printf("学号的最后2位代表班级内的序号。
            printf("有效值是【1～60】，您的输入不合法！");
            break;
    }
    if(inValid==0) return 1;                    //return 1;表示学号合法
    else{
        printf("\n请重新输入学号:");
```

```
        return 0;                                //return 0;表示学号非法
    }
}
//循环输入学号、直到得到合法值为止
char *inputXueHao(){
    char *xueHao=(char*)malloc(11*sizeof(char));        //存放输入的学号字符串
    int flag;
    do{
        gets(xueHao);   fflush(stdin);
        flag=xueHaoIsValid(xueHao);
    }while(flag!=1);
    return xueHao;
}
```

【思考】

（1）根据所提供的程序代码运行程序、阅读程序、分析程序，画出程序中函数间的调用关系、各函数的算法流程图。

（2）请读者对发现的其他问题进行修复、完善。

附　　录

附录 A　标准 ASCII 码表

ASCII 码	字符[控制字符]	ASCII 值	字符	ASCII 值	字符	ASCII 值	字符
0	NUL(空字符)	32	space	64	@	96	`
1	！ SOH(^A)	33	!	65	A	97	a
2	STX(^B)	34	"	66	B	98	b
3	ETX(^C)	35	#	67	C	99	c
4	EOT(^D)	36	$	68	D	100	d
5	ENQ(^E)	37	%	69	E	101	e
6	ACK(^F)	38	&	70	F	102	f
7	BEL	39	'	71	G	103	g
8	BS(^H)	40	(	72	H	104	h
9	HT(^I)	41	)	73	I	105	i
10	LF(^J)	42	*	74	J	106	j
11	VT(^K)	43	+	75	K	107	k
12	FF(^L)	44	,	76	L	108	l
13	CR(^M)	45	-	77	M	109	m
14	SO(^N)	46	.	78	N	110	n
15	SI(^O)	47	/	79	O	111	o
16	DLE(^P)	48	0	80	P	112	p
17	DC1(^Q)	49	1	81	Q	113	q
18	DC2(^R)	50	2	82	R	114	r
19	DC3(^S)	51	3	83	S	115	s
20	DC4(^T)	52	4	84	T	116	t
21	NAK(^U)	53	5	85	U	117	u
22	SYN(^V)	54	6	86	V	118	v
23	TB(^W)	55	7	87	W	119	w
24	CAN(^X)	56	8	88	X	120	x
25	EM(^Y)	57	9	89	Y	121	y
26	SUB(^Z)	58	:	90	Z	122	z
27	ESC	59	;	91	[	123	{
28	FS	60	<	92	\	124	|
29	GS	61	=	93	]	125	}
30	RE	62	>	94	^	126	~
31	US	63	?	95	_	127	del

说明：ASCII 码 0～31 的字符都是控制符号，ASCII 码 1～26 分别代表控制符^A～^Z。若用%d 格式控制符输出则是其对应 ASCII，若是使用%c 格式控制符输出则是特殊功能的效果，或一个特殊图形符号，或一个不可打印字符。

譬如下面的代码：

```
char ch;
scanf("%c",&ch);          //若键盘输入时同时按下【Ctrl】键和【A】键，对应控制字符
printf("%d\n",ch);        //则输出结果是 1
ch=7;                     //ch='\a'; 转义字符，即部分字符可使用转义字符描述
printf("%c\n",ch);        //响铃一次
ch=11; printf("%c\n",ch);//输出的是 ASCII 码值为 11 的字符♂
```

BEL——响铃，BS——Backspace，HT——水平制表，VT——垂直制表，LF——换行，CR——回车，SP——空格。

附录 B　C 语言关键字

auto	声明自动变量，一般省略不写
break	跳出当前循环
case	开关语句分支
char	声明字符型变量或函数
const	声明只读变量
continue	结束当前循环，开始下一轮循环
default	开关语句中的“其他”分支
do	与 while 连用，构成 do...while 循环
double	声明双精度变量或函数
extern	声明变量是在其他文件中声明的
else	条件语句否定分支（与 if 连用）
enum	声明枚举类型
float	声明浮点型变量或函数
for	一种循环语句(可意会不可言传）
goto	无条件跳转语句，其后接标号
if	条件语句
int	声明整型变量或函数
long	声明长整型变量或函数
void	声明函数无返回值或无参数，声明无类型指针
register	声明寄存器变量
return	函数返回语句（可以带参数，也可不带参数）
signed	声明有符号类型变量

sizeof　计算数据类型长度
short　声明短整型变量或函数
switch　用于开关语句
static　声明静态变量
struct　声明结构体变量或函数
typedef　用以给数据类型取别名（类型重定义）
union　声明共用体（或称联合体）数据类型
unsigned　声明无符号类型变量
volatile　说明变量在程序执行中可被隐含地改变
while　循环语句的循环条件

附录 C　C 语言运算符

优先级	运算符	名称或含义	结合方向	运算对象的个数
1	[ ]	数组下标	从左到右	
	( )	圆括号		
	.	成员选择（结构体）		
	->	成员选择（指针）		
2	-	负号运算符	从右到左	1 (单目运算)
	(类型名)	强制类型转换		
	++	自增运算符		
	--	自减运算符		
	*	取值运算符		
	&	取地址运算符		
	!	逻辑非运算符		
	～	按位取反运算符		
	sizeof(类型名或变量名)	长度运算符		
3	/	除	从左到右	2 (双目运算)
	*	乘		
	%	余数（取模）		
4	+	加	从左到右	2 (双目运算)
	-	减		
5	<<	左移	从左到右	2 (双目运算)
	>>	右移		
6	>	大于	从左到右	2 (双目运算)
	>=	大于等于		
	<	小于		
	<=	小于等于		
7	==	等于	从左到右	2 (双目运算)
	!=	不等于		
8	&	按位与	从左到右	2 (双目运算)
9	^	按位异或	从左到右	2 (双目运算)

续表

<table>
<tr><th>优先级</th><th>运算符</th><th>名称或含义</th><th>结合方向</th><th>运算对象的个数</th></tr>
<tr><td>10</td><td>|</td><td>按位或</td><td>从左到右</td><td>2 (双目运算)</td></tr>
<tr><td>11</td><td>&&</td><td>逻辑与</td><td>从左到右</td><td>2 (双目运算)</td></tr>
<tr><td>12</td><td>||</td><td>逻辑或</td><td>从左到右</td><td>2 (双目运算)</td></tr>
<tr><td>13</td><td>? :</td><td>条件运算符</td><td>从右到左</td><td>3 (三目运算)</td></tr>
<tr><td rowspan="11">14</td><td>=</td><td>赋值运算符</td><td rowspan="11">从右到左</td><td rowspan="11">2 (双目运算)</td></tr>
<tr><td>/=</td><td>除后赋值</td></tr>
<tr><td>*=</td><td>乘后赋值</td></tr>
<tr><td>%=</td><td>取模后赋值</td></tr>
<tr><td>+=</td><td>加后赋值</td></tr>
<tr><td>-=</td><td>减后赋值</td></tr>
<tr><td><<=</td><td>左移后赋值</td></tr>
<tr><td>>>=</td><td>右移后赋值</td></tr>
<tr><td>&=</td><td>按位与后赋值</td></tr>
<tr><td>^=</td><td>按位异或后赋值</td></tr>
<tr><td>|=</td><td>按位或后赋值</td></tr>
<tr><td>15</td><td>,</td><td>逗号运算符</td><td>从左到右</td><td></td></tr>
</table>

附录 D　C 语言常用库函数

1. 数学函数（math.h）

函数原型	功能	说明
int abs(int x)	求整数 x 的绝对值	
double fabs(double x)	求双精度实数 x 的绝对值	
double sqrt(double x)	计算 x 的平方根	x≥0
double cos(double x)	计算 cos(x)的值	x 的单位为弧度
double sin(double x)	计算 sin(x)的值	x 的单位为弧度
double log(double x)	求 ln x (即求 x 的自然对数)	x>0
double log10(double x)	求 log10x	x>0
double exp(double x)	求 e^x 的值	
double pow(double x,double y)	计算 x^y 的值	

2. 字符函数（ctype.h）

函数原型	功能	返回值
int isalpha(int ch)	检查 ch 是否为字母	是，返回 1；否则返回 0
int isdigit(int ch)	检查 ch 是否为数字	是，返回 1；否则返回 0
int islower(int ch)	检查 ch 是否为小写字母	是，返回 1；否则返回 0
int isupper(int ch)	检查 ch 是否为大写字母	是，返回 1；否则返回 0
int isspace(int ch)	检查 ch 是否为空格、制表或换行符	是，返回 1；否则返回 0
int tolower(int ch)	把 ch 中的字母转换成小写字母	返回对应的小写字母
int toupper(int ch)	把 ch 中的字母转换成大写字母	返回对应的大写字母

3．字符串函数（string.h）

函数原型	功　能	返回值
char *strcat(char *des,char *src)	把字符串 src 连接到 des 后面	des 所指地址
char *strchr(char *str,int ch)	在 str 所指字符串中，找出第一次出现字符 ch 的位置	返回找到的字符的地址，找不到返回 NULL
int strcmp(char *str1,char *str2)	对 str1 和 str2 所指字符串进行比较	str1<strt2, 返回负数；str1==str2,返回 0; str1>str2,返回正数
char *strcpy(char *des,char *src)	把 src 指示的串复制到 des 指向的空间	返回 des 所指地址
unsigned int strlen(char *str)	求字符串 str 的长度	返回串中字符个数（不计最后的'\0'）
char *strstr(char *mainStr,char *subStr)	在 mainStr 所指字符串中，找出字符串 subStr 第一次出现的位置	返回找到的字符串的地址，找不到返回 NULL
int strncmp(char *str1, char *str2, int maxlen);	比较两个字符串的前 maxlen 个字节的大小	如果前 maxlen 字节完全相等，返回值是 0；不等则返回首次不等时的 str1[i]−str2[i]
char * strncat(char *des, const char *src, int len)	将字符串 src 的前 len 个字符连接到 des 串的后面	不需考虑 des 所占空间的大小、不会发生溢出
char*strncpy(char *des, const char * src,int len)	将字符串 src 的前 len 个字符拷贝到 des 中	不需考虑 des 所占空间的大小、不会发生溢出

4．输入输出函数（stdio.h）

函数原型	功　能	返回值
void clearer(FILE *fp)	清除与文件指针 fp 有关的所有出错信息	无
FILE *fopen(char *filename, char *mode)	以 mode 指定的方式打开名为 filename 的文件	成功，返回文件指针（文件信息区的起始地址）；否则返回 NULL
int fclose(FILE *fp)	fp 所指的文件，释放文件缓冲区	出错返回非 0，否则返回 0
int feof(FILE *fp)	检查文件是否结束	遇文件结束返回非 0，否则返回 0
int fgetc(FILE *fp)	从 fp 所指的文件中取得下一个字符	出错返回 EOF，否则返回所读字符
int fputc(char ch, FILE *fp)	把 ch 中字符输出到 fp 指定的文件中	成功返回该字符，否则返回 EOF
char *fgets(char *buf,int n, FILE *fp)	从 fp 所指的文件中读取一个长度为 n−1 的字符串，将其存入 buf 所指存储区	返回 buf 所指地址，若遇文件结束或出错返回 NULL
int fputs(char *str, FILE *fp)	把 str 所指字符串输出到 fp 所指文件	成功返回非负整数，否则返回−1（EOF）
int fscanf(FILE *fp, char *format,args,...)	从 fp 所指的文件中按 format 指定的格式把输入数据存入到 args,...所指的内存中	已输入的数据个数，遇文件结束或出错返回 0
int fprintf(FILE *fp, char *format, args,...)	把 args,...的值以 format 指定的格式输出到 fp 指定的文件中	实际输出的字符数
int fread(char *pt,unsigned size, unsigned n, FILE *fp)	从 fp 所指文件中读取长度 size 为 n 个数据项存到 pt 所指文件	读取的数据项个数
int fwrite(char *pt,unsigned size, unsigned n, FILE *fp)	把 pt 所指向的 n*size 个字节输入到 fp 所指文件	输出的数据项个数
int fseek (FILE *fp,long offer,int base)	移动 fp 所指文件的位置指针	成功返回当前位置，否则返回非 0

续表

函数原型	功　　能	返回值
long ftell (FILE *fp)	求出 fp 所指文件当前的读/写位置	读写位置，出错返回 -1L
void rewind(FILE *fp)	将文件位置指针置于文件开头	无
int getc (FILE *fp)	从 fp 所指文件中读取一个字符	返回所读字符，若出错或文件结束返回 EOF
int putc(int,FILE*fp)	向 fp 写入一个字符	成功返回该字符，否则返回 EOF
int rename(char *oldname, char *newname)	把 oldname 所指文件名改为 newname 所指文件名	成功返回 0，出错返回-1
int getchar(void)	从键盘读取一个字符	返回所读字符，若出错或文件结束返回-1
int getch( )	从键盘读取一个字符，但屏幕不显示	返回所读字符
int putchar(char ch)	把 ch 输出到标准输出设备	返回输出的字符，若出错则返回 EOF
char *gets(char *s)	从标准设备读取一行字符串放入 s 所指存储区，用'\0'替换读入的换行符	返回 s,出错返回 NULL
int puts(char *str)	把 str 所指字符串输出到标准设备，将'\0'转成回车换行符	返回换行符，若出错，返回 EOF
int scanf(char *format,args,…)	从标准输入设备按 format 指定的格式把输入数据存入到 args,…所指的内存中	已输入的数据的个数
int printf(char *format,args,…)	把 args,…的值以 format 指定的格式输出到标准输出设备	输出字符的个数

5. 动态分配函数（stdlib.h）

函数原型	功　　能	返回值
void *calloc(unsigned n,unsigned size)	分配 n 个数据项的内存空间，每个数据项的大小为 size 个字节	成功，返回分配的内存单元的起始地址；如不成功，返回 NULL
void free(void *p)	释放 p 所指的内存区	无
void *malloc(unsigned size)	申请 size 个字节的存储空间	成功，返回分配内存空间的地址；如不成功，返回 NULL
void *realloc(void *p, unsigned size)	把 p 所指内存区的大小改为 size 个字节	成功，返回新分配的内存空间的地址；如不成功，返回 NULL

6. 转换函数（stdlib.h）

函数原型	功　　能	返回值
int atoi(char *)	将字符串转换成浮点数；类似的有 atof、atol	返回所得整数
char* itoa(int,char*,int base)	将整数按 base 进制转换成字符串，类似的有 ultoa	返回所得字符串的首地址
char* ecvt(double,int,int*,int*)	将浮点数转字符串，类似的有 fcvt,gcvt	返回所得字符串的首地址
double strtod(char*,char*)	将字符串转换为 double 型值，类似的有 strtol	返回所得字符串的首地址浮点数

7. 其他函数

函数原型	功　　能	返回值	头文件
void srand(time(NULL))	使用当前系统时间初始化随机数发生器	无	stdlib.h
int rand(void)	产生[0～n]的随机整数	返回一个随机整数	stdlib.h

续表

函数原型	功能	返回值	头文件
void exit(int state)	程序终止执行，返回调用过程。state 为 0 表示正常终止，非 0 表示非正常终止	无	stdlib.h
int system(const char*)	执行字符串对应的 DOS 命令	返回值为 0 表示成功；1 不成功	stdlib.h
long time(NULL)	从 1970.1.1 的 0 时起到现在经历的时间，单位秒	返回长整数	time.h
char *ctime(const long*)	转换成时间格式的字符串	返回一个字符串	time.h
void Sleep(int)	执行挂起一段时间(即延迟)，单位毫秒	无	windows.h

参 考 文 献

[1] 谭浩强. C 程序设计[M]. 2 版. 北京: 清华大学出版社, 1999.

[2] 苏小红, 王宇颖, 孙志岗. C 语言程序设计[M]. 北京: 高等教育出版社, 2011.

[3] 吴文虎, 徐明星. 程序设计基础[M]. 3 版. 北京: 清华大学出版社, 2010.

[4] 王敬华, 林萍, 张清国. C 语言程序设计教程[M]. 2 版. 北京: 清华大学出版社, 2011.

[5] 杨路明. C 语言程序设计教程[M]. 2 版. 北京: 北京邮电大学出版社, 2006.

[6] 夏宽理, 赵子正. C 语言程序设计[M]. 2 版. 北京: 中国铁道出版社, 2009.